研究生公共基础课教材

应用数理统计

（修订版）

主　　编　唐湘晋　陈家清
　　　　　毛树华
参　　编　李　丹

武汉理工大学出版社
·武　汉·

内 容 提 要

本书是为高等院校非数学专业高年级学生和研究生编写的教材。内容包括概率论基础知识、统计量与抽样分布、参数估计、假设检验、贝叶斯统计及决策理论、试验设计与方差分析等。

本书可作为高等院校工科类以及管理、经济与金融类本科生、研究生的教材,也可供从事相关工作的技术人员参考。

图书在版编目(CIP)数据

应用数理统计/唐湘晋,陈家清,毛树华主编.—武汉:武汉理工大学出版社,2022.12

ISBN 978-7-5629-6724-8

Ⅰ.①应⋯　Ⅱ.①唐⋯　②陈⋯　③毛⋯　Ⅲ.①数理统计　Ⅳ.①O212

中国版本图书馆 CIP 数据核字(2022)第 213444 号

项目负责人:陈军东　彭佳佳　　　　　　责任编辑:陈　硕
责 任 校 对:黄　鑫　　　　　　　　　　版式设计:芳华时代
出 版 发 行:武汉理工大学出版社
社　　　　址:武汉市洪山区珞狮路 122 号
邮　　　　编:430070
网　　　　址:http://www.wutp.com.cn
经　　　　销:各地新华书店
印　　　　刷:武汉市洪林印务有限公司
开　　　　本:710×1000　1/16
印　　　　张:15
字　　　　数:310 千字
版　　　　次:2022 年 12 月第 1 版
印　　　　次:2022 年 12 月第 1 次印刷
定　　　　价:42.00 元

前　言

　　数理统计学是一门应用性很强的学科，其理论和方法已被广泛应用于自然科学、工程技术、社会科学、经济与金融以及人文科学等各个领域。而计算机的不断普及和信息技术的飞速发展又为数理统计的应用注入了新的活力，同时也为数理统计的理论与方法提供了更加广阔的应用空间；数理统计学已成为数据处理、科学决策的重要理论和方法。因此，要想更好地处理大量的数据并从中得出有助于科学决策的定量化结论，就必须学习和运用数理统计的理论与方法。

　　本书是根据全国工科院校硕士研究生"数理统计"课程的教学基本要求而编写的，在编写过程中充分汲取了在研究生数理统计教学实践中积累的宝贵经验。在教材的内容选取方面，既涵盖了数理统计基本内容、基本思想和基本方法，又包括那些既有深刻的理论意义、又有重要实用价值的数理统计的概念和方法。本书在编写过程中尽量做到从实际出发，注重概念与定理的直观描述和实际背景，强调数理统计方法的具体应用，通过典型实例的分析来介绍方法，培养学生应用数理统计的理论与方法解决实际问题的能力。

　　参加本书编写的人员有唐湘晋、陈家清、毛树华和李丹，他们都是多年来从事研究生、本科生概率统计教学工作，具有丰富教学实践经验的教师。

　　这里特别感谢武汉理工大学研究生院培养处的各位同仁，他们资助和鼓励编者完成了这本书的编写；王卫华教授认真审阅了书稿，并提出了许多宝贵意见，在此表示衷心感谢。同时还要感谢武汉理工大学出版社的支持和帮助！

　　书中难免会有不妥之处，欢迎广大读者批评指正。

编　者

2022 年 9 月

目　　录

第 1 章　概率论基础知识

概率论是数理统计的理论基础,为了使它们能更好地衔接起来,本章扼要地阐述了概率论的基本概念、定理与公式,并补充了特征函数等工程数学中选修的内容.

1.1　随机事件与概率

1.1.1　随机现象

在一定条件下时而出现这样的结果,时而又出现那样的结果,而且事先无法断言出现的究竟是哪一种结果,这类现象就称为随机现象.

一般来说,随机现象具有两重性:表面上的偶然性与内部蕴含着的必然性.随机现象的偶然性又称为它的随机性.在一次试验或观察中,结果的不确定性就是随机现象的一面;在相同的条件下进行大量重复试验或观察时呈现出来的规律性是随机现象的必然性的一面,称随机现象的必然性为统计规律性.

1.1.2　随机试验

若试验具有下列共同特征:

(1)在相同的条件下,试验可重复进行;

(2)试验的一切可能结果是预先可以明确的,但每次试验前无法预先断言究竟会出现哪个结果.

则称之为随机试验,简称试验,记作 E 或 E_1、E_2 等.

1.1.3　样本空间

对于随机试验 E,以 ω 表示它的一个可能出现的试验结果,称 ω 为 E 的一个样本点.样本点的全体称为样本空间,用 Ω 表示,即 $\Omega = \{\omega\}$.

从集合论的观点看,样本空间 Ω 是由一切可能的结果所构成的集合,而每个样本点 ω 是集合 Ω 中的元素.

1.1.4   随机事件

为了便于直观理解,不妨在这一小节先设样本空间 $\Omega = \{\omega\}$ 为可列集. 通常,对于某个随机试验来说,在一次试验中可能出现也可能不出现的事件,就称为随机事件,用大写英文字母 A、B、C、A_i 等来表示. 在引入了样本空间的定义后,可从集合论的观点看:粗略地说,样本空间 Ω 的子集就是随机事件.

1.1.5   随机事件的概率

随机事件在一次试验中,可能发生也可能不发生,具有偶然性. 但是,人们从实践中认识到,在相同的条件下,进行的大量的重复试验中,试验的结果具有某种内在的规律性,即随机事件发生的可能性大小是可以比较的,是可以用一个数字进行度量的. 例如,在投掷一枚均匀骰子的试验中,对于事件 A:"掷出偶数点",B:"掷出 2 点",显然事件 A 比事件 B 发生的可能性要大.

对于一个随机试验,我们不仅要知道它可能出现哪些结果,更重要的是还要研究各种结果发生的可能性的大小,从而揭示其内在的规律性.

概率就是随机事件发生的可能性大小的数量表征. 对于事件 A,通常用 $P(A)$ 来表示事件 A 发生的可能性大小,即 A 发生的概率. 但是,如何对事件的概率进行定义呢?在下一节将给出具体表述.

1.2   计数技术和概率的计算

1.2.1   频率及其性质

1.频率的定义

> 定义 1.1   在相同的条件下,重复进行了 N 次试验,若事件 A 发生了 μ 次,则称比值 $\dfrac{\mu}{N}$ 为事件 A 在 N 次试验中出现的频率,记为 $f_N(A) = \dfrac{\mu}{N}$.

2.频率的性质
① 非负性:对任意 A,有 $f_N(A) \geqslant 0$;

② 规范性:$f_N(\Omega) = 1$;

③ 可加性:若 A、B 互斥,则 $f_N(A \bigcup B) = f_N(A) + f_N(B)$.

3. 频率的稳定性

大量的重复试验中,频率常常稳定于某个常数,称为频率的稳定性.

通过大量的实践,易知,若随机事件 A 出现的可能性越大,一般来讲,其频率 $f_N(A)$ 也越大.由于事件 A 发生的可能性大小与其频率大小有如此密切的关系,且频率又具有稳定性,故而可通过频率来定义概率.

1.2.2 概率的统计定义(基于计数技术的概率定义)

定义 1.2 在相同的条件下,独立重复地做 N 次试验,当试验次数 N 很大时,如果某事件 A 发生的频率 $f_N(A)$ 稳定地在 $[0,1]$ 上的某一数值 p 附近摆动,而且一般来说随着试验次数的增多,这种摆动的幅度会越来越小,则称数值 p 为事件 A 发生的概率,记为 $P(A) = p$.

概率的统计定义一方面肯定了任一事件的概率是存在的;另一方面又给出了一个近似计算概率的方法,但其不足之处是要进行大量的重复试验.

注:$\lim_{N \to \infty} f_N(A) \neq p$.

1.2.3 古典概型

若随机试验 E 及其样本空间 Ω 有下列特性:

(1) 样本空间 $\Omega = \{\omega_1, \omega_2, \cdots, \omega_n\}$ 只有有限个样本点;

(2) 试验中每个样本点出现的可能性相同(等可能性);

则称定义在该样本空间 Ω 上的概率模型为古典概型.

定义 1.3 设随机试验 E 为古典概型,其样本空间为 $\Omega = \{\omega_1, \omega_2, \cdots, \omega_n\}$;对于任一事件 A,其概率定义为:

$$P(A) = \frac{A \text{ 中包含的样本点数}}{\Omega \text{ 中包含的样本点数}}$$

1.2.4 几何概型

若随机试验具有特性:

① 试验的结果是无限且不可列的;

② 每个结果出现的可能性相同(等可能性);

则称其为几何概型. 在几何概型中, 我们通过几何度量(长度、面积、体积等)来计算事件出现的可能性.

定义 1.4　设随机试验 E 的样本空间 Ω 是 R^n 中的可测子集, 具有有限的测度 $\mu(\Omega) > 0$(记号 $\mu(\Omega)$ 表示集合 Ω 的测度). 若 $A \subset \Omega$, 记 $P(A) = \dfrac{\mu(A)}{\mu(\Omega)}$, 称 A 为事件, $P(A)$ 为事件 A 的概率.

1.2.5　概率的公理化定义

定义 1.5　设 E 为一个随机试验, Ω 为它的样本空间, 以 E 中所有的事件组成的集合为定义域, 定义一个函数 $P(A)$(其中 A 为任意一个随机事件), 且 $P(A)$ 满足:

① 非负性: 对任一事件 A, $P(A) \geqslant 0$;

② 规范性: $P(\Omega) = 1$;

③ 可列可加性: 若事件 $A_i (i = 1, 2, \cdots)$ 两两互斥, 即满足 $A_i A_j = \varnothing (i \neq j)$, 则

$$P\left(\bigcup_{i=1}^{\infty} A_i\right) = \sum_{i=1}^{\infty} P(A_i)$$

则称 $P(A)$ 为随机事件 A 的概率.

1.2.6　概率的性质

从概率的公理化定义, 我们可以推出概率的性质:

① $P(\varnothing) = 0$;

② $P(\overline{A}) = 1 - P(A)$;

③ 有限可加性: 若事件 $A_1, A_2, \cdots, A_n$ 互不相容, 则

$$P\left(\bigcup_{i=1}^{n} A_i\right) = \sum_{i=1}^{n} P(A_i)$$

④ 设 A, B 为任意两个事件, 则

i. $P(A \backslash B) = P(A) - P(AB)$;

ii. $P(A \bigcap B) = P(A) + P(B) - P(AB)$;

iii. 若 $A \subset B$, 则 $P(A) \leqslant P(B)$;

⑤ 设 $A_1, A_2, \cdots, A_n$ 为任意 n 个事件, 则

$$P\left(\bigcup_{k=1}^{n} A_k\right) = \sum_{k=1}^{n} P(A_k) - \sum_{1 \leqslant i < j \leqslant n} P(A_i A_j)$$
$$+ \sum_{1 \leqslant i < j < k \leqslant n} P(A_i A_j A_k) + \cdots + (-1)^{n-1} P(A_1 A_2 \cdots A_n)$$

推论 ① $P\left(\bigcup_{k=1}^{n} A_k\right) \leqslant \sum_{k=1}^{n} P(A_k)$ (有限次可加性)

② $P\left(\bigcup_{k=1}^{n} A_k\right) \geqslant \sum_{k=1}^{n} P(A_k) - \sum_{1 \leqslant i < j \leqslant n} P(A_i A_j)$

1.3 条件概率、贝叶斯公式及事件的独立性

1.3.1 条件概率

定义1.6 设 A, B 是两个随机事件,且 $P(B) > 0$,称 $P(A \mid B) = P(AB)/P(B)$ 为在事件 B 发生条件下事件 A 发生的条件概率.

易验证上面定义的条件概率满足概率公理化定义,因此它具有概率的相应性质:

① $P(\varnothing \mid B) = 0$

② $P(\overline{A} \mid B) = 1 - P(A \mid B)$

③ $P(A_1 \cup A_2 \mid B) = P(A_1 \mid B) + P(A_2 \mid B) - P(A_1 A_2 \mid B)$

1.乘法公式

由条件概率的定义:

$$P(A \mid B) = P(AB)/P(B) \Rightarrow P(AB) = P(B)P(A \mid B) \quad (P(B) > 0)$$
$$P(B \mid A) = P(AB)/P(A) \Rightarrow P(AB) = P(A)P(B \mid A) \quad (P(A) > 0)$$

定理1.1 一般地,对任意 n 个事件 $A_1, A_2, \cdots, A_n$,若 $P(A_1 A_2 \cdots A_n) > 0$,则

$$P(A_1 A_2 \cdots A_n) = P(A_1)P(A_2 \mid A_1)P(A_3 \mid A_1 A_2) \cdots P(A_n \mid A_1 A_2 \cdots A_{n-1})$$

2.全概率公式

定理1.2 若 $B_1, B_2, \cdots, B_n$ 为样本空间 Ω 的一个分解,即:① $B_1, B_2, \cdots, B_n$ 两两互斥;② $\bigcup_{i=1}^{n} B_i = \Omega$. 设 A 为任意一个事件,则

$$P(A) = \sum_{i=1}^{n} P(B_i)P(A \mid B_i)$$

上述公式称为全概率公式.

3. 贝叶斯公式(Bayes 公式)

定理 1.3   若 $B_1,B_2,\cdots,B_n$ 为样本空间 Ω 的一个分解,A 为任意一个事件,则

$$P(B_i \mid A) = \frac{P(B_i)P(A \mid B_i)}{\sum\limits_{j=1}^{n}P(B_j)P(A \mid B_j)}$$

上述公式称为贝叶斯公式.

1.3.2   事件的独立性

定义 1.7   若事件 A、B 满足:$P(AB) = P(A)P(B)$,则称 A、B 相互独立.

显然,下列命题等价:

① A 与 B 相互独立;

② A 与 $\overline{B}$ 独立;

③ $\overline{A}$ 与 B 独立;

④ $\overline{A}$ 与 $\overline{B}$ 独立;

⑤ $P(A \mid B) = P(A)$,$(P(B) > 0)$;

⑥ $P(A \mid \overline{B}) = P(A)$,$(P(\overline{B}) > 0)$;

⑦ $P(\overline{A} \mid \overline{B}) = P(\overline{A})$,$(P(\overline{B}) > 0)$;

⑧ $P(\overline{A} \mid B) = P(\overline{A})$,$(P(B) > 0)$.

定义 1.8   对任意 n 个事件 $A_1,A_2,\cdots,A_n$,若:
$$P(A_iA_j) = P(A_i)P(A_j),1 \leqslant i < j \leqslant n$$
$$P(A_iA_jA_k) = P(A_i)P(A_j)P(A_k),1 \leqslant i < j < k \leqslant n$$
$$\cdots\cdots$$
$$P(A_1A_2\cdots A_n) = P(A_1)P(A_2)\cdots P(A_n)(共 2^n - n - 1 个式子)$$
均成立,则称 $A_1,A_2,\cdots,A_n$ 相互独立.

1.4   随机变量和概率分布

1.4.1   一维随机变量及其分布

1. 随机变量的概念及分类

定义 1.9 定义在样本空间 Ω 上的一个实值函数 $X=X(\omega)$,使随机试验的每一个结果 ω 都可用一个实数 $X(\omega)$ 来表示,且实数 X 满足:

① X 是由 ω 唯一确定;

② 对于任意给定的实数 x,事件 $\{X\leqslant x\}$ 都是有概率的.

则称 X 为一随机变量. 随机变量一般用大写字母 X,Y,Z 等表示.

2. 随机变量的分布函数及其性质

定义 1.10 设 X 为一随机变量,x 是任意实数,称函数
$$F(x)=P(X\leqslant x)\ (-\infty<x<+\infty)$$
为随机变量 X 的分布函数.

分布函数是一个以全体实数为其定义域,以事件 $\{\omega\mid X(\omega)\leqslant x\}$ 的概率为函数值的一个实值函数. 分布函数具有以下基本性质:

① $0\leqslant F(x)\leqslant 1$;

② $F(x)$ 是非减函数;

③ $F(x)$ 是右连续的;

④ $\lim\limits_{x\to-\infty}F(x)=0$,$\lim\limits_{x\to+\infty}F(x)=1$.

设随机变量 X 的分布函数为 $F(x)$,则可用 $F(x)$ 来表示下列概率:

① $P(X\leqslant a)=F(a)$;

② $P(X<a)=F(a-0)$;

③ $P(X>a)=1-P(X\leqslant a)=1-F(a)$;

④ $P(X\geqslant a)=1-P(X<a)=1-F(a-0)$;

⑤ $P(X=a)=P(X\leqslant a)-P(X<a)=F(a)-F(a-0)$;

⑥ $P(|X|<a)=P(-a<X<a)=P(X<a)-P(X\leqslant-a)$
$$=F(a-0)-F(-a).$$

3. 离散型随机变量

定义 1.11 如果随机变量 $X(\omega)$ 所有可能取值是有限个或可列多个,则称 $X(\omega)$ 为离散型随机变量.

定义 1.12 设离散型随机变量 $X(\omega)$ 所有可能取的值为 $x_k,k\in N$,$X(\omega)$ 取各个值的概率为:
$$P\{X=x_k\}=p_k,k\in N$$
称 $P\{X=x_k\}=p_k,k\in N$ 为 $X(\omega)$ 的概率分布或分布律.

易知 p_k 满足如下两个条件:

① $p_k\geqslant 0,k\in N$ （非负性）

② $\sum\limits_{k=1}^{\infty} p_k = 1$　　（规一性）

分布律也可以用表格形式来表示(表 1.1)：

表 1.1　分布律表

X	x_1	x_2	x_3	$\cdots$	x_k	$\cdots$
p_i	p_1	p_2	p_3	$\cdots$	p_k	$\cdots$

4. 连续型随机变量

定义 1.13　若对于随机变量 X，存在一定义在 R 上的非负函数 $f(x)$，使对 $\forall a \in R$，满足：

$$P(X \leqslant a) = \int_{-\infty}^{a} f(x)\mathrm{d}x$$

则称 X 为连续型随机变量；其中函数 $f(x)$ 称为 X 的概率密度函数，简称概率密度.

由定义 1.13 易知，概率密度具有下列性质：

① $f(x) \geqslant 0$　　（非负性）

② $\int_{-\infty}^{+\infty} f(x)\mathrm{d}x = 1$　　　（规一性）

③ $P(a < X \leqslant b) = \int_{a}^{b} f(x)\mathrm{d}x$　$(a \leqslant b)$

④ 如果随机变量 $X(\omega)$ 有概率密度 $f(x)$，则 $P\{\omega : X(\omega) = a\} = 0 (\forall a \in R)$

⑤ 若 $f(x)$ 在 x 处连续，则 $\lim\limits_{h \to 0} \dfrac{P(x < X \leqslant x + h)}{h} = f(x)$.

1.4.2　多维随机变量及其概率分布

在许多随机现象中，对试验的每个结果 ω 只用一个随机变量 $X(\omega)$ 去描述是不够的，而是需要同时用多个随机变量去描述. 因此，我们引入多维随机变量的概念.

定义 1.14　设 $X_1, X_2, \cdots, X_n$ 都为试验 E 的样本空间 Ω 上的随机变量，则称 $(X_1, X_2, \cdots, X_n)$ 为 Ω 上的 n 维随机变量或 n 维随机向量. 称
$$F(x_1, x_2, \cdots, x_n) = P\{X_1 \leqslant x_1, X_2 \leqslant x_2, \cdots, X_n \leqslant x_n\}, (x_1, x_2, \cdots, x_n) \in R^n$$
为 n 维随机变量 $(X_1, X_2, \cdots, X_n)$ 的联合分布函数. 称 $F_{X_i}(x) = F(+\infty, \cdots, +\infty, x, +\infty, \cdots, +\infty)$ 为随机变量 X_i 的(一维)边缘分布函数.

重点了解和掌握二维随机变量 (X, Y). 对于二维随机变量 (X, Y)，只讨论离散型和连续型两大类.

1. 二维离散型随机变量及其分布

(1) 联合分布律

> **定义 1.15** 若二维随机变量 (X,Y) 可能取的值(向量)是有限多个或可列无穷多个,则称 (X,Y) 为二维离散型随机变量.

设二维离散型随机变量 (X,Y) 可能取的值为 $(x_i,y_j)(i=1,2,\cdots;j=1,2,\cdots)$. 则取这些值的概率为

$$p_{ij} = P\{X=x_i, Y=y_j\} \quad (i,j=1,2,\cdots)$$

称上式为 (X,Y) 的联合分布律.

(X,Y) 的联合分布律可以用表格的形式表示(表 1.2).

表 1.2 联合分布律表

X＼Y	y_1	y_2	$\cdots$	y_j	$\cdots$
x_1	p_{11}	p_{12}	$\cdots$	p_{1j}	$\cdots$
x_2	p_{21}	p_{22}	$\cdots$	p_{2j}	$\cdots$
$\vdots$	$\vdots$	$\vdots$	$\cdots$	$\vdots$	$\vdots$
x_i	p_{i1}	p_{i2}	$\cdots$	p_{ij}	$\cdots$
$\vdots$	$\vdots$	$\vdots$	$\cdots$	$\vdots$	$\cdots$

这里 p_{ij} 具有下面两个性质:

① $p_{ij} \geqslant 0(i,j=1,2,\cdots)$;

② $\sum_i \sum_j p_{ij} = 1.$

知道了 (X,Y) 的联合分布律以后,可以求其联合分布函数

$$F(x,y) = \sum_{x_i \leqslant x} \sum_{y_j \leqslant y} p_{ij}$$

(2) 边缘分布律

设二维离散型随机变量 (X,Y) 的联合分布律为

$$p_{ij} = P\{X=x_i, Y=y_j\} \quad (i,j=1,2,\cdots)$$

则称

$$p_{i\cdot} = P\{X=x_i\} = \sum_j P\{X=x_i, Y=y_j\} = \sum_j p_{ij} \quad (i=1,2,\cdots)$$

和

$$p_{\cdot j} = P\{Y=y_j\} = \sum_i P\{X=x_i, Y=y_j\} = \sum_i p_{ij} \quad (j=1,2,\cdots)$$

分别为 (X,Y) 关于 X 和 Y 的边缘分布律,简称为 (X,Y) 的边缘分布律.

X 和 Y 的边缘分布律满足:

① $p_{i\cdot} \geqslant 0, p_{\cdot j} \geqslant 0$;

② $\sum_i p_{i\cdot} = 1, \sum_j p_{\cdot j} = 1$.

2. 二维连续型随机变量及其分布

（1）联合概率密度

定义 1.16　设 $F(x,y)$ 为二维随机变量 (X,Y) 的分布函数,若非负函数 $f(x,y)$ 使得

$$F(x,y) = \int_{-\infty}^{x} \int_{-\infty}^{y} f(x,y)\mathrm{d}x\mathrm{d}y, (x,y) \in R^2$$

则称 (X,Y) 为二维连续型随机变量, 且称 $f(x,y)$ 为二维连续型随机变量 (X,Y) 的联合概率密度函数.

分布密度函数满足:

① $f(x,y) \geqslant 0$;

② $\int_{-\infty}^{+\infty} \int_{-\infty}^{+\infty} f(x,y)\mathrm{d}x\mathrm{d}y = 1$;

③ 在 $f(x,y)$ 的连续点 (x,y) 处有 $f(x,y) = \dfrac{\partial^2 F(x,y)}{\partial x \partial y}$;

④ 对于坐标平面上的区域 $D, P\{(x,y) \in D\} = \iint_D f(x,y)\mathrm{d}x\mathrm{d}y$.

（2）边缘概率密度

设二维连续型随机变量 (X,Y) 的联合分布函数、联合概率密度依次为 $F(x,y)$、$f(x,y)$, 分量 X、Y 的边缘分布函数分别为 $F_X(x)$、$F_Y(y)$. 利用边缘分布函数与联合分布函数的关系, 可得

$$F_X(x) = F(x, +\infty) = \int_{-\infty}^{x} \left[\int_{-\infty}^{+\infty} f(u,y)\mathrm{d}y \right] \mathrm{d}u$$

$$F_Y(y) = F(+\infty, y) = \int_{-\infty}^{y} \left[\int_{-\infty}^{+\infty} f(x,v)\mathrm{d}x \right] \mathrm{d}v$$

则称 $f_X(x) = \int_{-\infty}^{+\infty} f(x,y)\mathrm{d}y$ 为二维随机变量 (X,Y) 关于 X 的边缘概率密度;

$f_Y(y) = \int_{-\infty}^{+\infty} f(x,y)\mathrm{d}x$ 为二维随机变量 (X,Y) 关于 Y 的边缘概率密度.

1.5　矩和矩母函数

1.5.1　随机变量的数学期望

1.离散型随机变量的数学期望

> **定义 1.17**　设 X 为离散型随机变量，其分布列为：$\begin{pmatrix} x_1 & x_2 & \cdots \\ p_1 & p_2 & \cdots \end{pmatrix}$，若 $\sum_{i=1}^{\infty} |x_i| p_i < +\infty$，则称 $EX = \sum_{i=1}^{\infty} x_i p_i$ 为 X 的数学期望或均值.

注：为使 EX 与级数各项的次序无关，必须要求 $\sum_{i=1}^{\infty} |x_i| p_i$ 收敛；否则，EX 不存在.

【**例 1.1**】　设用一个匀称的骰子来玩游戏.在这样的游戏中，将此骰子抛掷一次，若骰子向上为 2，则玩游戏的人赢 20 元，若向上为 4 则赢 40 元，若向上为 6 则输 30 元，若其他的面向上，则玩游戏的人既不赢也不输，求玩游戏的人赢得钱数的期望.

解　令 X 为任何一次抛掷中赢得钱数，则 $X \sim \begin{pmatrix} 0 & 20 & 40 & -30 \\ 1/2 & 1/6 & 1/6 & 1/6 \end{pmatrix}$，则由离散型随机变量数学期望的定义可知：
$$EX = 0 \times 1/2 + 20 \times 1/6 + 40 \times 1/6 - 30 \times 1/6 = 5$$
从而玩游戏的人可期望赢 5 元.因此，在一个公正的游戏中，玩游戏的人为了参加游戏应当付 5 元底金.

2.连续型随机变量的数学期望

由离散型随机变量数学期望的定义，我们自然可以设想取很密的分点 $x_0 < x_1 < \cdots < x_n$，将 $(-\infty, +\infty)$ 分割成 n 个小区间，则 X 落在 $(x_i, x_{i+1}]$ 内的概率等于
$$P\{x_i < X \leqslant x_{i+1}\} = \int_{x_i}^{x_{i+1}} f(x) \mathrm{d}x = f(\xi)(x_{i+1} - x_i) \text{（其中 } \xi \text{ 落在 } x_i \text{ 与 } x_{i+1} \text{ 之间）}$$
$$\approx f(x_{i+1})(x_{i+1} - x_i) \text{（积分中值定理）}$$

因此当 $n \to \infty$ 时，X 与以概率 $f(x_{i+1})(x_{i+1} - x_i)$ 取值 x_{i+1} 的离散型随机变量相似，而后者的数学期望为 $\sum_i x_{i+1} f(x_{i+1})(x_{i+1} - x_i)$，并且这个和式的极限就是 $\int_{-\infty}^{+\infty} xf(x) \mathrm{d}x$.

为此,对一般连续型随机变量,我们引入如下定义:

定义 1.18　设 X 为连续型随机变量,其密度函数为 $f(x)$,若广义积分 $\int_{-\infty}^{+\infty} |x| f(x) \mathrm{d}x < +\infty$,则称 $EX = \int_{-\infty}^{+\infty} x f(x) \mathrm{d}x$ 为 X 的数学期望或均值.

我们知道,若 $f(x)$ 在 x 点连续时,有 $f(x) = F'(x)$,从而 $\mathrm{d}F(x) = f(x)\mathrm{d}x$,所以上述定义等价于:

定义 1.19　设 $X \sim F(x)$,若 $\int_{-\infty}^{+\infty} |x| \mathrm{d}F(x) < +\infty$,则称 $EX = \int_{-\infty}^{+\infty} x \mathrm{d}F(x)$ 为 X 的数学期望或均值.

顺便指出,该定义是数学期望的一般定义,它对于离散型和连续型随机变量都适用.

【例 1.2】　设连续型随机变量 X 的概率密度函数为

$$f(x) = \begin{cases} x, & 0 < x \leqslant 1 \\ 2 - x, & 1 < x \leqslant 2 \\ 0, & \text{其他} \end{cases}$$

求 EX.

解　由连续型随机变量数学期望的定义可知:

$$EX = \int_{-\infty}^{+\infty} x f(x) \mathrm{d}x = \int_0^1 x \cdot x \mathrm{d}x + \int_1^2 x \cdot (2 - x) \mathrm{d}x = 1$$

3. 随机变量函数的数学期望

我们经常需要求随机变量函数的数学期望,这时可以通过下面的定理来求随机变量函数的数学期望.

定理 1.4　设 Y 是随机变量 X 的函数:$Y = g(X)$(其中 g 是连续函数)

① 设 X 是离散型随机变量,它的分布律为 $p_i = P\{X = x_i\}$, $(i = 1, 2, \cdots)$, 若 $\sum_i |g(x_i)| p_i < +\infty$,则有 $EY = E(g(X)) = \sum_i g(x_i) p_i$;

② 设 X 是连续型随机变量,其概率密度函数为 $f(x)$,若 $\int_{-\infty}^{+\infty} |g(x)| f(x) \mathrm{d}x < +\infty$,则有 $EY = E(g(X)) = \int_{-\infty}^{+\infty} g(x) f(x) \mathrm{d}x$.

定理的证明略.

定理的重要意义在于当我们求 EY 时,不必算出 Y 的分布律或密度函数,而只需利用 X 的分布律或密度函数就可以求出.

4. 数学期望的性质

① 设 c 是常数,则有 $E(c) = c$.

② 设 X 是随机变量，c 是常数，则有 $E(cX) = cEX$.

思考：若 EX 存在，则 $E(E(X)) = ?$

③ 设 X, Y 是随机变量，则有 $E(X + Y) = EX + EY$（该性质可推广到有限个随机变量之和的情况）.

推广：对 $\forall c_i \in R$ $(i = 1, 2, \cdots, n)$ 及 $b \in R$，有 $E(\sum\limits_{i=1}^{n} c_i X_i + b) = \sum\limits_{i=1}^{n} c_i EX_i + b$.

④ 设 X, Y 是相互独立的随机变量，则有 $E(XY) = EXEY$（该性质可推广到有限个随机变量之积的情况）.

事实上，假设 (X, Y) 为连续型随机变量，则

$$
\begin{aligned}
E(XY) &= \int_{-\infty}^{+\infty} \int_{-\infty}^{+\infty} xy f(x, y) \mathrm{d}x \mathrm{d}y \\
&= \int_{-\infty}^{+\infty} \int_{-\infty}^{+\infty} xy f_X(x) f_Y(y) \mathrm{d}x \mathrm{d}y \\
&= \int_{-\infty}^{+\infty} x f_X(x) \mathrm{d}x \int_{-\infty}^{+\infty} y f_Y(y) \mathrm{d}y \\
&= EXEY
\end{aligned}
$$

我们注意到，只要将上面证明中的"积分"用"和式"代替，就能得到离散型随机变量情形的证明.

1.5.2　方差

1. 方差的定义与计算

设 X 是随机变量，EX 是其数学期望，则 $|X - EX|$ 表示 X 与 EX 之间的偏差大小，但由于绝对值会给运算带来不便，所以常用 $(X - EX)^2$ 代替. 又因为 $(X - EX)^2$ 仍是一随机变量，则用 $E(X - EX)^2$ 来描述 X 与其 EX 的偏离程度的大小，为此有：

定义 1.20　设 X 是一随机变量，若 $E(X - EX)^2 < +\infty$，则称 $E(X - EX)^2$ 为随机变量 X 的方差，记为 DX（或 $\mathrm{Var}X$），即 $DX = E(X - EX)^2$，而称 $\sqrt{DX}$ 为 X 的标准差（或均方差），记为 $\sigma(X)$.

显然 $DX \geqslant 0$，当 X 的可能取值集中在 EX 附近时，DX 较小，否则 DX 较大. 可见，其大小反映了 X 与 EX 的偏离程度或 X 取值的分散程度.

由定义 1.20 及随机变量函数的数学期望，可以推出方差的计算公式：

① $DX = EX^2 - (EX)^2$；

事实上，

$$
\begin{aligned}
DX &= E(X - EX)^2 = E(X^2 - 2XEX + (EX)^2) \\
&= EX^2 - 2EX \cdot EX + (EX)^2 = EX^2 - (EX)^2
\end{aligned}
$$

② 当 X 是离散型随机变量时,则有:

$$DX = E(X - EX)^2 = \sum_i (x_i - EX)^2 p_i$$

其中 $p_i = P(X = x_i)$,$i = 1,2,3,\cdots$.

③ 若 X 是连续型随机变量,则有:

$$DX = E(X - EX)^2 = \int_{-\infty}^{+\infty} (x - EX)^2 f(x) \mathrm{d}x$$

其中 $f(x)$ 是 X 的概率密度函数.

一般地,若随机变量 X 的分布函数为 $F(x)$,则 $DX = \int_{-\infty}^{+\infty} (x - EX)^2 \mathrm{d}F(x)$.

2. 方差的性质

① 设 c 是常数,则有 $D(c) = 0$;

② 设 c 是常数,则有 $D(cX) = c^2 D(X)$;

由 ①、② 得如下结论:$D(aX + c) = a^2 DX$;特别地,$D(X + c) = DX$;

思考:若 DX 存在,则 $D(DX) = ?$

③ 设 X,Y 是相互独立的随机变量,则有 $D(X \pm Y) = D(X) + D(Y)$;

④ 对 $\forall$ 实数 c,有 $E(X - c)^2 \geqslant E(X - EX)^2 = DX$,即随机变量的取值与其平均值的偏离程度是最小的.

⑤ 切比雪夫(Chebyshev) 不等式

设随机变量 X 具有数学期望 EX 和方差 $DX < +\infty$,则对 $\forall \varepsilon > 0$,有

$$P\{|X - EX| \geqslant \varepsilon\} \leqslant \frac{DX}{\varepsilon^2}$$

注:该不等式一方面给出了期望与方差之间的某种关系,同时也给出了在随机变量分布未知,只知期望和方差的情况下,对事件$\{|X - EX| \leqslant \varepsilon\}$ 的概率的下限估计.

1.5.3　矩

定义 1.21　设 X 为一随机变量,称 $m_k = E(X^k)$(假设它存在) 为 X 的 k 阶原点矩;称 $\mu_k = E(X - EX)^k$ 为 X 的 k 阶中心矩.

特别地,$m_1 = EX$、$\mu_2 = DX$ 分别是 X 的期望、方差.

定义 1.22　设 X 和 Y 是随机变量,若 $E(X^k Y^l)$(k、$l = 1,2,\cdots$) 存在,称它为 X 和 Y 的$(k+l)$ 阶混合原点矩. 若 $E[(X - EX)^k (Y - EY)^l]$(k、$l = 1,2,\cdots$) 存在,称它为 X 和 Y 的$(k+l)$ 阶混合中心矩.

注:从随机变量数字特征的定义来看,所有有关随机变量数字特征的计算都归

结为数学期望(均值)的计算.

1.5.4 特征函数

随机变量的分布函数是其概率分布的完整描述. 但分布函数一般来说不具有连续性、可微性等良好的分析性质. 这给利用分布函数研究随机变量带来了困难. 本节引入随机变量的特征函数、母函数,它们既能完整地描述随机变量的概率分布,又有良好的分析性质.

> **定义 1.23** 设随机变量 X 的分布函数为 $F(x)$,则称
> $$g(t) = E(\mathrm{e}^{\mathrm{i}tX}) = \int_{-\infty}^{+\infty} \mathrm{e}^{\mathrm{i}tx} \mathrm{d}F(x), -\infty < t < +\infty$$
> 为随机变量 X 的特征函数.

特征函数 $g(t)$ 是实变量 t 的复值函数. 由于 $|\mathrm{e}^{\mathrm{i}tx}| = 1$,所以,随机变量的特征函数总是存在.

当 X 是离散型随机变量,分布列 $p_k = P(X = x_k)$,$k = 1, 2, \cdots$,则
$$g(t) = \sum_{k=1}^{\infty} \mathrm{e}^{\mathrm{i}tk} p_k$$

当 X 是连续型随机变量,分布密度为 $f(x)$,则
$$g(t) = \int_{-\infty}^{+\infty} \mathrm{e}^{\mathrm{i}tx} f(x) \mathrm{d}x, -\infty < t < +\infty$$

随机变量的特征函数 $g(t)$ 具有下列性质:

① $g(0) = 1$;$|g(t)| \leqslant 1$;$g(-t) = \overline{g(t)}$.

② $g(t)$ 在 $(-\infty, +\infty)$ 上一致连续.

③ 若随机变量 X 的 n 阶矩 EX^n 存在,那么 X 的特征函数 $g(t)$ 可微分 n 次,且当 $k \leqslant n$ 时,有 $g^{(k)}(0) = \mathrm{i}^k EX^k$.

④ $g(t)$ 是非负定的,即对任意正整数 n 及任意实数 $t_1, t_2, \cdots, t_n$ 及复数 $z_1, z_2, \cdots, z_n$,有
$$\sum_{k,l=1}^{n} g(t_k - t_l) z_k \overline{z}_l \geqslant 0$$

事实上,
$$\sum_{k,l=1}^{n} g(t_k - t_l) z_k \overline{z}_l = \sum_{k,l=1}^{n} \left(\int_{-\infty}^{\infty} \mathrm{e}^{\mathrm{i}(t_k - t_l)x} \mathrm{d}F(x) \right) z_k \overline{z}_l$$
$$= \int_{-\infty}^{+\infty} \sum_{k,l=1}^{n} \mathrm{e}^{\mathrm{i}(t_k - t_l)x} z_k \overline{z}_l \mathrm{d}F(x)$$
$$= \int_{-\infty}^{+\infty} \left| \sum_{k=1}^{n} \mathrm{e}^{\mathrm{i}t_k x} z_k \right|^2 \mathrm{d}F(x) \geqslant 0$$

所以, $g(t)$ 是非负定的.

⑤ 设 $X_1, X_2, \cdots, X_n$ 是独立随机变量,则 $X = X_1 + X_2 + \cdots + X_n$ 的特征函数

$$g(t) = g_1(t) g_2(t) \cdots g_n(t)$$

式中, $g_k(t)$ 是 X_k 的特征函数, $k = 1, 2, \cdots, n$.

因为 $X_1, X_2, \cdots, X_n$ 相互独立,那么 $\mathrm{e}^{\mathrm{i}tX_1}, \mathrm{e}^{\mathrm{i}tX_2}, \cdots, \mathrm{e}^{\mathrm{i}tX_n}$ 也相互独立,所以

$$g(t) = E\mathrm{e}^{\mathrm{i}tX} = E\mathrm{e}^{\mathrm{i}t(X_1 + X_2 + \cdots + X_n)} = E(\mathrm{e}^{\mathrm{i}tX_1} \mathrm{e}^{\mathrm{i}tX_2} \cdots \mathrm{e}^{\mathrm{i}tX_n})$$
$$= E\mathrm{e}^{\mathrm{i}tX_1} E\mathrm{e}^{\mathrm{i}tX_2} \cdots E\mathrm{e}^{\mathrm{i}tX_n} = g_1(t) g_2(t) \cdots g_n(t)$$

⑥ 随机变量的分布函数由其特征函数唯一确定.

⑦ 令 X 的特征函数为 $g(t)$, $Y = aX + b$,则 Y 的特征函数为 $g_Y(t) = \mathrm{e}^{\mathrm{i}bt} g(at)$.

> **定义 1.24**   设 $\boldsymbol{X} = (X_1, X_2, \cdots, X_n)$ 是 n 维随机变量,则称
>
> $$g(t) = g(t_1, t_2, \cdots, t_n) = E\mathrm{e}^{\mathrm{i}t\boldsymbol{X}'} = E\,\mathrm{e}^{\mathrm{i}\sum\limits_{k=1}^{n} t_k X_k}, \quad \boldsymbol{t} = (t_1, t_2, \cdots, t_n) \in R^n$$
>
> 为 $\boldsymbol{X}$ 的特征函数.

若 $\boldsymbol{X} = (X_1, X_2, \cdots, X_n)$ 的联合分布函数为 $F(\boldsymbol{x}) = F(x_1, x_2, \cdots, x_n)$,那么 $\boldsymbol{X}$ 的特征函数为:

$$g(\boldsymbol{t}) = g(t_1, t_2, \cdots, t_n) = E\mathrm{e}^{\mathrm{i}\sum\limits_{k=1}^{n} t_k X_k} = \int_{-\infty}^{+\infty} \int_{-\infty}^{+\infty} \cdots \int_{-\infty}^{+\infty} \mathrm{e}^{\mathrm{i}(t_1 x_1 + \cdots + t_n x_n)} \,\mathrm{d}F(x_1, x_2, \cdots, x_n)$$

特别地,若 $\boldsymbol{X} = (X_1, X_2, \cdots, X_n)$ 是 n 维连续型随机变量,其联合概率密度函数为 $f(\boldsymbol{x}) = f(x_1, x_2, \cdots, x_n)$,那么 $\boldsymbol{X}$ 的特征函数为:

$$g(\boldsymbol{t}) = g(t_1, t_2, \cdots, t_n) = \int_{-\infty}^{+\infty} \int_{-\infty}^{+\infty} \cdots \int_{-\infty}^{+\infty} \mathrm{e}^{\mathrm{i}(t_1 x_1 + \cdots + t_n x_n)} f(x_1, x_2, \cdots, x_n) \,\mathrm{d}x_1 \mathrm{d}x_2 \cdots \mathrm{d}x_n$$

n 维随机变量的特征函数有类似于一维随机变量的特征函数的性质. 特别地, n 维随机变量的联合分布函数与其特征函数是一一对应的. 若 $\boldsymbol{X} = (X_1, X_2, \cdots, X_n)$ 的 n 个分量相互独立,那么 $g(t_1, t_2, \cdots, t_n) = g_1(t_1) g_2(t_2) \cdots g_n(t_n)$,其中 $g_k(t_k)$ 是 X_k 的特征函数, $k = 1, 2, \cdots, n$. 因为特征函数有良好的分析性质,今后 n 维随机变量(特别是连续型的 n 维随机变量)的概率特征,我们通常用特征函数描述.

1.6   常见的分布

1.6.1   二项分布

二项分布是重要的离散型分布之一,它在理论上和应用上都占有很重要的地

位,产生这种分布的重要现实源泉是伯努利(Bernoulli)试验.

1.伯努利分布(两点分布、0-1分布)

(1)伯努利试验

在许多实际问题中,我们感兴趣的是某事件 A 是否发生.例如在产品抽样检验中,关心的是抽到正品还是废品;掷硬币时,关心的是出现正面还是反面等.在这一类随机试验中,只有两个基本事件 A 与 $\overline{A}$,这种只有两种可能结果的随机试验称为伯努利试验.

为方便起见,在一次试验中,把出现 A 称为"成功",出现 $\overline{A}$ 称为"失败",通常记 $P(A) = p$,$P(\overline{A}) = 1 - p = q$.

(2)伯努利分布

> **定义 1.25** 在一次试验中,设 $P(A) = p$,$P(\overline{A}) = q = 1 - p$,若以 ξ 记事件 A 发生的次数,则 $\xi \sim \begin{pmatrix} 0 & 1 \\ q & p \end{pmatrix}$,称 ξ 服从参数为 $p(0 < p < 1)$ 的 Bernoulli 分布或两点分布,记为:$\xi \sim B(1, p)$.

2.二项分布

把一重 Bernoulli 试验 E 独立地重复地进行 n 次可得到 n 重 Bernoulli 试验.

> **定义 1.26** 在 n 重 Bernoulli 试验中,设 $P(A) = p$,$P(\overline{A}) = q = 1 - p$,若以 X 记事件 A 发生的次数,则 X 为一随机变量,且其可能的取值为 $0, 1, 2, \cdots, n$,其对应的概率由二项分布给出:
> $$P\{X = k\} = C_n^k p^k (1 - p)^{n-k}, k = 0, 1, 2, \cdots, n$$
> 则称 X 服从参数为 n、$p(0 < p < 1)$ 的二项分布,记为 $X \sim B(n, p)$.

若记 $b(k, n, p) = P\{X = k\}$,显然满足:

① 非负性:$b(k, n, p) \geqslant 0$

② 规范性:$\sum\limits_{k=0}^{n} b(k, n, p) = \sum\limits_{k=0}^{n} C_n^k p^k (1 - p)^{n-k} = [p + (1 - p)]^n = 1$

二项分布描绘的是 n 重 Bernoulli 试验中"成功"出现的次数.若记 X 为"成功"出现的次数,则 X 的可能取值为 $k = 0, 1, 2, \cdots, n$,其相应的概率为:

$$P\{X = k\} = C_n^k p^k (1 - p)^{n-k} = b(k, n, p)$$

【例 1.3】 若在 M 件产品中有 N 件废品,现进行有放回的 n 次抽样检查,问共取得 k 件废品的概率有多少?

解 由于是有放回的抽样,因此,这是 n 重的 Bernoulli 试验.记 A 为"各次试验中出现废品"这一事件,则 $P(A) = \dfrac{N}{M}$.设 X 为 n 次抽样检查中所抽到的废品数,

则 $X \sim B(n, \dfrac{N}{M})$，因此，所求概率为：$P\{X = k\} = C_n^k \left(\dfrac{N}{M}\right)^k \left(1 - \dfrac{N}{M}\right)^{n-k}$.

3. 二项分布的数学期望与方差

设 $X \sim B(n, p), P\{X = k\} = C_n^k p^k (1-p)^{n-k}, k = 0, 1, 2, \cdots, n$

由数学期望的定义：

$$EX = \sum_{k=0}^{n} kP\{X = k\} = \sum_{k=0}^{n} k \cdot \frac{n!}{k!(n-k)!} \cdot p^k \cdot (1-p)^{n-k}$$

$$= np \sum_{k=1}^{n} \frac{(n-1)!}{(k-1)!(n-k)!} p^{k-1} \cdot (1-p)^{n-k}$$

$$\xrightarrow{\text{令 } k-1 = l} np \sum_{l=0}^{n-1} \frac{(n-1)!}{l!(n-1-l)!} p^l (1-p)^{n-1-l}$$

$$= np \sum_{l=0}^{n-1} C_{n-1}^l p^l (1-p)^{n-1-l} = np[p + (1-p)]^{n-1} = np$$

即：

$$EX = np$$

由方差的定义：

$$DX = EX^2 - (EX)^2$$

$$EX^2 = \sum_{k=0}^{n} k^2 C_n^k p^k q^{n-k} = \sum_{k=1}^{n} k \frac{n!}{(k-1)!(n-k)!} p^k q^{n-k}$$

$$\xrightarrow{\text{令 } k-1 = l} np \sum_{l=0}^{n-1} (l+1) \frac{(n-1)!}{l!(n-1-l)!} p^l q^{n-1-l}$$

$$= np \left[\sum_{l=0}^{n-1} l C_{n-1}^l p^l q^{n-1-l} + \sum_{l=0}^{n-1} C_{n-1}^l p^l q^{n-1-l} \right]$$

$$= np [(n-1)p + (p+q)^{n-1}] = np + n(n-1)p^2$$

所以

$$DX = np + n(n-1)p^2 - (np)^2 = np(1-p) = npq$$

4. 二项分布的泊松逼近定理

> **定理 1.5** 在 n 重 Bernoulli 试验中，记 p_n 为事件 A 在一次试验中出现的概率，它与试验总数 n 有关（一组试验），若 $\lim\limits_{n \to \infty} np_n = \lambda > 0$，则对 $\forall$ 的正整数 $k \geqslant 0$，有 $\lim\limits_{n \to \infty} b(k, n, p_n) = \dfrac{\lambda^k}{k!} e^{-\lambda}$.

证明 令 $\lambda_n = np_n$，则 $\lim\limits_{n \to \infty} \lambda_n = \lambda$，且 $p_n = \dfrac{\lambda_n}{n}$，则

$$b(k, n, p_n) = b\left(k, n, \frac{\lambda_n}{n}\right) = C_n^k \left(\frac{\lambda_n}{n}\right)^k \cdot \left(1 - \frac{\lambda_n}{n}\right)^{n-k}$$

$$= \frac{n!}{(n-k)! \cdot k!} \left(\frac{\lambda_n}{n}\right)^k \cdot \left(1 - \frac{\lambda_n}{n}\right)^{n-k}$$

$$= \frac{n(n-1)\cdots(n-k+1)}{k!} \cdot \left(\frac{\lambda_n}{n}\right)^k \cdot \left(1 - \frac{\lambda_n}{n}\right)^{n-k}$$

$$= \frac{\lambda_n^k}{k!} \cdot \left(1 - \frac{1}{n}\right)\cdots\left(1 - \frac{k-1}{n}\right) \cdot \left(1 - \frac{\lambda_n}{n}\right)^{n-k} \to \frac{1}{k!}\lambda^k \cdot e^{-\lambda} \ (n \to \infty)$$

1.6.2　泊松(Poisson) 分布

1. Poisson 分布的定义

定义 1.27　称 X 服从参数为 $\lambda > 0$ 的 Poisson 分布,若

$$p(k,\lambda) \triangleq P\{X = k\} = \frac{\lambda^k}{k!}e^{-\lambda}, k = 0,1,2,\cdots$$

记为 $X \sim P(\lambda)$ 或 $X \sim \pi(\lambda)$.

显然:

$$P\{X = k\} > 0$$

$$\sum_{k=0}^{\infty} P\{X = k\} = \sum_{k=0}^{\infty} \frac{\lambda^k}{k!}e^{-\lambda} = e^{-\lambda}\sum_{k=0}^{\infty} \frac{\lambda^k}{k!} = e^{-\lambda}e^{\lambda} = 1$$

历史上 Poisson 分布是作为二项分布的近似,于 1837 年由法国数学家泊松引入的.若把伯努利试验中成功概率 p 值很小的事件叫做稀有事件,则由上面定理1.5,当 n 充分大时,n 重伯努利试验中稀有事件发生的次数近似服从 Poisson 分布. 这时,参数 λ 的整数部分 $[\lambda]$ 恰好是稀有事件发生的最可能次数,在实际中常用 Poisson 分布来作为大量重复独立试验中稀有事件发生的概率分布情况的数学模型.诸如不幸事件,意外事故、故障,非常见病,自然灾害等,都是稀有事件.

2. Poisson 分布的数学期望和方差

设 $X \sim P(\lambda)$,即 $P\{X = k\} = \frac{\lambda^k}{k!}e^{-\lambda}, k = 0,1,2,\cdots$,则

$$EX = \sum_{k=0}^{\infty} kp(k,\lambda) = \sum_{k=0}^{\infty} k\frac{\lambda^k}{k!}e^{-\lambda} = \lambda e^{-\lambda}\sum_{k=1}^{\infty} \frac{\lambda^{k-1}}{(k-1)!} = \lambda e^{-\lambda}e^{\lambda} = \lambda$$

$$E(X^2) = \sum_{k=0}^{\infty} k^2 p(k,\lambda) = \sum_{k=0}^{\infty} k\frac{\lambda^k}{(k-1)!}e^{-\lambda} = \lambda e^{-\lambda}\sum_{k=1}^{\infty} k\frac{\lambda^{k-1}}{(k-1)!}$$

$$= \lambda e^{-\lambda}\left[\sum_{l=0}^{\infty}(l+1)\frac{\lambda^k}{l!}\right]$$

$$\xupor{令 k-1=l} \lambda e^{-\lambda}\left[\sum_{l=0}^{\infty} l\frac{\lambda^l}{l!} + \sum_{l=0}^{\infty} \frac{\lambda^l}{l!}\right]$$

$$= \lambda e^{-\lambda}[\lambda e^{\lambda} + e^{\lambda}] = \lambda(\lambda+1)$$

所以

$$DX = EX^2 - (EX)^2 = \lambda^2 + \lambda - \lambda^2 = \lambda$$

1.6.3　均匀分布

1. 均匀分布的定义

定义 1.28　称随机变量 X 服从区间 $[a,b]$ 上的均匀分布,若它具有密度函数:

$$f(x) = \begin{cases} \dfrac{1}{b-a}, & a \leqslant x \leqslant b \\ 0, & \text{其他} \end{cases} \quad (\text{其中 } a,b \text{ 为参数})$$

记为 $X \sim U[a,b]$. 其对应的分布函数为

$$F(x) = \begin{cases} 0, & x < a \\ \dfrac{x-a}{b-a}, & a \leqslant x \leqslant b \\ 1, & x > b \end{cases}$$

显然:

① $f(x) \geqslant 0$;

② $\displaystyle\int_{-\infty}^{+\infty} f(x)\mathrm{d}x = \int_a^b \dfrac{1}{b-a}\mathrm{d}x = 1.$

均匀分布描绘了几何型随机试验中随机点的分布. 若在闭区间 $[a,b]$ 上均匀投掷随机点的话,以 X 表示随机点的落点坐标,则 X 就服从 $U[a,b]$.

对于任意长度为 $l < b-a$ 的区间 $[c,c+l] \subset [a,b]$, $a < c < b$,则 X 落在该区间内的概率为 $P\{c < X \leqslant c+l\} = \displaystyle\int_c^{c+l} \dfrac{1}{b-a}\mathrm{d}x = \dfrac{l}{b-a}$,这说明随机点 X 落入任何区间内的概率只依赖于区间的长度而与区间在 $[a,b]$ 中的位置无关,即 X 取 $[a,b]$ 中任意点的可能性一样.

2. 均匀分布的数学期望和方差

设 $X \sim U[a,b]$,则

$$EX = \int_a^b x \dfrac{1}{b-a}\mathrm{d}x = \dfrac{x}{2(b-a)}\Big|_a^b = \dfrac{b+a}{2}$$

$$EX^2 = \int_a^b x^2 \dfrac{1}{b-a}\mathrm{d}x = \dfrac{1}{b-a} \cdot \dfrac{1}{3}x^3 \Big|_a^b = \dfrac{a^2+ab+b^2}{3}$$

所以,$DX = EX^2 - (EX)^2 = \dfrac{(b-a)^2}{12}.$

1.6.4 正态分布

1.正态分布的定义

> **定义 1.29** 若连续型随机变量 X 的概率密度函数为 $f(x) = \dfrac{1}{\sqrt{2\pi}\sigma}e^{\frac{(x-\mu)^2}{2\sigma^2}}$
>
> ($-\infty < x < +\infty, \sigma > 0$),则称 X 服从参数为 μ、σ^2 的正态分布,简记为 $X \sim N(\mu, \sigma^2)$.其相应的分布函数为:
>
> $$F(x) = \frac{1}{\sigma\sqrt{2\pi}}\int_{-\infty}^{x}e^{-\frac{(y-\mu)^2}{2\sigma^2}}\mathrm{d}y$$
>
> **特别地:** 当 $\mu = 0$、$\sigma = 1$ 时,称 X 服从标准正态分布,记作 $X \sim N(0,1)$.其相应的密度函数和分布函数分别是:
>
> $$f(x) = \frac{1}{\sqrt{2\pi}}e^{-\frac{x^2}{2}}, \quad -\infty < x < +\infty$$
>
> $$\Phi(x) = \frac{1}{\sqrt{2\pi}}\int_{-\infty}^{x}e^{-\frac{x^2}{2}}\mathrm{d}y$$

易验证,$f(x)$ 满足密度函数的性质:

① 非负性:显然 $f(x) \geqslant 0$;

② 规范性:

$$\int_{-\infty}^{+\infty}f(x)\mathrm{d}x = \frac{1}{\sqrt{2\pi}\sigma}\int_{-\infty}^{+\infty}\exp\left[-\frac{(x-\mu)^2}{2\sigma^2}\right]\mathrm{d}x$$

$$\xrightarrow{\text{令 } t = \frac{x-\mu}{\sqrt{2}\sigma}}\frac{1}{\sqrt{\pi}}\int_{-\infty}^{+\infty}e^{-t^2}\mathrm{d}t = 1 \quad (\int_{0}^{+\infty}e^{-x^2}\mathrm{d}x = \frac{\sqrt{\pi}}{2})$$

2. 正态分布的特点与性质

正态分布又叫高斯分布,它在概率论的理论和应用中占有很重要的地位,因此需要研究其性质及特点.

① $f(x)$ 的各阶导均存在.

② $f(x)$ 关于 $x = \mu$ 对称,即 $f(\mu - x) = f(\mu + x)$.

当 $x = \mu$ 时,$f(x)$ 取最大值 $f(\mu) = \dfrac{1}{\sqrt{2\pi}\sigma}$;$x$ 离 μ 越远,$f(x)$ 值越小,这表明对于同样长度的区间,当区间离 μ 越远,则落在该区间上的概率越小,即 μ 表示位置参数,σ 表示形状参数.

③ $f(x)$ 在 $x = \mu \pm \sigma$ 处有拐点,且以 Ox 轴为水平渐近线,即 $\lim\limits_{x \to \pm\infty} f(x) = 0$.

3. 正态分布的概率计算

① 若 $X \sim N(0,1)$,则对 $\forall x \geqslant 0$,$P\{X \leqslant x\} = \Phi(x)$,$P\{X \leqslant -x\} = \Phi(-x)$

$$= 1 - \Phi(x).$$

从而

$$P\{\,|\,X\,|\leqslant x\} = P\{-x \leqslant X \leqslant x\} = P\{X \leqslant x\} - P\{X \leqslant -x\}$$
$$= \Phi(x) - \Phi(-x) = 2\Phi(x) - 1$$

② 若 $X \sim N(\mu, \sigma^2)$，则 $Z = \dfrac{X-\mu}{\sigma} \sim N(0,1)$，且 $F(x) = P\{X \leqslant x\} = \Phi(\dfrac{x-\mu}{\sigma})$.

证明　$P\{Z \leqslant z\} = P\{\dfrac{X-\mu}{\sigma} \leqslant z\} = P\{X \leqslant \sigma z + \mu\} = \dfrac{1}{\sqrt{2\pi}\sigma} \cdot \displaystyle\int_{-\infty}^{\sigma z + \mu} e^{-\frac{(t-\mu)^2}{2\sigma^2}} dt$

$$= \frac{1}{\sqrt{2\pi}} \int_{-\infty}^{z} e^{-\frac{\nu^2}{2}} d\nu \quad (令\ \nu = \frac{t-\mu}{\sigma})$$

故 $Z \sim N(0,1)$. 于是，$F(x) = P\{Z \leqslant x\} = P\{\dfrac{X-\mu}{\sigma} \leqslant \dfrac{x-\mu}{\sigma}\} = \Phi(\dfrac{x-\mu}{\sigma})$.

从而，对任意实数 $a < b$，有 $P\{a < X \leqslant b\} = \Phi\left(\dfrac{b-\mu}{\sigma}\right) - \Phi\left(\dfrac{a-\mu}{\sigma}\right)$.

从上述分析可知：对所有有关正态分布的概率计算问题，都是归结为对标准正态分布的概率计算. 为计算方便，本书附录 1 给出了标准正态分布表.

③ 分位数（已知概率求区域）：

设随机变量 X 的分布函数为 $F(x)$，对于给定的正数 $\alpha(0 < \alpha < 1)$，若有 x_α 满足 $F(x_\alpha) = P\{X \leqslant x_\alpha\} = \alpha$，则称 x_α 为 X 的（下侧）α 分位数（或 α 分位点）.

$N(0,1)$ 的 α 分位数 u_α 满足：$\displaystyle\int_{-\infty}^{u_\alpha} \dfrac{1}{\sqrt{2\pi}} e^{-\frac{x^2}{2}} dx = \alpha$.

由标准正态分布的对称性可知：$-u_\alpha = u_{1-\alpha}$.

4. 正态分布的期望与方差

设 $X \sim N(\mu, \sigma^2)$，则

$$EX = \int_{-\infty}^{+\infty} x f(x) dx = \frac{1}{\sqrt{2\pi}\sigma} \int_{-\infty}^{+\infty} x e^{-\frac{(x-\mu)^2}{2\sigma^2}} dx$$

$$= \frac{1}{\sqrt{2\pi}} \int_{-\infty}^{+\infty} (\sigma t + \mu) e^{-\frac{t^2}{2}} dt \quad (令\ t = \frac{x-\mu}{\sigma})$$

$$= \frac{\mu}{\sqrt{2\pi}} \int_{-\infty}^{+\infty} e^{-\frac{t^2}{2}} dt = \mu$$

$$DX = E(X - EX)^2 = \int_{-\infty}^{+\infty} (x-\mu)^2 f(x) dx$$

$$= \frac{1}{\sqrt{2\pi}\sigma} \int_{-\infty}^{+\infty} (x-\mu)^2 e^{-\frac{(x-\mu)^2}{2\sigma^2}} dx = \frac{\sigma^2}{\sqrt{2\pi}} \int_{-\infty}^{+\infty} t^2 e^{-\frac{t^2}{2}} dt$$

$$= \frac{\sigma^2}{\sqrt{2\pi}} \left(-t e^{-\frac{t^2}{2}} \Big|_{-\infty}^{+\infty} + \int_{-\infty}^{+\infty} e^{-\frac{t^2}{2}} dt\right) = \sigma^2 \quad (令\ t = \frac{x-\mu}{\sigma})$$

可见,正态分布的两个参数 μ、σ^2 分别是该随机变量的数学期望和方差,其分布由期望和方差唯一确定.

关于正态分布还有如下结论:

① 若 $X \sim N(\mu,\sigma^2)$,则对 $\forall$ 常数 a,b,$Y = aX + b \sim N(a\mu + b, a^2\sigma^2)$.

② 若 $X \sim N(\mu_1,\sigma_1^2)$,$Y \sim N(\mu_2,\sigma_2^2)$,则当 X,Y 相互独立时,有
$$X + Y \sim N(\mu_1 + \mu_2, \sigma_1^2 + \sigma_2^2)$$

1.6.5 伽玛分布

定义 1.30 设随机变量 X 的概率密度函数为
$$f(x;\alpha,\beta) = \begin{cases} \dfrac{\beta^\alpha}{\Gamma(\alpha)} x^{\alpha-1} e^{-\beta x}, & x > 0 \\ 0, & x \leqslant 0 \end{cases}$$
则称 X 服从伽玛分布,记作 $X \sim \Gamma(\alpha,\beta)$,其中 $\alpha > 0, \beta > 0$ 为参数,$\Gamma(\alpha) = \int_0^{+\infty} x^{\alpha-1} e^{-x} dx$,且 $\Gamma(\alpha+1) = \alpha\Gamma(\alpha)$,$\Gamma(n+1) = n!$,$\Gamma(1) = \Gamma(0) = 1$,$\Gamma(\frac{1}{2}) = \sqrt{\pi}$,伽玛分布族常记为
$$\{\Gamma(\alpha,\beta): \alpha > 0, \beta > 0\}$$

关于 Γ 分布族具有下列性质:

① $EX^k = \dfrac{\Gamma(\alpha+k)}{\Gamma(\alpha)\beta^k} = \dfrac{(\alpha+k-1)(\alpha+k-2)\cdots\alpha}{\beta^k}$,它的数学期望与方差分别为
$$EX = \frac{\alpha}{\beta}, DX = \frac{\alpha}{\beta^2}$$

证明
$$EX^k = \int_0^{+\infty} x^k \frac{\beta^\alpha}{\Gamma(\alpha)} x^{\alpha-1} e^{-\beta x} dx$$
$$= \frac{\Gamma(\alpha+k)}{\Gamma(\alpha)\beta^k} \int_0^{+\infty} \frac{\beta^{\alpha+k}}{\Gamma(\alpha+k)} x^{\alpha+k-1} e^{-\beta x} dx = \frac{\Gamma(\alpha+k)}{\Gamma(\alpha)\beta^k}$$
$$= \frac{(\alpha+k-1)(\alpha+k-2)\cdots\alpha}{\beta^k}$$

当 $k = 1$ 时,得 $EX = \dfrac{\alpha}{\beta}$;当 $k = 2$ 时,得 $EX^2 = \dfrac{(\alpha+1)\alpha}{\beta^2}$,所以
$$DX = EX^2 - (EX)^2 = \frac{(\alpha+1)\alpha}{\beta^2} - \left(\frac{\alpha}{\beta}\right)^2 = \frac{\alpha}{\beta^2}$$

② 伽玛分布的特征函数为 $g_X(t) = \left(1 - \dfrac{it}{\beta}\right)^{-\alpha}$.

证明

$$g_X(t) = \int_0^{+\infty} \mathrm{e}^{\mathrm{i}tx} \frac{\beta^\alpha}{\Gamma(\alpha)} x^{\alpha-1} \mathrm{e}^{-\beta x} \,\mathrm{d}x$$

$$= \frac{\beta^\alpha}{(\beta-\mathrm{i}t)^\alpha} \int_0^{+\infty} \frac{(\beta-\mathrm{i}t)^\alpha}{\Gamma(\alpha)} x^{\alpha-1} \mathrm{e}^{-(\beta-\mathrm{i}t)x} \,\mathrm{d}x = \left(1 - \frac{\mathrm{i}t}{\beta}\right)^{-\alpha}$$

③ 若 $X_j \sim \Gamma(\alpha_j, \beta), j = 1,2,\cdots,n$，且 $X_1, X_2, \cdots, X_n$ 相互独立，则

$$\sum_{i=1}^n X_i \sim \Gamma\left(\sum_{i=1}^n \alpha_i, \beta\right)$$

这个性质称为 Γ 分布的可加性.

④ 若 $X_1, X_2, \cdots, X_n$ 相互独立，且均服从指数 $e(\beta)$ 分布，则

$$\sum_{i=1}^n X_i \sim \Gamma(n, \beta)$$

⑤ 若 $X \sim \Gamma(\alpha, \beta)$，则 $Y = cX \sim \Gamma\left(\alpha, \dfrac{\beta}{c}\right)$.

证明

因为 X 的特征函数为 $\left(1 - \dfrac{\mathrm{i}t}{\beta}\right)^{-\alpha}$，由特征函数的性质知 $Y = cX$ 的特征函数为 $\left(1 - \dfrac{\mathrm{i}ct}{\beta}\right)^{-\alpha}$，因此 $Y = cX \sim \Gamma\left(\alpha, \dfrac{\beta}{c}\right)$.

在伽玛分布族中，令 $\alpha = \dfrac{n}{2}, \beta = \dfrac{1}{2}$，即得自由度为 n 的 χ^2（卡方）分布，记为 $\chi^2(n)$，即 $\Gamma\left(\dfrac{n}{2}, \dfrac{1}{2}\right) = \chi^2(n)$. 其概率密度函数为

$$f(x;n) = \begin{cases} \dfrac{1}{2^{\frac{n}{2}} \Gamma\left(\dfrac{n}{2}\right)} x^{\frac{n}{2}-1} \mathrm{e}^{-\frac{x}{2}}, & x > 0 \\[3ex] 0, & x \leqslant 0 \end{cases}$$

定理 1.6　设随机变量 $X_1, X_2, \cdots, X_n$ 相互独立，且均服从 $N(0,1)$ 分布，则随机变量 $Y_n = \displaystyle\sum_{i=1}^n X_i^2$ 服从 $\chi^2(n)$.

⑥ 设 $X \sim \chi^2(n)$，则对任意的实数 x，有

$$\lim_{n\to\infty} P\left\{\frac{X-n}{\sqrt{2n}} \leqslant x\right\} = \frac{1}{\sqrt{2\pi}} \int_{-\infty}^x \mathrm{e}^{-\frac{1}{2}t^2} \,\mathrm{d}t$$

也即 $X \overset{d}{\sim} N(n, 2n)$.

1.6.6 贝塔分布

> **定义 1.31** 若随机变量 X 的概率密度函数为
> $$f(x;a,b) = \begin{cases} \dfrac{\Gamma(a+b)}{\Gamma(a)\Gamma(b)} x^{a-1}(1-x)^{b-1}, & 0 < x < 1 \\ \\ 0, & \text{其他} \end{cases}$$
> 则 X 服从贝塔分布,记作 $B(a,b)$,其中 $a > 0$、$b > 0$ 是参数.贝塔分布族记为
> $$\{B(a,b):a > 0, b > 0\}$$

关于贝塔分布族具有下列性质:

① $EX^k = \dfrac{\Gamma(a+k)\Gamma(a+b)}{\Gamma(a)\Gamma(a+b+k)} = \dfrac{a(a+1)\cdots(a+k-1)}{(a+b)(a+b+1)\cdots(a+b+k-1)}$,它的数学期望与方差分别为

$$EX = \frac{a}{a+b}, DX = \frac{ab}{(a+b)^2(a+b+1)}$$

证明

$$EX^k = \int_0^1 x^k \frac{\Gamma(a+b)}{\Gamma(a)\Gamma(b)} x^{a-1}(1-x)^{b-1} \mathrm{d}x$$

$$= \frac{\Gamma(a+k)\Gamma(a+b)}{\Gamma(a)\Gamma(a+b+k)} \int_0^1 \frac{\Gamma(a+b+k)}{\Gamma(b)\Gamma(a+k)} x^{a+k-1}(1-x)^{b-1} \mathrm{d}x$$

$$= \frac{\Gamma(a+k)\Gamma(a+b)}{\Gamma(a)\Gamma(a+b+k)} = \frac{a(a+1)\cdots(a+k-1)}{(a+b)(a+b+1)\cdots(a+b+k-1)}$$

当 $k = 1$ 时,得 $EX = \dfrac{a}{a+b}$;当 $k = 2$ 时,得 $EX^2 = \dfrac{a(a+1)}{(a+b)(a+b+1)}$,所以

$$DX = EX^2 - (EX)^2 = \frac{a(a+1)}{(a+b)(a+b+1)} - \left(\frac{a}{a+b}\right)^2 = \frac{ab}{(a+b)^2(a+b+1)}.$$

② 设 $X \sim \Gamma(a,1)$,$Y \sim \Gamma(b,1)$,且相互独立,则 $Z = \dfrac{X}{X+Y} \sim B(a,b)$.

③ 若 $X \sim \chi^2(n_1)$,$Y \sim \chi^2(n_2)$,且相互独立,则 $Z = \dfrac{X}{X+Y} \sim B\left(\dfrac{n_1}{2}, \dfrac{n_2}{2}\right)$.

1.7 协方差与相关系数

对于二维随机变量 (X,Y),我们除了讨论 X 与 Y 的数学期望与方差外,还需要讨论描述 X 与 Y 之间相互关系的数字特征 —— 协方差与相关系数.

1.7.1　协方差的定义及其性质

> **定义 1.32**　称 $\mathrm{cov}(X,Y) = E(X-EX)(Y-EY)$ 为随机变量 X 与 Y 的协方差.

由定义可知：

$$
\begin{aligned}
\mathrm{cov}(X,Y) &= E(X-EX)(Y-EY) \\
&= E(XY) - EXEY - EXEY + EXEY \\
&= E(XY) - EXEY
\end{aligned}
$$

协方差的性质：

① $\mathrm{cov}(X,Y) = \mathrm{cov}(Y,X)$；

② $\mathrm{cov}(aX,bY) = ab\,\mathrm{cov}(X,Y)$，$a$、$b$ 为任意常数；

③ $\mathrm{cov}(X_1+X_2,Y) = \mathrm{cov}(X_1,Y) + \mathrm{cov}(X_2,Y)$；

④ $D(X \pm Y) = DX + DY \pm 2\mathrm{cov}(X,Y)$.

若 X,Y 独立，显然有 $\mathrm{cov}(X,Y) = 0$，反之不然.

之所以出现这种情况，是因为协方差的大小还受随机变量本身所取数值的影响. 为了清除这种影响，我们引进一个无量纲的量 —— 相关系数的概念，来衡量随机变量间联系的密切程度.

1.7.2　相关系数的定义及其性质

> **定义 1.33**　若 $DX > 0, DY > 0$，则称 $\rho = \dfrac{\mathrm{cov}(X,Y)}{\sqrt{DX}\,\sqrt{DY}}$ 为随机变量 X、Y 的相关系数（或标准协方差）.

显然，ρ 就是标准化随机变量 $\dfrac{X-EX}{\sqrt{DX}}$、$\dfrac{Y-EY}{\sqrt{DY}}$ 的协方差.

相关系数的性质：

$|\rho| \leqslant 1$（$\rho > 0$ 称为正相关，$\rho < 0$ 称为负相关）.

特别地，$|\rho| = 1 \Leftrightarrow X$ 与 Y 以概率 1 线性相关. 即存在常数 a 与 b，使 $P\{Y = aX + b\} = 1$.

具体地：

$$
\rho = 1 \Leftrightarrow P\left\{\frac{X-EX}{\sqrt{DX}} = \frac{Y-EY}{\sqrt{DY}}\right\} = 1 \qquad \text{—— 完全正线性相关}
$$

$$
\rho = -1 \Leftrightarrow P\left\{\frac{X-EX}{\sqrt{DX}} = -\frac{Y-EY}{\sqrt{DY}}\right\} = 1 \qquad \text{—— 完全负线性相关}
$$

定义 1.34 若 X,Y 的相关系数 $\rho = 0$,则称 X 与 Y 不相关.

由性质的证明可知:

① $\rho_{XY} = 1 \Leftrightarrow P\{Y = aX + b\} = 1, a > 0$,这时称 X 与 Y 完全正相关.

② $\rho_{XY} = -1 \Leftrightarrow P\{Y = aX + b\} = 1, a < 0$,这时称 X 与 Y 完全负相关.

③ 完全正相关和完全负相关统称为完全相关,当 X 与 Y 完全相关时,(X,Y) 可能取的值概率为 1 地集中在一条直线上.

④ 相关系数 ρ_{XY} 是用来刻画 X、Y 线性相关性程度的一个数量. 当 $|\rho_{XY}|$ 越接近于 1 时,X 与 Y 之间越近似有线性关系;当 $|\rho_{XY}|$ 较小时,X 与 Y 之间不能认为有近似的线性关系.

⑤ 当 $\rho_{XY} = 0$ 时,X、Y 不相关,X、Y 之间没有线性关系. 这时,X、Y 之间的关系较复杂:可能 X、Y 相互独立,可能 X、Y 之间有某种非线性的函数关系.

关于不相关有如下结论:

对于 X 与 Y,下列四种情况等价:

① $E(XY) = EXEY$;

② $D(X \pm Y) = DX + DY$;

③ $\mathrm{cov}(X,Y) = 0$;

④ X,Y 不相关,即 $\rho = 0$.

若 X,Y 相互独立,则 X,Y 不相关,反之不然.

该性质说明,独立性是比不相关更为严格的条件. 独立性反映 X 与 Y 之间不存在任何关系,而不相关只是就线性关系而言的. 即使 X 与 Y 不相关,它们之间也还是可能存在函数关系的.

1.8 随机变量的函数

1.8.1 分布函数法

设 X 为连续型随机变量,其密度函数为 $f_X(x)$,$Y = f(X)$ 的分布函数为 $F_Y(y)$,则

$$F_Y(y) = P\{Y \leqslant y\} = P\{f(X) \leqslant y\} = \int_{f(x) \leqslant y} f_X(x) \mathrm{d}x$$

如果 $F_Y(y)$ 连续且可微,则 $f_Y(y) = \dfrac{\mathrm{d}F_Y(y)}{\mathrm{d}y}$ 为 Y 的概率密度函数.

【**例 1.4**】　设 X 服从$(-\frac{\pi}{2},\frac{\pi}{2})$ 上的均匀分布，求随机变量 $Y=\sin X$ 的分布函数.

解　$F_Y(y)=P\{Y\leqslant y\}=P\{\sin X\leqslant y\}$

当 $y\leqslant-1$ 时，$F_Y(y)=0.$ 当 $y\geqslant1$ 时，$F_Y(y)=1.$

当 $-1<y<1$ 时，

$$F_Y(y)=P\{\sin X\leqslant y\}=P\{X\leqslant \arcsin y\}$$
$$=\int_{-\frac{\pi}{2}}^{\arcsin y}\frac{1}{\pi}\mathrm{d}x=\frac{1}{\pi}(\arcsin y+\frac{\pi}{2})$$
$$=\frac{1}{\pi}\arcsin y+\frac{1}{2}$$

于是 Y 的分布函数是

$$F_Y(y)=\begin{cases}0, & y\leqslant-1\\ \frac{1}{\pi}\arcsin y+\frac{1}{2}, & -1<y<1\\ 1, & y\geqslant1\end{cases}$$

【**例 1.5**】　设 X 是服从 $N(0,1)$ 分布的随机变量，试求随机变量 $Y=X^2$ 的概率密度函数.

解　对 $y<0$，显然有 $F_Y(y)=P\{Y\leqslant y\}=0$；

而当 $y\geqslant0$ 时有 $F_Y(y)=P\{Y\leqslant y\}=P\{X^2\leqslant y\}$

$$=P\{-\sqrt{y}\leqslant X\leqslant\sqrt{y}\}=\int_{-\sqrt{y}}^{\sqrt{y}}f(x)\mathrm{d}x$$
$$=2\Phi(\sqrt{y})-1$$

于是 Y 的概率密度函数为 $f_Y(y)=\begin{cases}\frac{1}{\sqrt{2\pi}}\frac{1}{\sqrt{y}}e^{-y/2}, & y\geqslant0\\ 0, & y<0\end{cases}$

1.8.2　随机变量函数为严格单调函数的分布函数求法

定理 1.7　设连续型随机变量 X 的密度函数为 $f_X(x)$，$y=g(x)$ 为严格单调函数，其反函数 $g^{-1}(y)$ 有连续的导函数，则 $Y=f(X)$ 也是一个连续型的随机变量，其密度函数为

$$f_Y(y)=\begin{cases}f_X(g^{-1}(y))\,|\,[g^{-1}(y)]'\,|, & \alpha<y<\beta\\ 0, & \text{其他}\end{cases}$$

其中 $\alpha=\min\{g(-\infty),g(+\infty)\},\beta=\max\{g(-\infty),g(+\infty)\}.$

证明 不妨设 $y = g(x)$ 为严格单调上升函数,这时它的反函数 $g^{-1}(y)$ 也是严格单调上升函数. 于是

$$F_Y(y) = P\{Y \leqslant y\} = P\{g(X) \leqslant y\}$$
$$= P\{X \leqslant g^{-1}(y)\} = F_X(g^{-1}(y)), \ g(-\infty) < y < g(+\infty)$$

由此得 Y 的密度函数为

$$f_Y(y) = F'_Y(y) = \begin{cases} f_X(g^{-1}(y))[g^{-1}(y)]', & g(-\infty) < y < g(+\infty) \\ 0, & \text{其他} \end{cases}$$

同理可证,当 $g(x)$ 严格单调下降时,有

$$f_Y(y) = F'_Y(y) = \begin{cases} -f_X(g^{-1}(y))[g^{-1}(y)]', & g(+\infty) < y < g(-\infty) \\ 0, & \text{其他} \end{cases}$$

由此知命题得证.

由定理 1.7 有如下推论:

推论 若随机变量 X 有概率密度函数为 $f_X(x)$,$Y = aX + b$,$a \neq 0$,则 Y 的概率密度函数为:

$$f_Y(y) = f_X\left(\frac{y-b}{a}\right) \frac{1}{|a|}$$

【例 1.6】 设 X 服从正态分布 $N(0, \sigma^2)$,求 $Y = \mathrm{e}^X$ 的概率密度函数.

解 因为 $y = \mathrm{e}^x$ 单调增加,其反函数为 $x = \ln y$,于是在 e^x 的值域 $y > 0$ 内,有

$$f_Y(y) = f_X(\ln y)|\ln y|' = \frac{1}{\sqrt{2\pi}\sigma} \mathrm{e}^{-\frac{(\ln y)^2}{2\sigma^2}} \frac{1}{y}$$

所以 $Y = \mathrm{e}^X$ 的概率密度函数为:

$$f_Y(y) = \begin{cases} \dfrac{1}{\sqrt{2\pi}\sigma y} \mathrm{e}^{-\frac{(\ln y)^2}{2\sigma^2}}, & y > 0 \\ 0, & \text{其他} \end{cases}$$

1.8.3 多维随机变量函数的分布:分布函数法

设 (X, Y) 是二维连续型随机变量,其概率密度函数为 $f(x, y)$,求 $Z = g(X, Y)$ 的概率密度. 其步骤如下:

① $F_Z(z) = P\{Z \leqslant z\} = P\{g(X, Y) \leqslant z\} = \iint\limits_{g(X,Y) \leqslant z} f(x, y)\mathrm{d}x\mathrm{d}y$;

② $f_Z(z) = F'_Z(z)$.

1. $Z = X + Y$ 的分布

$$F_Z(z) = P\{X + Y \leqslant z\} = \iint\limits_{x+y \leqslant z} f(x, y)\mathrm{d}x\mathrm{d}y = \int_{-\infty}^{+\infty} \mathrm{d}x \int_{-\infty}^{z-x} f(x, y)\mathrm{d}y$$

$$f_Z(z) = F'_Z(z) = \int_{-\infty}^{+\infty} f(x, z-x)\,\mathrm{d}x$$

同样,有

$$f_Z(z) = F'_Z(z) = \int_{-\infty}^{+\infty} f(z-y, y)\,\mathrm{d}y$$

特别地,当 X 与 Y 独立时

$$f_Z(z) = \int_{-\infty}^{+\infty} f_X(x) f_Y(z-x)\,\mathrm{d}x = \int_{-\infty}^{+\infty} f_X(z-y) f_Y(y)\,\mathrm{d}y$$

推论　若 X, Y 相互独立,它们的概率密度分别为 $f_X(x)$ 和 $f_Y(y)$,则 $Z = X+Y$ 的概率密度为

$$f_Z(z) = \int_{-\infty}^{+\infty} f_X(x) f_Y(z-x)\,\mathrm{d}x = \int_{-\infty}^{+\infty} f_X(z-y) f_Y(y)\,\mathrm{d}y$$

【例 1.7】　设随机变量 X 与 Y 相互独立,且分布密度分别为

$$f_X(x) = \begin{cases} 1, & 0 \leqslant x \leqslant 1 \\ 0, & 其他 \end{cases} 和 f_Y(y) = \begin{cases} \mathrm{e}^{-y}, & y > 0 \\ 0, & 其他 \end{cases}$$

求 $Z = X+Y$ 的分布密度.

解

$$F_Z(z) = P\{X+Y \leqslant z\} = \iint_{x+y \leqslant z} f(x, y)\,\mathrm{d}x\mathrm{d}y$$

$$= \int_{-\infty}^{+\infty} \mathrm{d}x \int_{-\infty}^{z-x} f_X(x) f_Y(y)\,\mathrm{d}y$$

当 $z \leqslant 0$ 时,$F_Z(z) = 0$;

当 $0 < z \leqslant 1$ 时,$F_Z(z) = \int_0^z \mathrm{d}x \int_0^{z-x} \mathrm{e}^{-y}\mathrm{d}y = \int_0^z (1 - \mathrm{e}^{x-z})\mathrm{d}x = z - 1 + \mathrm{e}^{-z}$;

当 $z > 1$ 时,$F_Z(z) = \int_0^1 \mathrm{d}x \int_0^{z-x} \mathrm{e}^{-y}\mathrm{d}y = \int_0^1 (1 - \mathrm{e}^{x-z})\mathrm{d}x = 1 - \mathrm{e}^{1-z} + \mathrm{e}^{-z}$

所以

$$f_Z(z) = \begin{cases} (\mathrm{e}-1)\mathrm{e}^{-z}, & z > 1 \\ 1 - \mathrm{e}^{-z}, & 0 < z \leqslant 1 \\ 0, & z \leqslant 0 \end{cases}$$

【例 1.8】　设随机变量 X 与 Y 独立,其中 X 的概率分布为 $X \sim \begin{pmatrix} 1 & 2 \\ 0.3 & 0.7 \end{pmatrix}$,

而 Y 的概率密度为 $f(y)$,求随机变量 $U = X+Y$ 的概率密度 $g(u)$.

解　设 $F(y)$ 是 Y 的分布函数,则由全概率公式,知 $U = X+Y$ 的分布函数为

$$G_U(u) = P\{X+Y \leqslant u\}$$

$$= 0.3 P\{X+Y \leqslant u \mid X = 1\} + 0.7 P\{X+Y \leqslant u \mid X = 2\}$$

$$= 0.3 P\{Y \leqslant u-1 \mid X = 1\} + 0.7 P\{Y \leqslant u-2 \mid X = 2\}$$

由于 X 和 Y 独立,可见

$$G_U(u) = 0.3P\{Y \leqslant u-1\} + 0.7P\{Y \leqslant u-2\}$$
$$= 0.3F(u-1) + 0.7F(u-2)$$

由此,得 U 的概率密度

$$g_U(u) = G'(u) = 0.3F'(u-1) + 0.7F'(u-2)$$
$$= 0.3f(u-1) + 0.7f(u-2)$$

2. $Z = X/Y$ 的分布

$$F_Z(z) = P\{X/Y \leqslant z\} = \iint\limits_{x/y \leqslant z} f(x,y)\mathrm{d}x\mathrm{d}y$$

$$= \int_0^{+\infty} \mathrm{d}y \int_{-\infty}^{zy} f(x,y)\mathrm{d}x + \int_{-\infty}^0 \mathrm{d}y \int_{zy}^{+\infty} f(x,y)\mathrm{d}x$$

$$f_Z(z) = F'_Z(z) = \int_0^{+\infty} yf(zy,y)\mathrm{d}y - \int_{-\infty}^0 yf(zy,y)\mathrm{d}y$$

$$= \int_{-\infty}^{+\infty} |y| f(zy,y)\mathrm{d}y$$

【**例 1.9**】 设随机变量 X 与 Y 相互独立,且分布密度分别为

$$f_X(x) = \begin{cases} 1, & 0 \leqslant x \leqslant 1 \\ 0, & \text{其他} \end{cases} \text{ 和 } f_Y(y) = \begin{cases} \mathrm{e}^{-y}, & y > 0 \\ 0, & \text{其他} \end{cases}$$

求 $Z = \dfrac{Y}{3X}$ 的分布密度.

解 当 $z \leqslant 0$ 时,$F_Z(z) = 0$;

当 $z > 0$ 时,$F_Z(z) = P\{\dfrac{Y}{3X} \leqslant z\} = \iint\limits_{\frac{y}{3x} \leqslant z} f(x,y)\mathrm{d}x\mathrm{d}y = \int_0^1 \mathrm{d}x \int_0^{3xz} \mathrm{e}^{-y}\mathrm{d}y$

$$f_Z(z) = \begin{cases} \int_0^1 3x\mathrm{e}^{-3xz}\mathrm{d}x, & z > 0 \\ 0, & z \leqslant 0 \end{cases} = \begin{cases} \dfrac{1}{3z^2}(1 - \mathrm{e}^{-3z} - 3z\mathrm{e}^{-3z}), & z > 0 \\ 0, & z \leqslant 0 \end{cases}$$

3. $U = \max\{X,Y\}$,$V = \min\{X,Y\}$ 的分布

设随机变量 X 与 Y 独立,它们的分布函数分别为 $F_X(x)$ 和 $F_Y(x)$,则

$$F_U(u) = P\{\max\{X,Y\} \leqslant u\} = P\{X \leqslant u, Y \leqslant u\}$$
$$= P\{X \leqslant u\}P\{Y \leqslant u\} = F_X(u)F_Y(u)$$
$$F_V(v) = P\{\min\{X,Y\} \leqslant v\} = 1 - P\{\min\{X,Y\} > v\}$$
$$= 1 - P\{X > v\}P\{Y > v\} = 1 - [1 - F_X(v)][1 - F_Y(v)]$$

注:若 $X_1, X_2, \cdots, X_n \overset{\text{i.i.d}}{\sim} F(x)$,则

$\max\{X_1, X_2, \cdots, X_n\} \sim [F(z)]^n$,$\min\{X_1, X_2, \cdots, X_n\} \sim 1 - [1 - F(z)]^n$

1.8.4 随机向量变换的分布

若随机向量 $(X_1, X_2, \cdots, X_n)^{\mathrm{T}}$ 的联合概率密度函数为 $f(x_1, x_2, \cdots, x_n)$, $y_i = g_i(x_1, x_2, \cdots, x_n), i = 1, 2, \cdots, n,$ 是 $(x_1, x_2, \cdots, x_n)$ 与 $(y_1, y_2, \cdots, y_n)$ 的一一对应变换, 其反变换 $x_i = x_i(y_1, y_2, \cdots, y_n), i = 1, 2, \cdots, n,$ 存在且具有连续的一阶偏导数, 设 $Y_i = g_i(X_1, X_2, \cdots, X_n), i = 1, 2, \cdots, n,$ 则随机向量 $(Y_1, Y_2, \cdots, Y_n)^{\mathrm{T}}$ 的密度函数为 $q(y_1, y_2, \cdots, y_n) = f(x_1(y_1, y_2, \cdots, y_n), x_2(y_1, y_2, \cdots, y_n), \cdots, x_n(y_1, y_2, \cdots, y_n)) |J|,$ 其中 J 为坐标变换的雅可比行列式

$$J = \frac{\partial(x_1, x_2, \cdots, x_n)}{\partial(y_1, y_2, \cdots, y_n)} = \begin{vmatrix} \dfrac{\partial x_1}{\partial y_1} & \dfrac{\partial x_1}{\partial y_2} & \cdots & \dfrac{\partial x_1}{\partial y_n} \\ \dfrac{\partial x_2}{\partial y_1} & \dfrac{\partial x_2}{\partial y_2} & \cdots & \dfrac{\partial x_2}{\partial y_n} \\ \vdots & \vdots & & \vdots \\ \dfrac{\partial x_n}{\partial y_1} & \dfrac{\partial x_n}{\partial y_2} & \cdots & \dfrac{\partial x_n}{\partial y_n} \end{vmatrix}$$

【例 1.10】 若 X 与 Y 相互独立, 均服从 $N(0,1)$ 分布, 试证明 $\rho = \sqrt{X^2 + Y^2}$ 及 $\varphi = \arctan\left(\dfrac{Y}{X}\right)$ 是相互独立的.

证明 (X, Y) 的联合概率密度函数为 $f(x, y) = \dfrac{1}{2\pi} \mathrm{e}^{-\frac{1}{2}(x^2 + y^2)}$, 作极坐标变换 $x = r\cos\theta, y = r\sin\theta,$ 因此 $r = \sqrt{x^2 + y^2}, \theta = \arctan\dfrac{y}{x},$ 变换的雅可比行列式为

$$J = \begin{vmatrix} \dfrac{\partial x}{\partial r} & \dfrac{\partial x}{\partial \theta} \\ \dfrac{\partial y}{\partial r} & \dfrac{\partial y}{\partial \theta} \end{vmatrix} = \begin{vmatrix} \cos\theta & -r\sin\theta \\ \sin\theta & r\cos\theta \end{vmatrix} = r$$

故 (ρ, φ) 的联合概率密度函数为

$$q(r, \theta) = \frac{1}{2\pi} \mathrm{e}^{-\frac{1}{2}r^2} \cdot r, r \geqslant 0, 0 \leqslant \theta \leqslant 2\pi$$

于是 $\rho = \sqrt{X^2 + Y^2}$ 的概率密度函数为

$$f_\rho(r) = \begin{cases} r\mathrm{e}^{-\frac{r^2}{2}}, & r \geqslant 0 \\ 0, & r < 0 \end{cases} \quad (\text{瑞利分布})$$

而 $\varphi = \arctan\left(\dfrac{Y}{X}\right)$ 服从 $[0, 2\pi]$ 上的均匀分布, 而且它们是相互独立的.

这个结果常被用来产生服从正态分布的随机数. 做法如下:

产生相互独立的 $[0,1]$ 均匀分布的随机数 U_1、U_2，令

$$\begin{cases} X = (-2\ln U_1)^{\frac{1}{2}} \cos 2\pi U_2 \\ Y = (-2\ln U_1)^{\frac{1}{2}} \sin 2\pi U_2 \end{cases}$$

则 X 与 Y 是相互独立的服从 $N(0,1)$ 分布的随机数.

习 题 1

1. 某厂由甲、乙、丙三个车间生产同一种产品，它们的产量之比为 $3:2:1$，各车间产品的不合格率依次为 $8\%,9\%,12\%$. 现从该厂产品中任意抽取一件，求：

(1) 取到不合格产品的概率；

(2) 若取到的是不合格品，求它是由甲车间生产的概率.

2. 设某班车起点站上客人数 X 服从参数为 $\lambda(\lambda > 0)$ 的泊松分布，每位乘客在中途下车的概率为 $p(0 < p < 1)$，且中途下车与否相互独立. Y 为中途下车的人数，求：

(1) 在发车时有 n 个乘客的条件下，中途有 m 人下车的概率；

(2) 二维随机变量 (X,Y) 的概率分布.

3. 某流水线上每个产品不合格的概率为 $p(0 < p < 1)$，各产品合格与否相对独立，当出现 1 个不合格产品时即停机检修. 设开机后第 1 次停机时已生产了的产品个数为 X，求 X 的数学期望 EX 和方差 DX.

4. 设随机变量 X 的概率密度函数为 $f(x) = \begin{cases} \lambda x, & 0 < x < 2 \\ 0, & \text{其他} \end{cases}$，求：

(1) 常数 λ；

(2) EX；

(3) $P\{1 < X < 3\}$；

(4) X^2 的分布函数 $F(X^2)$.

5. 袋中有 1 个红色球、2 个黑色球与 3 个白球，现有回放地从袋中取两次，每次取一球，以 X,Y,Z 分别表示两次取球所取得的红球、黑球与白球的个数.

(1) 求 $P\{X = 1 \mid Z = 0\}$；(2) 求二维随机变量 (X,Y) 的概率分布.

6. 设二维随机变量 (X,Y) 的联合分布函数为

$$F(x,y) = \begin{cases} 1 - e^{-x} - e^{-y} + e^{-x-y-\lambda xy}, & x > 0, y > 0 \\ 0, & \text{其他} \end{cases}$$

(1) 求 (X,Y) 的边缘分布函数；

(2) 问 X 与 Y 是否独立？为什么？

7. 设 $(X,Y,Z)^{\mathrm{T}}$ 的联合密度函数为

$$f(x,y,z) = \begin{cases} \dfrac{1}{8\pi^3}(1 - \sin x \sin y \sin z), & 0 \leqslant x,y,z \leqslant 2\pi \\ 0, & \text{其他} \end{cases}$$

试证明 X,Y,Z 两两独立,但不相互独立.

8. 设 X 与 Y 独立同分布,分布密度为

$$f(x) = \frac{1}{2\theta}\mathrm{e}^{-\frac{|x|}{\theta}}, \theta > 0, -\infty < x < +\infty$$

求 $Z = X + Y$ 的分布密度.

9. 设随机变量 X_1 与 X_2 独立,且分别服从 $(-5,1)$ 与 $(1,5)$ 内的均匀分布,求 $Y = X_1 + X_2$ 的分布密度.

10. 设随机变量 X 与 Y 独立同分布,且密度函数为

$$f(x) = \begin{cases} a\mathrm{e}^{-ax}, & x > 0 \\ 0, & x \leqslant 0 \end{cases} \quad (a > 0)$$

求随机变量 $Z = X/Y$ 的分布密度.

11. 设随机变量 X 与 Y 独立同分布,且分别服从自由度为 m 和 n 的 χ^2 分布,证明 $X + Y$ 与 X/Y 相互独立.

12. 设独立随机变量 X,Y 有相同分布函数 $f(x) = \begin{cases} \mathrm{e}^{-x}, & x > 0 \\ 0, & x \leqslant 0 \end{cases}$,问 $X + Y$ 与

$\dfrac{X}{X+Y}$ 是否独立,为什么?

13. 设随机变量 X 与 Y 独立,且均服从 $N(0,1)$ 分布:

(1) 求 $Z = XY$ 的分布密度;

(2) 证明 $U = X^2 + Y^2$ 与 $V = X/Y$ 也相互独立.

14. 试求 $[0,1]$ 上均匀分布的特征函数.

15. 设 $X_1 \sim \Gamma(a,1), X_2 \sim \Gamma(b,1)$ 且独立,证明 $Y = \dfrac{X_1}{X_1 + X_2} \sim \beta(a,b)$.

第2章　统计量与抽样分布

概率论是研究随机现象统计规律性的一个数学分支,它是从一个数学模型出发(比如随机变量的分布)去研究它的性质和统计规律性;数理统计也是研究大量随机现象的统计规律性,并且是应用十分广泛的一个数学分支.所不同的是数理统计是以概率论为理论基础,利用观测随机现象所得到的数据来选择、构造数学模型(即研究随机现象).其研究方法是归纳法(部分到整体).它通过对随机现象的观测或试验来获取数据,通过对数据的分析与推断去寻找隐藏在数据中的统计规律性.它是研究怎样以有效的方式收集、整理、分析带随机性的数据,并在此基础上,对所研究的问题做出统计推断,直至对可能作出的决策提供依据或建议.数理统计的内容很丰富,概率论为数理统计提供理论基础.本章主要介绍数理统计的一些基本概念.

2.1　总体和样本

2.1.1　总体和个体

统计中常把所研究对象的全体称为总体或母体,构成总体的每个成员称为个体.然而在我们的研究中往往关心的是每一成员的某个数量指标,因而将个体所具有的数量指标的全体作为一个总体,而每一成员的指标就是一个个体.例如,把某月的整批产品视为一总体,则每个产品为个体;若只需检查产品的质量,可用数量表征 X 来反映.产品分别为一、二、三等品,令 X 取值分别为 1、2、3.因此为了更清楚地表示总体,可以用随机变量 X 或其概率分布来表示总体.当用随机变量 X 表示总体时,可以简称总体 X,如果 X 的分布函数为 $F(x)$,那么 $F(x)$ 也是总体的分布函数,所以也可以用 $F(x)$ 表示一个总体.譬如当描述总体的随机变量 X 服从正态分布时,也称该总体为正态总体;今后可将"从某总体中抽样"也称为"从某分布中抽样".

在统计中,用来描述总体的分布通常是未知的,因此确定总体的概率分布就是统计所要研究的一个问题.有的总体的分布类型是已知的,但是其中的参数未知,这时就要研究如何确定总体的参数.在有些问题中,我们对每一研究对象可能要观测两个或多个指标,则可用多维随机向量 $X_1, X_2, \cdots, X_p$ 去描述总体,也可用其联合分布函数 $F(x_1, x_2, \cdots, x_p)$ 去描述总体,这种总体称为 p 维总体.它是"多元分析"中研究的对象. 我们主要研究一维总体, 有时也会涉及二维总体.

2.1.2   样本

由于总体可以用随机变量 X 来描述, 因此研究总体就要研究 X 的分布或分布的某些特征量. 这就需要对总体进行观察. 从总体中抽出的部分个体组成的集合称为样本 (也称为子样), 样本中所含个体称为样品, 样本中样品的个数称为样本容量 (也称样本量).

例如, 对某型号的 20 辆汽车记录每加仑汽油各自行驶的里程数 (单位: km) 如下:

29.8   27.6   28.3   28.7   27.9   30.1   29.9   28.0   28.7   27.9

28.5   29.5   27.2   26.9   28.4   27.8   28.0   30.0   29.6   29.1

这是一个容量为 20 的样本的观察值, 对应的总体是该型号汽车每加仑汽油行驶的里程.

在样本中常用 n 表示样本容量, 从总体中抽出的容量为 n 的样本记为 $X = (X_1, X_2, \cdots, X_n)$, 这里每个 X_i 都看成是随机变量, 因为第 i 个被抽到的个体具有随机性, 在观察前是不知其值的. 样本的观察值记为 $x = (x_1, x_2, \cdots, x_n)$. 样本 $X = (X_1, X_2, \cdots, X_n)$ 所可能取值的全体称为样本空间. 一个样本观察值 $(x_1, x_2, \cdots, x_n)$ 就是样本空间的一个点.

我们抽取样本的目的是为了对总体进行各种分析推断. 为了能从样本正确推断总体就要求所抽取的样本能很好地反映总体的信息, 所以要有一个正确的抽取样本的方法. 最常用的抽取样本的方法是"简单随机抽样", 它要求抽取的样本满足如下要求:

① 代表性, 即要求每一个体都有同等机会被选入样本, 这意味着每个分量 X_i 与总体 X 有相同的分布 $F(x)$.

② 独立性, 即要求样本中每一样品取什么值不受其他样品的影响, 这意味着 $X_i (i = 1, 2, \cdots, n)$ 为相互独立的随机变量.

满足上述两点性质的样本称为简单随机样本, 获得简单随机样本的抽样方法称为简单随机抽样. 即样本是 n 个相互独立同分布的随机变量, 记为 $X_1, X_2, \cdots, X_n \overset{i.i.d}{\sim} X$.

为此, 给出如下定义:

定义2.1　设总体 X 的分布函数为 $F(x)$, 若 $X_1, X_2, \cdots, X_n$ 是具有同一分布函数 $F(x)$ 的相互独立的随机变量, 则称 $(X_1, X_2, \cdots, X_n)$ 为从总体 X 中得到的容量为 n 的简单随机样本, 简称样本. 把它们的观察值 $(x_1, x_2, \cdots, x_n)$ 称为样本值.

由定义知, 简单随机样本是通过下述抽样方式而抽取的:

① 总体的每一个体有同等机会被选入样本;

② 样本的分量 $X_1, X_2, \cdots, X_n$，是相互独立的随机的变量，即样本的每一个分量有什么观测结果并不影响其他分量有什么观测结果.

【例 2.1】 在甲、乙、丙、丁四只晶体管中，任抽两只构成一个样本，则简单随机抽样可使：

① 所有两只晶体管一组的机会相等，即

$$P(甲乙) = P(甲丙) = P(甲丁) = P(乙丙) = P(乙丁) = P(丙丁) = 1/6$$

② 每只晶体管在容量为 2 的样本中都有均等的机会被抽到，即

$$P(甲) = P(乙) = P(丙) = P(丁) = 1/2$$

今后若不作特别说明，提到"样本"总是指简单随机样本. 例如从有限总体中抽样，每抽一个个体以后立即放回，搅匀，然后再抽取下一个个体，这样返回抽样所得的样本就是简单随机样本.

设总体 X 具有分布函数 $F(x)$，$(X_1, X_2, \cdots, X_n)$ 为取自这一总体的容量为 n 的样本，则 $(X_1, X_2, \cdots, X_n)$ 的联合分布函数为

$$F^*(x_1, x_2, \cdots, x_n) = \prod_{i=1}^{n} F(x_i)$$

【例 2.2】 设总体 $X \sim B(1, p)$，$(X_1, X_2, \cdots, X_n)$ 为其一个简单随机样本，因为

$$P\{X = x\} = p^x \cdot (1-p)^{1-x}, \quad x = 0, 1$$

所以样本的联合分布列为：

$$P\{X_1 = x_1, X_2 = x_2, \cdots, X_n = x_n\} = P\{X_1 = x_1\} P\{X_2 = x_2\} \cdots P\{X_n = x_n\}$$
$$= p^{x_1}(1-p)^{1-x_1} p^{x_2}(1-p)^{1-x_2} \cdots p^{x_n}(1-p)^{1-x_n}$$
$$= p^{\sum_{i=1}^{n} x_i}(1-p)^{n-\sum_{i=1}^{n} x_i}, \quad x_i = 0, 1, \quad i = 1, 2, \cdots, n$$

2.2 统 计 量

2.2.1 统计量的定义

样本是总体的代表和反映，但样本的信息较为分散，需要加工和提炼，一种有效的方法是构造样本的不同样本函数反映总体的不同特征. 这种样本的函数便是统计量.

定义 2.2 设 $X_1, X_2, \cdots, X_n$ 为总体 X 的一个样本，$g(x_1, x_2, \cdots, x_n)$ 为一个连续函数，则称 $g(X_1, X_2, \cdots, X_n)$ 为样本函数；如果 g 不包含任何未知参数，则称 $T = g(X_1, X_2, \cdots, X_n)$ 为一个统计量.

上述定义中规定"不含任何未知参数"是强调在获得了样本的观察值 $(x_1, x_2, \cdots, x_n)$ 后,代入统计量立即可以算得统计量的观察值 $T(\boldsymbol{x}) = T(x_1, x_2, \cdots, x_n)$.

【例 2.3】 设总体 $X \sim N(\mu, \sigma^2)$,其中 μ 与 σ^2 为未知参数,从该总体获得的一个样本为 $X_1, X_2, \cdots, X_n$,则 $\dfrac{1}{n}\sum\limits_{i=1}^{n} X_i$ 为统计量,但 $\overline{X} - \mu$,$\dfrac{\overline{X} - \mu}{\sigma}$ 都不是统计量,因为它们含有未知参数.

2.2.2 次序统计量与经验分布

次序统计量是一类常用的统计量,由它可派生一些有用的统计量.次序统计量在统计推断中起着重要的作用.次序统计量有一些性质不依赖于总体的分布并且计算量很小,使用起来较方便,因此在质量管理、可靠性等方面得到广泛的应用,下面扼要地介绍有关次序统计量的内容.

设 $X_1, X_2, \cdots, X_n$ 是取自分布函数为 $F(x)$ 的总体 X 的一个样本,$x_1, x_2, \cdots, x_n$ 表示这个样本的一组观测值.将这些观测值,由小到大地排列并用 $x_{(1)}, x_{(2)}, \cdots, x_{(n)}$ 表示,即 $x_{(1)} \leqslant x_{(2)} \leqslant \cdots \leqslant x_{(n)}$,若其中有两个分量相等,则它们先后次序的安排是可以任意的.

> 定义 2.3 设 $(X_1, X_2, \cdots, X_n)$ 是取自总体 X 的一个样本,$X_{(i)}$ 被称为该样本的第 i 个次序统计量,它是样本 $(X_1, X_2, \cdots, X_n)$ 满足如下条件的函数:每当样本得到一组观测值 $(x_1, x_2, \cdots, x_n)$ 时,将它们从小到大排列为 $x_{(1)} \leqslant x_{(2)} \leqslant \cdots \leqslant x_{(n)}$,第 i 个值 $x_{(i)}$ 是 $X_{(i)}$ 的观测值,称 $X_{(i)}(i = 1, 2, \cdots, n)$,为该样本的次序统计量;$X_{(1)} = \min\{X_1, X_2, \cdots, X_n\}$ 称作最小次序统计量,$X_{(n)} = \max\{X_1, X_2, \cdots, X_n\}$ 称作最大次序统计量.

> 定义 2.4 样本最大次序统计量与样本最小次序统计量之差称为样本极差,常用 R_n 表示.

若样本容量为 n,则样本极差 $R_n = X_{(n)} - X_{(1)}$.它表示样本取值范围的大小,也反映了总体取值分散与集中的程度,而且计算方便.

> 定义 2.5 样本按大小次序排列后处于中间位置上的称为样本中位数,常用 m_p 表示.设 $(X_1, X_2, \cdots, X_n)$ 是来自某总体的一个样本,其次序统计量为 $X_{(i)}(i = 1, 2, \cdots, n)$,则
> $$m_p = \begin{cases} X_{\left(\frac{n+1}{2}\right)}, & n \text{ 为奇数} \\ \dfrac{1}{2}\left[X_{\left(\frac{n}{2}\right)} + X_{\left(\frac{n}{2}+1\right)}\right], & n \text{ 为偶数} \end{cases}$$

定义 2.6　设 $(X_1, X_2, \cdots, X_n)$ 是来自某总体的一个样本,其次序统计量为 $X_{(i)}, i = 1, 2, \cdots, n$,样本的 p 分位数 m_p 是指由下式决定的统计量:

$$m_p = X_{([np])} + (n+1)(p - \frac{[np]}{n+1})(X_{([np]+1)} - X_{([np])})$$

式中,$[np]$ 表示不超过 np 的最大整数.

【例 2.4】　对某型号的 20 辆汽车记录每加仑汽油各自行驶的里程数(单位:km)如下:

　　　29.8　27.6　28.3　28.7　27.9　30.1　29.9　28.0　28.7　27.9
　　　28.5　29.5　27.2　26.9　28.4　27.8　28.0　30.0　29.6　29.1

对这些数据从小到大排序后为:

　　　26.9　27.2　27.6　27.8　27.9　27.9　28.0　28.0　28.3　28.4
　　　28.5　28.7　28.7　29.1　29.5　29.6　29.8　29.9　30.0　30.1

因而 $x_{(1)} = 26.9, x_{(20)} = 30.1, m_p = \frac{1}{2}[x_{(10)} + x_{(11)}] = \frac{1}{2} \times (28.4 + 28.5)$ $= 28.45$,由于 $5/21 < 0.25 < 6/21$,故

$$m_{0.25} = x_{(5)} + 21 \times (0.25 - \frac{5}{21})(x_{(6)} - x_{(5)})$$

$$= 27.9 + 0.25 \times (27.9 - 27.9) = 27.9$$

定义 2.7　设总体 X 的分布函数为 $F(x)$,从中获得的样本观测值为 $(x_1, x_2, \cdots, x_n)$,将它们从小到大排列成 $x_{(1)} \leqslant x_{(2)} \leqslant \cdots \leqslant x_{(n)}$,令

$$F_n(x) = \begin{cases} 0, & x < x_{(1)} \\ \frac{k}{n}, & x_{(k)} \leqslant x < x_{(k+1)}, k = 1, 2, \cdots, n-1 \\ 1, & x \geqslant x_{(n)} \end{cases}$$

则称 $F_n(x)$ 为该样本的经验分布函数.

经验分布函数 $F_n(x)$ 在 x 点的函数值其实就是观测值 $x_1, x_2, \cdots, x_n$ 中小于或等于 x 的频率,它是一个右连续的非减函数,且 $0 \leqslant F_n(x) \leqslant 1$,因而它具有分布函数的性质,可以将它看成是以等概率取 $x_1, x_2, \cdots, x_n$ 的离散随机变量的分布函数. 经验分布函数的图像是一个非减右连续的阶梯函数.

对于 x 的每一数值而言,经验分布函数 $F_n(x)$ 为样本 $(X_1, X_2, \cdots, X_n)$ 的函数,它是一统计量,即为一随机变量,其可能取值为 $0, 1/n, \cdots, (n-1)/n, 1$. 由于 $X_1, X_2, \cdots, X_n$ 相互独立且有相同的分布函数 $F(x)$,因此事件"$F_n(x) = \frac{k}{n}$"发生的概率等价于 n 次独立重复试验的伯努利概型中事件"$X \leqslant x$"发生 k 次而其余 $n-k$ 次不发生的概率,即有:

$$P\left\{F_n(x) = \frac{k}{n}\right\} = C_n^k [F(x)]^k [1 - F(x)]^{n-k}$$

其中 $F(x) = P\{X \leqslant x\}$，它是总体 X 的分布函数.

显然 $nF_n(x) \sim B(n, F(x))$，因此

$$E[F_n(x)] = F(x), D[F_n(x)] = \frac{1}{n}F(x)[1 - F(x)]$$

于是 $F_n(x)$ 依概率收敛于 $F(x)$. 即随样本观测值不同，经验分布函数 $F_n(x)$ 也不同，但只要样本容量 n 增大，那么 $F_n(x)$ 也将在概率意义下越来越"靠近"总体分布函数 $F(x)$. 事实上，$F_n(x)$ 还依概率 1 一致收敛于总体分布函数 $F(x)$. 对此不加证明地给出如下定理：

定理 2.1 （格里汶科定理）对任给的自然数 n，设 $x_1, x_2, \cdots, x_n$ 是取自总体分布函数 $F(x)$ 的一个样本观测值，$F_n(x)$ 为其经验分布函数，又记
$$D_n = \sup\{|F_n(x) - F(x)|, -\infty < x < +\infty\}$$
则有 $P\{\lim_{n\to\infty} D_n = 0\} = 1$.

这一定理中的 D_n 可衡量 $F_n(x)$ 与 $F(x)$ 在 x 的一切值上的最大差异. 定理表明 n 足够大后，对一切 x，$F_n(x)$ 与 $F(x)$ 之差的绝对值都很小这一事件发生的概率接近于 1. 即可以用 $F_n(x)$ 来近似 $F(x)$，这也是利用样本来估计和判断总体的基本理论和依据.

【例 2.5】 某厂从一批荧光灯中抽出 10 个，测其寿命的数据（单位：kh）如下：
$$95.5, \ 18.1, \ 13.1, \ 26.5, \ 31.7, \ 33.8, \ 8.7, \ 15.0, \ 48.8, \ 49.3$$
求该批荧光灯寿命的经验分布函数 $F_n(x)$（观察值）.

解 将数据由小到大排列得：
$$8.7, 13.1, 15.0, 18.1, 26.5, 31.7, 33.8, 48.8, 49.3, 95.5$$
则经验分布函数为：

$$F_n(x) = \begin{cases} 0, & x < 8.7 \\ 0.1, & 8.7 \leqslant x < 13.1 \\ 0.2, & 13.1 \leqslant x < 15.0 \\ 0.3, & 15.0 \leqslant x < 18.1 \\ 0.4, & 18.1 \leqslant x < 26.5 \\ 0.5, & 26.5 \leqslant x < 31.7 \\ 0.6, & 31.7 \leqslant x < 33.8 \\ 0.7, & 33.8 \leqslant x < 48.8 \\ 0.8, & 48.8 \leqslant x < 49.3 \\ 0.9, & 49.3 \leqslant x < 95.5 \\ 1, & x \geqslant 95.5 \end{cases}$$

2.3 样本数字特征

当获得了总体 X 的一组样本后,把样本所含的信息进行数学上的加工,即构造出统计量,从而去推断总体的某些特征.常用的样本数字特征有表示位置特征的样本均值、中位数、众数和表示离散特征的样本方差、均方差等.

2.3.1 样本均值

定义2.8 设 $X_1, X_2, \cdots, X_n$ 是取自某总体的一个样本,它的算术平均数 $\overline{X} = \frac{1}{n} \sum_{i=1}^{n} X_i$ 称为样本均值.当获得了样本观测值 $x_1, x_2, \cdots, x_n$ 后代入上式,可求得样本均值的观测值,亦简称样本均值:

$$\overline{x} = \frac{1}{n} \sum_{i=1}^{n} x_i$$

由于样本中的数据有大有小,而样本均值 $\overline{x}$ 总处于样本的中间位置,小于 $\overline{x}$ 的数据的偏差 $x_i - \overline{x}$ 是负的,大于 $\overline{x}$ 的数据的偏差 $x_i - \overline{x}$ 是正的,此种偏差之和恒为零,这是因为 $\sum_{i=1}^{n} (x_i - \overline{x}) = \sum_{i=1}^{n} x_i - n\overline{x} = 0$.而总体分布数学期望 EX 也是位于取值范围的中心位置,且 $E(X - EX) = 0$,因此只要样本是简单随机样本,那么样本均值是反映总体分布数学期望所在位置信息的一个统计量,如果总体数学期望是 μ,那么样本均值 $\overline{X}$ 将是 μ 的一个很好的估计量.

定理2.2 如果总体 X 存在2阶矩,记 $EX = \mu, DX = \sigma^2$,则对样本均值有

$$E\overline{X} = \mu, \quad D\overline{X} = \frac{\sigma^2}{n}$$

证明

$$E\overline{X} = E\left(\frac{1}{n} \sum_{i=1}^{n} X_i\right) = \frac{1}{n} \sum_{i=1}^{n} EX_i = \mu$$

$$D\overline{X} = D\left(\frac{1}{n} \sum_{i=1}^{n} X_i\right) = \frac{1}{n^2} \sum_{i=1}^{n} DX_i = \frac{\sigma^2}{n}$$

在样本 $X_1, X_2, \cdots, X_n$ 来自正态分布 $N(\mu, \sigma^2)$ 的场合,其样本均值 $\overline{X}$ 的分布为 $N\left(\mu, \frac{\sigma^2}{n}\right)$.现在我们来讨论当样本 $X_1, X_2, \cdots, X_n$ 来自非正态总体时,其样本均值

$\overline{X}$ 的分布.

> **定理 2.3**　设 $X_1, X_2, \cdots, X_n$ 是从某总体 X 随机抽取的一个样本,该总体的
> 分布未知(可能是离散的,也可能是连续的;可能是均匀分布,也可能是偏态分布
> 等),但知其总体 X 的均值为 μ,方差为 σ^2(有限且不为 0),则当样本量 n 充分大
> 时,样本均值 $\overline{X}$ 近似服从正态分布 $N(\mu, \dfrac{\sigma^2}{n})$,其均值仍为 μ,方差为 σ^2/n. 即 $\overline{X}$ 的
> 大样本分布近似服从 $N(\mu, \dfrac{\sigma^2}{n})$.

证明　由中心极限定理可知.

这一定理表明,无论总体分布是什么,只要样本容量 n 充分大,则样本均值 $\overline{X}$
总可近似看作正态分布. 譬如,样本 $X_1, X_2, \cdots, X_n$ 来自 $B(1, p)$,$0 < p < 1$,则总
体期望为 p,方差为 $p(1-p)$,那么当 n 充分大时,样本均值 $\overline{X}$ 近似服从正态分
布 $N\left(p, \dfrac{p(1-p)}{n}\right)$.

2.3.2　样本方差和样本标准差

> **定义 2.9**　设 $X_1, X_2, \cdots, X_n$ 是取自某一总体 X 的样本,它关于样本均值的
> 平均偏差平方和 $S_n^2 = \dfrac{1}{n}\sum_{i=1}^{n}(X_i - \overline{X})^2$ 称为样本方差,其算术平方根 $S_n = \sqrt{S_n^2}$
> 称为样本标准差.

在 n 不大时,常用 $S^2 = \dfrac{1}{n-1}\sum_{i=1}^{n}(X_i - \overline{X})^2$ 作为样本方差(也称修正的样本方
差),其算术平方根 $S = \sqrt{S^2}$ 称为样本标准差.

当把观察值代入后可得样本方差与样本标准差的观察值

$$s_n^2 = \frac{1}{n}\sum_{i=1}^{n}(x_i - \overline{x})^2, s_n = \sqrt{s_n^2}$$

或

$$s^2 = \frac{1}{n-1}\sum_{i=1}^{n}(x_i - \overline{x})^2, s = \sqrt{s^2}$$

在实际应用中也简称它们为样本方差和样本标准差.

在后面我们主要用的是 S 与 $\sqrt{S^2}$,但在涉及具体数值计算时一般用小写的 s 与
$\sqrt{s^2}$.

样本方差与样本标准差反映了数据取值分散与集中的程度,即反映了总体方

差与标准差的信息.

定理 2.4 如果总体 X 存在 2 阶矩,则对样本方差,有

$$E(S_n^2) = \frac{n-1}{n}\sigma^2, \quad E(S^2) = \sigma^2$$

证明 因为 $\sum_{i=1}^{n}(X_i - \overline{X})^2 = \sum_{i=1}^{n}X_i^2 - n(\overline{X})^2$,所以

$$E\left[\sum_{i=1}^{n}(X_i - \overline{X})^2\right] = \sum_{i=1}^{n}EX_i^2 - nE(\overline{X})^2$$

$$= n(\sigma^2 + \mu^2) - n\left(\frac{\sigma^2}{n} + \mu^2\right) = (n-1)\sigma^2$$

因此,$E(S_n^2) = \dfrac{n-1}{n}\sigma^2$. 注意到 $S^2 = \dfrac{n}{n-1}S_n^2$,于是有 $E(S^2) = \sigma^2$.

2.3.3 样本的高阶矩

定义 2.10 设 $X_1, X_2, \cdots, X_n$ 是来自某总体的一个样本,则称 $A_k = \frac{1}{n}\sum_{i=1}^{n}X_i^k$ 为样本的 k 阶原点矩,称 $B_k = \frac{1}{n}\sum_{i=1}^{n}(X_i - \overline{X})^k$ 为样本的 k 阶中心矩.

它们分别反映了总体 k 阶原点矩 $\alpha_k = EX^k$ 与 k 阶中心矩 $\mu_k = E(X - EX)^k$ 的信息. 特别地,有 $A_1 = \overline{X}, B_1 = 0, B_2 = S_n^2$.

定理 2.5 如果总体存在 $2k$ 阶矩,则对于样本的 k 阶原点矩,有

$$EA_k = \alpha_k, \quad DA_k = \frac{\alpha_{2k} - \alpha_k^2}{n}$$

其中 α_k 是总体的 k 阶原点矩,即 $\alpha_k = EX^k$.

定义 2.11 设 $X_1, X_2, \cdots, X_n$ 是来自某总体的一个样本,则称 $SK = \dfrac{B_3}{B_2^{3/2}}$ 为样本偏度.

SK 反映了总体分布密度曲线的对称性信息. 当 $SK > 0$ 时,分布的形状是右尾长,称为正偏的;当 $SK < 0$ 时,分布的形状是左尾长,称为负偏的.

定义 2.12 设 $X_1, X_2, \cdots, X_n$ 是来自某总体的一个样本,则称 $KU = \dfrac{B_4}{B_2^2} - 3$ 为样本峰度.

KU 反映了总体分布密度曲线在其峰值附近的陡峭程度的信息. 当 $KU > 0$ 时,分布密度曲线在其峰附近比正态分布来得陡,其有比正态分布更长的尾部(厚尾);当 $KU < 0$ 时,比正态分布来得平坦,其有比正态分布更短的尾部.

【**例 2.6**】　某厂实行计件工资制,为及时了解情况,随机抽取 30 名工人,调查各自在一周内加工的零件数,然后按规定算出每名工人的周工资如下(单位:元):

$$156 \quad 134 \quad 160 \quad 141 \quad 159 \quad 141 \quad 161 \quad 157 \quad 171 \quad 155$$
$$149 \quad 144 \quad 169 \quad 138 \quad 168 \quad 147 \quad 153 \quad 156 \quad 125 \quad 156$$
$$135 \quad 156 \quad 151 \quad 155 \quad 146 \quad 155 \quad 157 \quad 198 \quad 161 \quad 151$$

这便是一个容量为 30 的样本观察值,其样本均值为:

$$\bar{x} = \frac{1}{30} \times (156 + 134 + \cdots + 161 + 151) = 153.5$$

它反映了该厂工人周工资的一般水平.

易得 $\sum_{i=1}^{n}(x_i - \bar{x})^2 = \sum_{i=1}^{n} x_i^2 - n\bar{x}^2$,由于

$$\sum_{i=1}^{n} x_i^2 = 156^2 + 134^2 + \cdots + 161^2 + 151^2 = 712155$$

所以样本方差为

$$s^2 = \frac{1}{30-1} \times (712155 - 30 \times 153.5^2) = 182.3276$$

样本标准差为

$$s = \sqrt{182.3276} = 13.50$$

由于 $SK = \dfrac{B_3}{B_2^{3/2}}$,$KU = \dfrac{B_4}{B_2^2} - 3$,为此需先求出 B_2, B_3, B_4,而它们可利用下列展开式来求:

$$B_2 = \frac{1}{n} \sum_{i=1}^{n}(x_i - \bar{x})^2 = A_2 - \bar{x}^2$$

$$B_3 = \frac{1}{n} \sum_{i=1}^{n}(x_i - \bar{x})^3 = A_3 - 3A_2\bar{x} + 2\bar{x}^3$$

$$B_4 = \frac{1}{n} \sum_{i=1}^{n}(x_i - \bar{x})^4 = A_4 - 4A_3\bar{x} + 6A_2\bar{x}^2 - 3\bar{x}^4$$

为此需先求出 A_2, A_3, A_4,由于

$$\sum_{i=1}^{30} x_i^3 = 110994549, \sum_{i=1}^{30} x_i^4 = 17442142657$$

则

$$A_2 = 23738.5, \quad A_3 = 3699818.3, \quad A_4 = 581404755.3$$

由此得 $B_2 = 176.25$,$B_3 = 1849.80$,$B_4 = 172273.88$,从而求得 $SK = 0.79$,$KU = 2.55$.该组样本稍呈正偏,右尾较长,在峰处较陡.

2.4 三类重要分布

2.4.1 χ^2 分布

定义 2.13 设 $X_1, X_2, \cdots, X_n$ 是相互独立,且同服从于 $N(0,1)$ 分布的随机变量,则称随机变量

$$\chi_n^2 = \sum_{i=1}^{n} X_i^2 \tag{2.1}$$

所服从的分布为自由度为 n 的 χ^2 分布.记作 $\chi_n^2 \sim \chi^2(n)$.

定理 2.6 设随机变量 χ_n^2 服从自由度为 n 的 χ^2 分布,则它的概率密度函数为

$$\chi^2(x,n) = \begin{cases} \dfrac{1}{2^{n/2} \Gamma(n/2)} e^{-x/2} x^{\frac{n}{2}-1}, & x > 0 \\ 0, & x \leqslant 0 \end{cases}$$

其中,参数 n 称为自由度,它表示式(2.1)中独立变量的个数.由此可知 $\chi^2(n)$ 分布即为 $\Gamma\left(\dfrac{n}{2}, \dfrac{1}{2}\right)$ 分布.

【例 2.7】 设 X_1, X_2, X_3, X_4 是来自正态总体 $N(0,2^2)$ 的样本,问当 a,b 为何值时,统计量 $Y = a(X_1 - 2X_2)^2 + b(3X_3 - 4X_4)^2$ 服从 χ^2 分布,其自由度为多少?

解 记 $Y_1 = X_1 - 2X_2, Y_2 = 3X_3 - 4X_4$,则

$$E(Y_1) = E(X_1) - 2E(X_2) = 0, \quad E(Y_2) = 3E(X_3) - 4E(X_4) = 0$$

$$D(Y_1) = D(X_1) + 4D(X_2) = 20, D(Y_2) = 9D(X_3) + 16D(X_4) = 100$$

于是 $Y_1 \sim N(0,20), Y_2 \sim N(0,100)$,且相互独立,因此

$$\frac{Y_1^2}{20} + \frac{Y_2^2}{100} = \frac{1}{20}(X_1 - 2X_2)^2 + \frac{1}{100}(3X_3 - 4X_4)^2 \sim \chi^2(2)$$

即 $a = 1/20, b = 1/100$,自由度为 2.

【例 2.8】 设总体 X 服从正态分布 $N(5,1)$,$X_1, X_2, \cdots, X_5$ 是来自总体 X、容量为 5 的样本.试确定常数 a 使得下式成立:

$$P\left\{ \sum_{i=1}^{5} (X_i - 5)^2 \leqslant a \right\} = 0.90$$

解 由于 $\displaystyle\sum_{i=1}^{5} \left(\frac{X_i - 5}{1}\right)^2 = \sum_{i=1}^{5} (X_i - 5)^2 \sim \chi^2(5)$,所以 $a = \chi_{0.10}^2(5)$,查附录

2 得 $\chi^2_{0.10}(5) = 9.236$，即 $a = 9.236$.

【例 2.9】 设总体 X 服从正态分布 $N(\mu, \sigma^2)$，μ 是已知常数. $X_1, X_2, \cdots, X_n$ 是从该总体中抽取的一个容量为 n 的样本. 试求统计量 $\chi^2_n = \sum_{i=1}^{n} (X_i - \mu)^2$ 的概率密度函数.

解 作变换 $Y_i = \dfrac{X_i - \mu}{\sigma}$，$i = 1, 2, \cdots, n$. 显然 $Y_1, Y_2, \cdots, Y_n$ 相互独立，且为同服从于 $N(0,1)$ 分布的随机变量. 因此，

$$\frac{\chi^2_n}{\sigma^2} = \sum_{i=1}^{n} \left(\frac{X_i - \mu}{\sigma}\right)^2 = \sum_{i=1}^{n} Y_i^2$$

服从于自由度为 n 的 χ^2 分布，由此容易计算得到统计量 $\chi^2_n = \sum_{i=1}^{n} (X_i - \mu)^2$ 的概率密度函数是

$$f(x) = \begin{cases} \dfrac{1}{2^{n/2} \sigma^n \Gamma(n/2)} \mathrm{e}^{-\frac{x}{2\sigma^2}} x^{\frac{n}{2}-1}, & x > 0 \\ 0, & x \leqslant 0 \end{cases}$$

由 $\chi^2_n = \sum_{i=1}^{n} (X_i - \mu)^2$ 定义的统计量通常也叫做 χ^2 统计量. 如果进一步用 $(x_1, x_2, \cdots, x_n)$ 表示子样的观察值，则 $\sum_{i=1}^{n} (x_i - \mu)^2$ 是 χ^2 统计量的观察值.

定理 2.7 设 X 服从自由度为 n 的 χ^2 分布，则 X 的数学期望和方差分别是
$$EX = n, \quad DX = 2n$$

定理 2.8 设 $X_1 \sim \chi^2(n_1)$ 和 $X_2 \sim \chi^2(n_2)$，且它们相互独立，则
$$X_1 + X_2 \sim \chi^2(n_1 + n_2)$$

推论 设 $X_i \sim \chi^2(n_i)$，$i = 1, 2, \cdots, k$，且相互独立，则 $\sum_{i=1}^{k} X_i \sim \chi^2(\sum_{i=1}^{k} n_i)$.

2.4.2 t 分布（学生氏分布）

英国统计学家 Gosset 于 1908 年首先发表了这个分布，并以学生（Student）的笔名发表了他所研究的成果. 这一成果是统计学走向一个独立学科的里程碑之一.

定义 2.14 设 $X \sim N(0,1)$ 和 $Y \sim \chi^2(n)$，且它们相互独立，则称随机变量
$$T = \frac{X}{\sqrt{Y/n}} \tag{2.2}$$
所服从的分布为 t 分布. n 称为它的自由度，且记 $T \sim t(n)$.

在下面将会看到,它在正态总体的抽样中是很自然地出现的.

定理 2.9 由式(2.2)所定义的 T 的分布密度函数是

$$t(x,n) = \frac{\Gamma[(n+1)/2]}{\Gamma(n/2)\sqrt{n\pi}}\left(1+\frac{x^2}{n}\right)^{-\frac{n+1}{2}}$$

推论 设 $X \sim N(\mu,\sigma^2), Y/\sigma^2 \sim \chi^2(n)$,且它们相互独立,则

$$T = \frac{X-\mu}{\sqrt{Y/n}} \sim t(n)$$

由定理 2.9 可见,t 分布的密度函数关于 x 是对称的,且 $\lim\limits_{|x|\to\infty} t(x,n) = 0$. 当 n 很大时,t 分布很接近于正态分布.事实上

$$\lim_{n\to\infty}\left(1+\frac{x^2}{n}\right)^{-\frac{n+1}{2}} = \mathrm{e}^{-\frac{x^2}{2}}$$

然而对于比较小的 n 值,t 分布与正态分布之间存在有较大的差异.而且有

$$P\{|T| \geqslant t_0\} \geqslant P\{|X| \geqslant t_0\}$$

其中 $X \sim N(0,1)$. 也就是说,在 t 分布的尾部比在标准正态分布的尾部有着更大的概率.

定理 2.10 设 $T \sim t(n), n > 1$,则对 $r < n, ET^r$ 存在,且

$$ET^r = \begin{cases} n^{r/2}\dfrac{\Gamma[(r+1)/2]\Gamma[(n-r)/2]}{\Gamma(1/2)\Gamma(n/2)}, & r \text{ 为偶数} \\ 0, & r \text{ 为奇数} \end{cases}$$

推论 设 $T \sim t(n)$,如果 $n > 2$,则 $ET = 0, DT = \dfrac{n}{n-2}$.

2.4.3 F 分布

定义 2.15 设 X 和 Y 是相互独立的 χ^2 分布随机变量.自由度分别为 m 和 n,则称随机变量

$$F = \frac{X/m}{Y/n} \tag{2.3}$$

所服从的分布为 F 分布,(m,n) 称为它的自由度,且通常写为 $F \sim F(m,n)$.

定理 2.11 式(2.3)所定义的 F 分布的密度函数是

$$f(x,m,n) = \begin{cases} \dfrac{\Gamma[(m+n)/2]}{\Gamma(m/2)\Gamma(n/2)}\dfrac{m}{n}\left(\dfrac{m}{n}x\right)^{\frac{m}{2}-1}\left(1+\dfrac{m}{n}x\right)^{-\frac{m+n}{2}}, & x > 0 \\ 0, & x \leqslant 0 \end{cases}$$

推论 1　如果 $X/\sigma^2 \sim \chi^2(m)$，$Y/\sigma^2 \sim \chi^2(n)$，且相互独立，则 $F = \dfrac{X/m}{Y/n} \sim F(m,n)$ 分布.

推论 2　如果 $F \sim F(m,n)$ 分布，则 $1/F \sim F(n,m)$ 分布.

如果在式 (2.3) 中取 X 是自由度为 1 的 χ^2 分布，则 $F = (t(n))^2$. 所以 $F(1,n)$ 与 $t^2(n)$ 有相同的概率密度函数.

定理 2.12　设 $X \sim F(m,n)$，则对 $r > 0$ 有

$$EX^r = \left(\frac{n}{m}\right)^r \frac{\Gamma\left(r + \dfrac{m}{2}\right)\Gamma\left(\dfrac{n}{2} - r\right)}{\Gamma\left(\dfrac{m}{2}\right)\Gamma\left(\dfrac{n}{2}\right)}, 2r < n$$

特别地，有 $EX = \dfrac{n}{n-2}, n > 2$ 和 $DX = \dfrac{n^2(2m + 2n - 4)}{m(n-2)^2(n-4)}, n > 4.$

2.4.4　常用概率分布的分位数

定义 2.16　设 X 的概率密度函数为 $f(x)$，对于给定的正数 $\alpha(0 < \alpha < 1)$，若存在一个实数 A_α，满足：

$$P\{X > A_\alpha\} = \int_{A_\alpha}^{+\infty} f(x)\mathrm{d}x = \alpha$$

则称 A_α 为 X 的上侧 α 分位数 (upper α quantile)，简称上 α 分位数；若 X 服从某分布，称 A_α 为某分布的上 α 分位数.

(1) $\chi^2 \sim \chi^2(n)$，称满足 $P\{\chi^2 > \chi_\alpha^2(n)\} = \alpha$ 的数 $\chi_\alpha^2(n)$ 为自由度为 n 的 χ^2 分布的上 α 分位数. 当 $n \leqslant 45$，查附录 2；当 $n > 45$ 时，可证明：n 很大时

$$\sqrt{2\chi^2} \overset{\text{近似}}{\sim} N(\sqrt{2n-1}, 1^2)$$

$$P\{(\sqrt{2\chi^2} - \sqrt{2n-1}) > u_\alpha\} = \alpha$$

$$\overset{\text{变成}}{\Rightarrow} P\left\{\chi^2 > \frac{1}{2}(u_\alpha + \sqrt{2n-1})^2\right\} = \alpha$$

$$\chi_\alpha^2(n) = \frac{1}{2}(u_\alpha + \sqrt{2n-1})^2$$

其中 u_α 为标准正态分布的 α 分位数.

(2) $T \sim t(n)$，称满足 $P\{T > t_\alpha(n)\} = \alpha$ 的数 $t_\alpha(n)$ 为 T 的上 α 分位数.

① $n \leqslant 45$ 时，直接查附录 4；

② $n > 45$ 时，$T \overset{\text{近似}}{\sim} N(0,1)$，$t_\alpha(n) = u_\alpha$.

注意：$T \sim t(n)$ 的概率密度函数是偶函数. 称满足 $P\{|T| > t_{\frac{a}{2}}(n)\} = \alpha$ 的正数 $t_{\frac{a}{2}}(n)$ 为 t 分布的双侧 α 分位数. $t_{\frac{a}{2}}(n)$ 查附录 4 可得, 且

$$t_{1-\frac{a}{2}}(n) = -t_{\frac{a}{2}}(n)$$

（3）若 $F \sim F(m,n)$，称满足 $P\{F > F_\alpha(m,n)\} = \alpha$ 的数 $F_\alpha(m,n)$ 为 F 分布的上 α 分位数.

① 表中有的 $\alpha(0.10, 0.05, 0.025, 0.01, 0.005)$ 可直接查附录 3；

② 表中没有的 $\alpha(0.90, 0.95, 0.975, 0.99, 0.995)$，可利用关系式

$$F_\alpha(m,n) = \frac{1}{F_{1-\alpha}(n,m)}$$

变换求解.

2.5 抽 样 分 布

统计量是我们对总体 X 的分布函数或数字特征进行估计与推断最重要的基本概念, 求出统计量 $T(\boldsymbol{X}) = T(X_1, X_2, \cdots, X_n)$ 的分布函数是数理统计学的基本问题之一. 统计量的分布, 称为抽样分布.

设总体 X 的分布函数表达式已知, 对于任一自然数 n, 如能求出给定统计量 $T(\boldsymbol{X}) = T(X_1, X_2, \cdots, X_n)$ 的分布函数, 则分布称为统计量 T 的精确分布. 求出统计量 T 的精确分布, 这对于数理统计学中的所谓小样问题（即在样本容量 n 比较小的情况下所讨论的各种统计问题）的研究是很重要的.

但一般说来, 要确定一个统计量的精确分布其难度比较大. 只对一些重要的特殊情形, 如总体 X 服从正态分布时, 求出 t 统计量、χ^2 统计量、F 统计量等的精确分布. 它们在参数的估计及检验中起着很重要的作用.

若统计量 $T(\boldsymbol{X}) = T(X_1, X_2, \cdots, X_n)$ 的精确分布求不出来, 或其表达式非常复杂而难于应用, 但如能求出它在 $n \to \infty$ 时的极限分布, 那么这个统计量的极限分布对于数理统计学中的所谓大样问题（即在样本容量 n 比较大的情况下讨论的各种统计问题）的研究很有用. 但要注意, 在应用极限分布时, 要求子样的容量 n 比较大.

2.5.1 次序统计量的分布

只要总体的分布已知, 那么若干个次序统计量的联合分布都是可以求出的. 下面仅就总体 X 的分布为连续的情况进行讨论. 现设总体 X 的分布函数为 $F(x)$, 概率密度函数为 $f(x)$, 从中获得样本 $X_1, X_2, \cdots, X_n$.

1. 第 i 个次序统计量 $X_{(i)}$ 的概率密度函数

概率微元法: 设连续型随机变量 X 的分布函数为 $F(x)$, 对任意的 $\Delta x > 0$, 如果

存在一个非负函数 $f(x)$,使得

$$P\{x-\Delta x < X \leqslant x\} = f(x)\Delta x + o(\Delta x)$$

则随机变量 X 的概率密度函数为 $f(x)$.

定理 2.13　设总体 X 的概率密度函数 $f(x)$ 的支撑(集合 $\{x:f(x)>0\}$)为 $(a,b)(a$ 可为 $-\infty,b$ 可为 $+\infty),X_1,X_2,\cdots,X_n$ 为取自 X 的样本,则第 i 个次序统计量 $X_{(i)}$ 具有概率密度函数:

$$f_{(i)}(y) = \begin{cases} \dfrac{n!}{(i-1)!(n-i)!}[F(y)]^{i-1}[1-F(y)]^{n-i}f(y), & a < y < b \\ 0, & 其他 \end{cases}$$

$$(2.4)$$

证明　由已知样本的可能取值是 (a,b),故 $g_i(y)$ 的非零表达式区间(即支撑)也是 (a,b).由积分中值定理,对任意 $y \in (a,b)$,当 $\Delta y(>0)$ 充分小时

$$P\{y-\Delta y < X_{(i)} \leqslant y\} = \int_{y-\Delta y}^{y} f_{(i)}(y)\mathrm{d}x = f_{(i)}(y)\Delta y + o(\Delta y)$$

事件"$y-\Delta y < X_{(i)} \leqslant y$"发生当且仅当样本 $X_1,X_2,\cdots,X_n$ 中有 $i-1$ 个落入区间 $I_1 = (a,y-\Delta y]$,1 个落入区间 $I_2 = (y-\Delta y,y]$,有 $n-i$ 个落入区间 $I_3 = (y,b)$,根据简单随机样本的特点,样本中每个分量落入区间 I_1,I_2,I_3 的概率分别为

$$p_1 = P\{X \leqslant y-\Delta y\} = F(y-\Delta y)$$

$$p_2 = P\{y-\Delta y < X \leqslant y\} = F(y) - F(y-\Delta y) = f(y)\Delta y + o(\Delta y)$$

$$p_3 = P\{X > y\} = 1 - F(y)$$

而抽取分量 X_k 可以看成有三个可能结果的试验(观测值落入 I_1、I_2、I_3),抽取 n 个分量 $X_1,X_2,\cdots,X_n$ 则是这有三个可能结果试验的独立重复,故有

$$P\{y-\Delta y < X_{(i)} \leqslant y\} = C_n^{i-1}C_{n-i+1}^1 p_1^{i-1} p_2 p_3^{n-i} = \frac{n!}{(i-1)!(n-i)!} p_1^{i-1} p_2 p_3^{n-i}$$

即

$$P\{y-\Delta y < X_{(i)} \leqslant y\} = \frac{n!}{(i-1)!(n-i)!}[F(y-\Delta y)]^{i-1} \times$$
$$[f(y)\Delta y + o(\Delta y)][1-F(y)]^{n-i}$$

上式两边同除以 Δy,并让 $\Delta y \to 0$ 取极限,得

$$f_{(i)}(y) = \begin{cases} \dfrac{n!}{(i-1)!(n-i)!}[F(y)]^{i-1}[1-F(y)]^{n-i}f(y), & a < y < b \\ 0, & 其他 \end{cases}$$

【例 2.10】　设总体 $X \sim U(0,1),X_1,X_2,\cdots,X_n$ 为来自总体 X 的样本,试求第 i 个次序统计量 $X_{(i)}$ 的概率密度函数.

解　因为总体 X 的概率密度函数为:

$$f(x) = \begin{cases} 1, & 0 \leqslant x \leqslant 1 \\ 0, & \text{其他} \end{cases}$$

所以,总体 X 的分布函数为:

$$F(x) = \begin{cases} 1, & x > 1 \\ x, & 0 \leqslant x \leqslant 1 \\ 0, & x < 0 \end{cases}$$

于是,由公式(2.4)知:$X_{(i)}$ 的概率密度函数为

$$f_{(i)}(y) = \begin{cases} \dfrac{n!}{(i-1)!(n-i)!} y^{i-1}(1-y)^{n-i}, & 0 \leqslant y \leqslant 1 \\ 0, & \text{其他} \end{cases}$$

即 $X_{(i)} \sim \beta(i, n-i+1)$.

【例 2.11】　设总体 X 有概率密度函数为

$$f(x) = \begin{cases} 2x, & 0 < x < 1 \\ 0, & \text{其他} \end{cases}$$

并且 $X_{(1)} \leqslant X_{(2)} \leqslant X_{(3)} \leqslant X_{(4)}$ 为从 X 取出的容量为 4 的样本的次序统计量. 求 $X_{(3)}$ 的密度函数 $f_{(3)}(x)$ 和分布函数 $F_{(3)}(x)$,并且计算概率 $P\{X_{(3)} > 1/2\}$.

解　总体 X 的分布函数为

$$F(x) = \begin{cases} 0, & x \leqslant 0 \\ x^2, & 0 < x < 1 \\ 1, & x \geqslant 1 \end{cases}$$

由公式(2.4),得出 $X_{(3)}$ 的密度函数. 当 $0 < y < 1$ 时,

$$f_{(3)}(y) = \frac{4!}{2!(4-3)!}[F(y)]^2[1-F(y)]^{4-3}f(y)$$

$$= \frac{4!}{2!}[y^2]^2[1-y^2]2y = 24y^5(1-y^2)$$

对于 y 的其他值 $f_{(3)}(y) = 0$. 分布函数为

$$F_{(3)}(y) = \begin{cases} 0, & y \leqslant 0 \\ y^6(4-3y^2), & 0 < y < 1 \\ 1, & y \geqslant 1 \end{cases}$$

而概率

$$P\left\{X_{(3)} > \frac{1}{2}\right\} = 1 - F_{(3)}\left(\frac{1}{2}\right)$$

$$= 1 - \left(\frac{1}{2}\right)^6 \times \left[4 - 3 \times \left(\frac{1}{2}\right)^2\right] = \frac{243}{256}$$

次序统计量的两个特例样本最大次序统计量 $X_{(n)}$ 与最小次序统计量 $X_{(1)}$,由式(2.4)可给出它们的概率密度函数.

(1) 最大次序统计量 $X_{(n)}$ 具有密度

$$f_{(n)}(y) = \begin{cases} n[F(y)]^{n-1}f(y), & a \leqslant y \leqslant b \\ 0, & \text{其他} \end{cases}$$

(2) 最小次序统计量 $X_{(1)}$ 具有密度

$$f_{(1)}(y) = \begin{cases} n[1-F(y)]^{n-1}f(y), & a \leqslant y \leqslant b \\ 0, & \text{其他} \end{cases}$$

由于在实际应用中,某些总体的次序统计量分布的计算十分繁重,所以还需要知道样本分位数当容量 $n \to \infty$ 时的极限分布. 为此,我们在这里不加证明地引入下列定理:

定理 2.14 设总体 X 具有密度函数 $f(x)$,$a_p(0 < p < 1)$ 为其 p 分位数, 若 $f(x)$ 在点 $x = a_p$ 处连续且大于零,则次序统计量 $X_{([np]+1)}$ 渐近地服从正态分布

$$N(a_p, \frac{1}{f^2(a_p)} \frac{p(1-p)}{n})$$

显然,当 $n \to \infty$ 时,$X_{([np]+1)}$ 依概率收敛于 a_p.

2. 任意两个次序统计量 $X_{(i)} < X_{(j)}$,其联合密度为

$$f_{(i,j)}(y,z) = \begin{cases} \dfrac{n!}{(i-1)!(j-i-1)!(n-j)!}[F(y)]^{i-1} \times \\ [F(z)-F(y)]^{j-i-1}[1-F(z)]^{n-j}f(y)f(z), & a < y < z < b \\ 0, & \text{其他} \end{cases}$$

$$(2.5)$$

若 $i = 1, j = n$,则得到最小次序统计量 $X_{(1)}$ 与最大次序统计量 $X_{(n)}$ 的联合密度函数:

$$f_{(1,n)}(y_1, y_n) = \begin{cases} n(n-1)[F(y_n)-F(y_1)]^{n-2}f(y_1)f(y_n), & y_1 < y_n \\ 0, & \text{其他} \end{cases}$$

由 $X_{(1)}$ 与 $X_{(n)}$ 的联合密度函数,可求出极差统计量 R_n 的概率密度函数:

$$f_{R_n}(y) = \begin{cases} (n-1)n\displaystyle\int_{-\infty}^{+\infty}\left[\int_v^{v+y}f(x)\mathrm{d}x\right]^{n-2}f(v+y)f(v)\mathrm{d}v, & y > 0 \\ 0, & y \leqslant 0 \end{cases}$$

3. 次序统计量 $X_{(1)}, X_{(2)}, \cdots, X_{(n)}$ 的联合密度函数为

$$g(y_1, y_2, \cdots, y_n) = \begin{cases} n!\displaystyle\prod_{i=1}^n f(y_i), & y_1 < y_2 < \cdots < y_n \\ 0, & \text{其他} \end{cases}$$

$$(2.6)$$

2.5.2 正态总体的抽样分布

现在我们来讨论几个重要的有关抽样分布的定理,这些定理在估计理论、假设检验及方差分析等数理统计学的基本内容中都有重要作用.

定理 2.15 设 $X_1, X_2, \cdots, X_n$ 是从正态总体 $N(\mu, \sigma^2)$ 中抽取的一个简单随机样本. 记

$$\overline{X} = \frac{1}{n}\sum_{i=1}^{n} X_i, S_n^2 = \frac{1}{n}\sum_{i=1}^{n}(X_i - \overline{X})^2$$

则有:① $\overline{X} \sim N(\mu, \frac{\sigma^2}{n})$;② $n S_n^2/\sigma^2 \sim \chi^2(n-1)$;③ $\overline{X}$ 和 S_n^2 独立.

证明 令 $Y_k = X_k - \mu, k = 1, 2, \cdots, n$,则诸 $Y_1, Y_2, \cdots, Y_n \overset{i.i.d}{\sim} N(0, \sigma^2)$ 且 $\overline{X} = \overline{Y} + \mu$,

$$S_n^2 = \frac{1}{n}\sum_{k=1}^{n}(X_k - \overline{X})^2 = \frac{1}{n}\sum_{k=1}^{n}(Y_k - \overline{Y})^2 ,\text{选取正交矩阵 } \boldsymbol{A}:$$

$$\boldsymbol{A} = \begin{pmatrix} \dfrac{1}{\sqrt{n}} & \dfrac{1}{\sqrt{n}} & \cdots & \cdots & \dfrac{1}{\sqrt{n}} \\ \dfrac{1}{\sqrt{(n-1)n}} & \dfrac{1}{\sqrt{(n-1)n}} & \cdots & \cdots & -\dfrac{n-1}{\sqrt{(n-1)n}} \\ \cdots & \cdots & & & \\ \dfrac{1}{\sqrt{2\times 3}} & \dfrac{1}{\sqrt{2\times 3}} & -\dfrac{2}{\sqrt{2\times 3}} & \cdots & 0 \\ \dfrac{1}{\sqrt{1\times 2}} & -\dfrac{1}{\sqrt{1\times 2}} & 0 & \cdots & 0 \end{pmatrix}_{n\times n}$$

注:$\boldsymbol{A}$ 是一个特殊的正交矩阵,它除第一行外,每行元素之和为零.

作正交变换 $\begin{pmatrix} Z_1 \\ Z_2 \\ \vdots \\ Z_n \end{pmatrix} = \boldsymbol{A}\begin{pmatrix} Y_1 \\ Y_2 \\ \vdots \\ Y_n \end{pmatrix}$,因为 $\boldsymbol{Y} = (Y_1, Y_2, \cdots, Y_n)^{\mathrm{T}} \sim N_n(\boldsymbol{0}, \sigma^2\boldsymbol{I}_n)$,所以 $\boldsymbol{Z}$

$= (Z_1, Z_2, \cdots, Z_n)^{\mathrm{T}} \sim N_n(\boldsymbol{0}, \sigma^2\boldsymbol{I}_n)$,即 $Z_1, Z_2, \cdots, Z_n \overset{i.i.d}{\sim} N(0, \sigma^2)$ 分布,且

(1) $Z_1 = \dfrac{1}{\sqrt{n}}\sum_{k=1}^{n} Y_k = \sqrt{n}\,\overline{Y} = \sqrt{n}(\overline{X} - \mu)$;

(2) 由正交变换保持长度不变,且 $\dfrac{1}{n}\sum_{k=1}^{n}(Y_k - \overline{Y})^2 = \dfrac{1}{n}\sum_{k=1}^{n} Y_k^2 - \overline{Y}^2$ 有

$$\sum_{k=1}^{n} Z_k^2 = \sum_{k=1}^{n} Y_k^2 = n(S_n^2 + \overline{Y}^2) = nS_n^2 + Z_1^2$$

于是有

$$nS_n^2 = Z_2^2 + Z_3^2 + \cdots + Z_n^2 \Rightarrow \frac{nS_n^2}{\sigma^2} = \sum_{k=2}^{n} (\frac{Z_k}{\sigma})^2 \sim \chi^2(n-1)$$

而 $\overline{X} = \frac{1}{\sqrt{n}} Z_1 + \mu$ 仅是 Z_1 的线性函数,与 $Z_2, Z_3, \cdots, Z_n$ 无关,故 $\overline{X}$ 与 $\frac{nS_n^2}{\sigma^2}$ 相互独立.

【例 2.12】 设总体 $X \sim N(\mu, 0.8)$,$X_1, X_2, \cdots, X_{10}$ 为取自 X 的样本,试求常数 a, b 使得下式成立:

$$P\{a \leqslant S^2 \leqslant b\} = 0.90$$

其中 $S^2 = \frac{1}{9} \sum_{i=1}^{10} (X_i - \overline{X})^2$.

解 因为 $(n-1)S^2/\sigma^2 \sim \chi^2(n-1)$,所以

$$P\{a \leqslant S^2 \leqslant b\} = P\{\frac{(n-1)}{\sigma^2}a \leqslant \frac{(n-1)S^2}{\sigma^2} \leqslant \frac{(n-1)}{\sigma^2}b\}$$

此时,$n = 10$,$\sigma^2 = 0.8$. 由于此式不能唯一确定常数 a, b,所以我们设定

$$P\left\{\frac{(n-1)S^2}{\sigma^2} < \frac{(n-1)}{\sigma^2}a\right\} = P\left\{\frac{(n-1)S^2}{\sigma^2} > \frac{(n-1)}{\sigma^2}b\right\} = 0.05$$

于是 $\frac{(n-1)}{\sigma^2}a = \chi_{0.95}^2(9)$,$\frac{(n-1)}{\sigma^2}b = \chi_{0.05}^2(9)$,查附录 2 得 $\chi_{0.95}^2(9) = 3.325$,$\chi_{0.05}^2(9) = 16.919$,因此

$$a = \frac{\chi_{0.95}^2(9)\sigma^2}{n-1} = 0.296, b = \frac{\chi_{0.05}^2(9)\sigma^2}{n-1} = 1.504$$

推论 1 设总体 $X \sim N(\mu, \sigma^2)$,$X_1, X_2, \cdots, X_n$ 为取自 X 的样本,则统计量

$$T = \frac{\overline{X} - \mu}{S_n} \sqrt{n-1} \sim t(n-1) \tag{2.7}$$

其中 $\overline{X} = \frac{1}{n} \sum_{i=1}^{n} X_i$,$S_n^2 = \frac{1}{n} \sum_{i=1}^{n} (X_i - \overline{X})^2$.

证明 因 $\frac{\sqrt{n}(\overline{X} - \mu)}{\sigma} \sim N(0,1)$,$\frac{nS_n^2}{\sigma^2} \sim \chi^2(n-1)$ 且相互独立,故

$$T = \frac{\dfrac{\sqrt{n}(\overline{X} - \mu)}{\sigma}}{\sqrt{\dfrac{nS_n^2}{\sigma^2(n-1)}}} = \frac{\overline{X} - \mu}{S_n} \sqrt{n-1} \sim t(n-1)$$

推论 2 设 $X_1, X_2, \cdots, X_m$ 是取自正态总体 $X \sim N(\mu_1, \sigma^2)$ 的样本,$Y_1, Y_2, \cdots, Y_n$ 是取自正态总体 $Y \sim N(\mu_2, \sigma^2)$ 的样本,且 X 与 Y 相互独立,则

$$T = \frac{(\overline{X} - \overline{Y}) - (\mu_1 - \mu_2)}{\sqrt{\frac{1}{n} + \frac{1}{m}} \sqrt{\frac{(m-1)S_1^2 + (n-1)S_2^2}{(m+n-2)}}} \sim t(m+n-2) \qquad (2.8)$$

其中

$$\overline{X} = \frac{1}{m} \sum_{k=1}^{m} X_k, S_1^2 = \frac{1}{m-1} \sum_{k=1}^{m} (X_k - \overline{X})^2$$

$$\overline{Y} = \frac{1}{n} \sum_{i=1}^{n} Y_i, S_2^2 = \frac{1}{n-1} \sum_{i=1}^{n} (Y_i - \overline{Y})^2$$

证明   由两样本独立,知 $\overline{X}$ 与 $\overline{Y}$ 相互独立,且

$$\overline{X} - \mu_1 \sim N(0, \frac{\sigma^2}{m}), \overline{Y} - \mu_2 \sim N(0, \frac{\sigma^2}{n})$$

由正态分布的可加性知

$$(\overline{X} - \overline{Y}) - (\mu_1 - \mu_2) \sim N(0, \frac{\sigma^2}{n} + \frac{\sigma^2}{m})$$

又 $\frac{(m-1)S_1^2}{\sigma^2} \sim \chi^2(m-1), \frac{(n-1)S_2^2}{\sigma^2} \sim \chi^2(n-1)$ 且相互独立,由 χ^2 分布的可加性

$$\frac{(m-1)S_1^2}{\sigma^2} + \frac{(n-1)S_2^2}{\sigma^2} \sim \chi^2(m+n-2)$$

$\overline{X} - \mu_1$ 与 $\frac{(n-1)S_2^2}{\sigma^2}$ 独立,易知它与 $\frac{(m-1)S_1^2}{\sigma^2}$ 也独立,同理 $\overline{Y} - \mu_2$ 与 $\frac{(m-1)S_1^2}{\sigma^2}$ 及 $\frac{(n-1)S_2^2}{\sigma^2}$ 独立,故 $(\overline{X} - \overline{Y}) - (\mu_1 - \mu_2)$ 与 $\frac{(m-1)S_1^2 + (n-1)S_2^2}{\sigma^2}$ 相互独立.

由 T 分布的构造性定理:

$$T = \frac{(\overline{X} - \overline{Y}) - (\mu_1 - \mu_2)}{\sigma \sqrt{\frac{1}{n} + \frac{1}{m}}} \Bigg/ \sqrt{\frac{\frac{(m-1)S_1^2 + (n-1)S_2^2}{\sigma^2}}{m+n-2}}$$

$$= \frac{(\overline{X} - \overline{Y}) - (\mu_1 - \mu_2)}{\sqrt{\frac{1}{n} + \frac{1}{m}} \sqrt{\frac{(m-1)S_1^2 + (n-1)S_2^2}{m+n-2}}} \sim t(m+n-2)$$

推论 3   设 $X_1, X_2, \cdots, X_m$ 是取自正态总体 $X \sim N(\mu_1, \sigma_1^2)$ 的样本,$Y_1, Y_2, \cdots, Y_n$ 是取自正态总体 $Y \sim N(\mu_2, \sigma_2^2)$ 的样本,且 X 与 Y 相互独立,则

$$F = \frac{S_1^2}{S_2^2} \frac{\sigma_2^2}{\sigma_1^2} \sim F(m-1, n-1) \qquad (2.9)$$

其中

$$S_1^2 = \frac{1}{m-1} \sum_{k=1}^{m} (X_k - \overline{X})^2, \overline{X} = \frac{1}{m} \sum_{k=1}^{m} X_k$$

$$S_2^2 = \frac{1}{n-1}\sum_{i=1}^{n}(Y_i-\overline{Y})^2, \overline{Y} = \frac{1}{n}\sum_{i=1}^{n}Y_i$$

证明 因为 $\dfrac{(m-1)S_1^2}{\sigma_1^2} \sim \chi^2(m-1), \dfrac{(n-1)S_2^2}{\sigma_2^2} \sim \chi^2(n-1)$ 且相互独立,所以由 F 分布的构造性定理得结论.

特别地,如 $\sigma_1^2 = \sigma_2^2$,则

$$F = \frac{S_1^2}{S_2^2} \sim F(m-1,n-1) \tag{2.10}$$

【例 2. 13】 设 $X_1,X_2,\cdots,X_{10}$ 是来自正态总体 $X \sim N(\mu_1,3\sigma^2)$ 的样本,$Y_1, Y_2,\cdots,Y_8$ 是来自正态总体 $Y \sim N(\mu_2,\sigma^2)$ 的样本,且 X 与 Y 相互独立,记 $S_1^2 = \dfrac{1}{9}\sum_{k=1}^{10}(X_k-\overline{X})^2, S_2^2 = \dfrac{1}{7}\sum_{i=1}^{8}(Y_i-\overline{Y})^2$,其中 $\overline{X} = \dfrac{1}{10}\sum_{k=1}^{10}X_k, \overline{Y} = \dfrac{1}{8}\sum_{i=1}^{8}Y_i$,试确定常数 a,b 使得下式成立:

$$P\{a \leqslant S_1^2/S_2^2 \leqslant b\} = 0.90$$

解 由于 $F = \dfrac{S_1^2}{S_2^2} \cdot \dfrac{\sigma_2^2}{\sigma_1^2} \sim F(m-1,n-1)$,而

$$P\{a \leqslant S_1^2/S_2^2 \leqslant b\} = P\left\{a\frac{\sigma_2^2}{\sigma_1^2} \leqslant \frac{S_1^2}{S_2^2}\frac{\sigma_2^2}{\sigma_1^2} \leqslant b\frac{\sigma_2^2}{\sigma_1^2}\right\}$$

由于此式不能唯一确定常数 a,b,所以我们设定

$$P\left\{\frac{S_1^2}{S_2^2}\frac{\sigma_2^2}{\sigma_1^2} < a\frac{\sigma_2^2}{\sigma_1^2}\right\} = P\left\{\frac{S_1^2}{S_2^2}\frac{\sigma_2^2}{\sigma_1^2} > b\frac{\sigma_2^2}{\sigma_1^2}\right\} = 0.05$$

于是 $a\dfrac{\sigma_2^2}{\sigma_1^2} = F_{0.95}(m-1,n-1), b\dfrac{\sigma_2^2}{\sigma_1^2} = F_{0.05}(m-1,n-1)$,此时 $m=10,n=8$, $\sigma_2^2/\sigma_1^2 = 1/3$,查附录 3 得,$F_{0.95}(9,7) = \dfrac{1}{F_{0.05}(7,9)} = \dfrac{1}{3.29} = 0.304, F_{0.05}(9,7) = 3.68$,因此

$$a = 0.912, b = 11.04$$

【例 2. 14】 设 $X \sim N(\mu,\sigma^2), X_1,X_2,\cdots,X_{2n}$ 是总体 X 的容量为 $2n$ 的样本,其样本均值为 $\overline{X} = \dfrac{1}{2n}\sum_{i=1}^{2n}X_i$,试求统计量 $Z = \sum_{i=1}^{2n}(X_i+x_{n+i}-2\overline{X})$ 的数学期望及方差.

解 记 $Y_i = X_i + X_{n+i}$,则

$$Y_1,Y_2,\cdots,Y_n \overset{\text{i.i.d}}{\sim} N(2\mu,2\sigma^2), \overline{Y} = \frac{1}{n}\sum_{i=1}^{n}Y_i = \frac{1}{n}\sum_{i=1}^{n}(X_i+X_{n+i}) = 2\overline{X}$$

而 $\dfrac{n-1}{2\sigma^2}S^2 = \dfrac{1}{2\sigma^2}\sum_{i=1}^{n}(Y_i-\overline{Y})^2 = \dfrac{1}{2\sigma^2}\sum_{i=1}^{n}(X_i+X_{n+i}-2\overline{X})^2 = \dfrac{1}{2\sigma^2}Z \sim \chi^2(n-1)$,

且 $E\left(\dfrac{1}{2\sigma^2}Z\right) = n-1, D\left(\dfrac{1}{2\sigma^2}Z\right) = 2(n-1)$,因此

$$E(Z) = 2\sigma^2(n-1), \quad D(Z) = 8\sigma^4(n-1)$$

【例 2.15】 设总体 $X \sim N(0,\sigma^2)$，X_1,X_2 为来自总体 X 的样本，求：①$Y = \dfrac{(X_1+X_2)^2}{(X_1-X_2)^2}$ 的概率密度函数；②$P\{Y<4\}$.

解 ① 因为 $X_1+X_2 \sim N(0,2\sigma^2)$，$X_1-X_2 \sim N(0,2\sigma^2)$，所以

$$\frac{(X_1+X_2)^2}{2\sigma^2} \sim \chi^2(1), \quad \frac{(X_1-X_2)^2}{2\sigma^2} \sim \chi^2(1)$$

又 (X_1,X_2) 的联合概率密度函数为

$$\varphi(x_1,x_2) = \frac{1}{2\pi\sigma^2} e^{-\frac{x_1^2+x_2^2}{2\sigma^2}}$$

记 $U=X_1+X_2$，$V=X_1-X_2$，则 (U,V) 的联合分布函数为

$$G(u,v) = P\{U \leqslant u, V \leqslant v\} = P\{X_1+X_2 \leqslant u, X_1-X_2 \leqslant v\}$$

$$= \iint\limits_{\substack{x_1+x_2 \leqslant u \\ x_1-x_2 \leqslant v}} \varphi(x_1,x_2)\mathrm{d}x_1\mathrm{d}x_2 = \int_{-\infty}^{u} \mathrm{d}y_1 \int_{-\infty}^{v} \frac{1}{2}\varphi\left(\frac{1}{2}(y_1+y_2), \frac{1}{2}(y_1-y_2)\right)\mathrm{d}y_2$$

(作变换 $y_1=x_1+x_2$，$y_2=x_1-x_2$)

$$= \int_{-\infty}^{u} \mathrm{d}y_1 \int_{-\infty}^{v} \frac{1}{2} \frac{1}{2\pi\sigma^2} e^{-\frac{\frac{1}{2}(y_1^2+y_2^2)}{2\sigma^2}} \mathrm{d}y_2$$

因此 U 与 V 相互独立. 从而 $\dfrac{(X_1+X_2)^2}{2\sigma^2}$，$\dfrac{(X_1-X_2)^2}{2\sigma^2}$ 相互独立，故

$$Y = \frac{(X_1+X_2)^2}{(X_1-X_2)^2} \sim F(1,1)$$

即概率密度函数为

$$f(x) = \begin{cases} \dfrac{1}{\pi(1+x)\sqrt{x}}, & x>0 \\ 0, & x \leqslant 0 \end{cases}$$

$$②P\{Y<4\} = \int_0^4 \frac{1}{\pi(1+x)\sqrt{x}}\mathrm{d}x = \int_0^4 \frac{2}{\pi[1+(\sqrt{x})^2]}\mathrm{d}\sqrt{x} = \frac{2}{\pi}\arctan 2$$

习 题 2

1. 设总体 X 服从两点分布 $B(1,p)$，其中 p 是未知参数，$X_1,X_2,\cdots,X_5$ 是来自总体的简单随机样本. 指出 $X_1+X_2, \max\limits_{1 \leqslant i \leqslant 5} X_i, X_5+2p, (X_5-X_1)^2$ 之中哪些是统计量，哪些不是统计量，为什么？

2. 从一批机器零件毛坯中随机抽取 8 件，测得其重量（单位：kg）为：230,243,185, 240,228,196,246,200. (1) 写出总体，样本，样本值，样本容量；(2) 求样本的均值，方差及二阶原点矩.

3. 若样本观察值 $x_1, x_2, \cdots, x_m$ 的频数分别为 $n_1, n_2, \cdots, n_m$,试写出计算平均值和样本方差的公式(这里 $n_1 + n_2 + \cdots + n_m = n$).

4. 设某商店 100 天销售电视机的情况有如下统计资料(表 2.1):

表 2.1 电视机销售统计资料

日售出台数	2	3	4	5	6	合计
天数	20	30	10	25	15	100

求样本容量 n,经验分布函数,样本均值,样本方差,样本修正方差.

5. 设总体 X 服从泊松分布,即 X 的分布律为

$$P\{X = k\} = \frac{\lambda^k}{k!}e^{-\lambda}, k = 0, 1, 2, \cdots, \lambda > 0$$

$X_1, X_2, \cdots, X_n$ 是来自总体 X 的样本,试求:(1) $(X_1, X_2, \cdots, X_n)^T$ 的联合分布律;(2) $E\bar{X}, D\bar{X}, ES_n^2, ES_n^{*2}$.

6. 设总体 X 服从对数正态分布,即 X 的分布密度为

$$f(x) = \frac{1}{x\sqrt{2\pi}\sigma}e^{-\frac{1}{2\sigma^2}(\ln x - \mu)^2}, 0 < x < \infty$$

$X_1, X_2, \cdots, X_n$ 是来自总体 X 的样本,试求样本 $X_1, X_2, \cdots, X_n$ 的联合分布密度.

7. 设 $3, 2, 3, 4, 2, 3, 5, 7, 9, 3$ 为来自总体 X 的样本观察值,试求经验分布函数 $F_{10}(x)$.

8. 设 $X_1, X_2, \cdots, X_n$ 是来自总体 X 的样本,现又获得第 $n+1$ 个观察值 X_{n+1},试证:
(1) $\bar{X}_{n+1} = \bar{X}_n + \frac{1}{n+1}(X_{n+1} - \bar{X}_n)$;(2) $S_{n+1}^2 = \frac{n}{n+1}[S_n^2 + \frac{1}{n+1}(X_{n+1} - \bar{X}_n)^2]$
其中 $\bar{X}_n$ 和 S_n^2 是样本 $X_1, X_2, \cdots, X_n$ 的均值和方差.

9. 试证明:(1) $\sum_{i=1}^{n}(X_i - \mu)^2 = \sum_{i=1}^{n}(X_i - \bar{X})^2 + n(\bar{X} - \mu)^2$;(2) $\sum_{i=1}^{n}(X_i - \bar{X})^2 = \sum_{i=1}^{n}X_i^2 - n\bar{X}^2$.

10. 设总体 X 服从 $N(\mu, 4)$,$X_1, X_2, \cdots, X_n$ 是来自总体 X 的一个样本,$\bar{X}$ 为样本均值,试问样本容量 n 应取多大才能使:(1) $E|\bar{X} - \mu|^2 \leqslant 0.1$;(2) $P\{|\bar{X} - \mu| < 0.1\} \geqslant 0.95$.

11. 设 $X_1, X_2, \cdots, X_7$ 为总体 X 服从 $N(0, 0.25)$ 的一个样本,求 $P\{\sum_{i=1}^{7}X_i^2 > 4\}$.

12. 设总体 X 的分布密度为 $f(x) = \begin{cases} 2x, & 0 < x < 1 \\ 0, & \text{其他} \end{cases}$,$(X_1, X_2, \cdots, X_n)^T$ 为来自总体 X 的样本.试求最小次序统计量 $X_{(1)}$,最大次序统计量 $X_{(n)}$ 及第 k 个次序统计量 $X_{(k)}$ 的分布密度.

13. 设总体 X 服从参数为 λ 的指数分布,即 X 的分布密度为

$$f(x) = \begin{cases} \lambda e^{-\lambda x}, & x > 0 \\ 0, & x \leqslant 0 \end{cases}$$

其中 $\lambda > 0$，$(X_1, X_2, \cdots, X_n)^{\mathrm{T}}$ 为来自总体 X 的样本. 试求次序统计量 $(X_{(1)},$ $X_{(2)}, \cdots, X_{(n)})^{\mathrm{T}}$ 的联合分布密度和 $(X_{(1)}, X_{(n)})^{\mathrm{T}}$ 的联合分布密度.

14. 设 $(X_1, X_2, \cdots, X_{2n})^{\mathrm{T}}$ 是来自正态总体 $N(0, \sigma^2)$ 的一个样本，试求统计量

$$T = \frac{X_1 + X_2 + \cdots + X_n}{\sqrt{X_{n+1}^2 + X_{n+2}^2 + \cdots + X_{2n}^2}}$$

的分布密度.

15. 设 $X_1, X_2, \cdots, X_n$ 是来自正态总体 $N(\mu, \sigma^2)$ 的样本，$\overline{X}$ 和 S_n^2 是样本均值和样本方差；又设 $X_{n+1} \sim N(\mu, \sigma^2)$，且与 $X_1, X_2, \cdots, X_n$ 独立，试求统计量

$$T = \frac{X_{n+1} - \overline{X}}{S_n} \sqrt{\frac{n-1}{n+1}}$$

的概率分布.

16. 设 $(X_1, X_2, \cdots, X_m)^{\mathrm{T}}$ 和 $(Y_1, Y_2, \cdots, Y_n)^{\mathrm{T}}$ 分别是来自两个独立的正态总体 $N(\mu_1, \sigma^2)$ 和 $N(\mu_2, \sigma^2)$ 的样本，α 和 β 是两个实数，试求：

$$Z = \frac{\alpha(\overline{X} - \mu_1) + \beta(\overline{Y} - \mu_2)}{\sqrt{\dfrac{m S_{1m}^2 + n S_{2n}^2}{m + n - 2}} \sqrt{\dfrac{\alpha^2}{m} + \dfrac{\beta^2}{n}}}$$

的概率分布. 其中 $\overline{X}$、S_{1m}^2 和 $\overline{Y}$、S_{2n}^2 分别是两个总体的样本均值、样本方差.

17. 设总体 $X \sim B(1, p_1)$，$Y \sim B(1, p_2)$，且 X, Y 相互独立，$X_1, X_2, \cdots, X_n$ 为来自总体 X 的样本，$Y_1, Y_2, \cdots, Y_n$ 为来自总体 Y 的样本，记 $\overline{X} = \dfrac{1}{n} \sum\limits_{i=1}^{n} X_i$，$\overline{Y} = \sum\limits_{i=1}^{n} Y_i$. 试求：$(1) E(\overline{X} - \overline{Y})$，$\mathrm{Var}(\overline{X} - \overline{Y})$；$(2)\overline{X} - \overline{Y}$ 的渐近分布.

第3章　参数估计

上一章,我们讲了数理统计的基本概念,从这一章开始,我们研究数理统计的重要内容之一 —— 统计推断.

所谓统计推断,就是根据从总体中抽取的一个简单随机样本对总体进行分析和推断.即由样本来推断总体,或者由部分推断总体.这就是数理统计学的核心内容.它的基本问题包括两大类:一类是估计理论;另一类是假设检验.而估计理论又分为参数估计与非参数估计,参数估计又分为点估计和区间估计两种,这里我们主要研究参数估计这一部分数理统计的内容.

估计就是根据所知的信息对某种问题进行推断.如根据前几天的交易数据估计今天的股市行情,根据随机抽样的结果估计生产线上螺丝钉的合格率等.用数理统计的语言描述就是根据样本所提供的信息对总体的分布或分布的数字特征等作出合理的统计推断.

在用数理统计方法解决实际问题时,常会碰到这类问题:由所得资料的分析,我们能基本推断出总体的分布类型,比如其概率函数(密度或概率分布的统称)为$f(x;\theta)$,但其中参数θ(一维或多维)却未知,只知道θ的可能取值范围是Θ,需对θ作出估计或推断.这类问题称为参数估计问题.

这类问题中的Θ称为参数空间,$\{f(x;\theta),\theta \in \Theta\}$称为总体$X$的概率函数族.例如:

(1)根据已有资料分析某灯泡厂生产的灯泡的使用寿命X服从$N(\mu,\sigma^2)$分布,这里$\boldsymbol{\theta}=(\mu,\sigma^2)$的具体值未知,只知取值范围为$(0,+\infty)\times(0,+\infty)$,需对$\boldsymbol{\theta}$作估计.

这里参数空间$\Theta=\{(\mu,\sigma^2):\mu>0,\sigma^2>0\}$,$X$的概率函数族为

$$\{f(x;\mu,\sigma^2),(\mu,\sigma^2)\in \Theta\}$$

而

$$f(x;\mu,\sigma^2)=\frac{1}{\sqrt{2\pi}\sigma}\mathrm{e}^{-\frac{(x-\mu)^2}{2\sigma^2}},-\infty<x<+\infty$$

(2)某纺织厂细纱机上的断头次数可用Poisson分布$P(\lambda)$描述,只知$\lambda>0$,不知其值,为掌握每只纱锭在某一时间间隔内断头K次的概率,需对λ作出推断.

这里参数空间$\Theta=\{\lambda:\lambda>0\}$,$X$的概率函数族为$\{f(x;\lambda),\lambda \in \Theta\}$,且

$$f(x;\lambda)=P\{X=x\}=\frac{\lambda^x}{x!}\mathrm{e}^{-\lambda}(x=0,1,2,\cdots)$$

一个参数估计问题就是通过样本估计出总体分布中的未知参数θ或θ的函数的问题.参数估计根据估计的形式,又分为点估计和区间估计.

定义 3.1　设总体 X 具有概率函数族 $\{f(x;\theta),\theta\in\Theta\}$，$\theta$ 未知待估. $X_1,X_2,$ $\cdots,X_n$ 是来自 X 总体的样本,如我们构造一个统计量 $U(X_1,X_2,\cdots,X_n)$ 来估计 θ(要求 U 的维数与 θ 的维数相同),则称该统计量 U 为 θ 的估计量,并记为 $\hat{\theta}=$ $U(X_1,X_2,\cdots,X_n)$. 对一组样本观测值 $x_1,x_2,\cdots,x_n$,代入估计量得到的值 $\hat{\theta}=$ $U(x_1,x_2,\cdots,x_n)$,称为 θ 的估计值. 估计值和估计量统称为 θ 的估计,但估计是估计值(一个具体值)或是估计量(一个随机变量),可根据具体要求作判断.

像这类用一个统计量来估计未知参数的问题,称为参数的点估计问题.

在参数的区间估计中,是要构造两个统计量 $\hat{\theta}_L$ 与 $\hat{\theta}_U$,且 $\hat{\theta}_L<\hat{\theta}_U$,然后以区间 $[\hat{\theta}_L,\hat{\theta}_U]$ 的形式给出未知参数 θ 的估计,事件"区间$[\hat{\theta}_L,\hat{\theta}_U]$ 含有 θ"的概率称为置信水平.

3.1　矩法估计和极大似然估计

如何求估计量呢?方法很多,下面介绍最常用的两种方法.

3.1.1　矩法估计

1900 年英国统计学家 K. Pearson 提出了一个替换原则:用样本矩去替换总体矩,后来人们就称此为矩估计. 对于随机变量来说,矩是其最广泛、最常用的数字特征,总体 X 的各阶矩一般与 X 分布中所含的未知参数有关,有的甚至就等于未知参数. 由辛钦大数定律,简单随机样本构成的样本矩依概率收敛到相应的总体矩. 自然会想到用样本矩替换总体的相应矩,进而找出未知参数的估计,基于这种思想求估计量的方法称为矩法. 用矩法求得的估计称为矩法估计,简称矩估计.

矩估计的主要内容是:用样本矩估计总体矩,用样本矩的相应函数估计总体矩的函数.

样本的 k 阶原点矩为 $\qquad A_k=\dfrac{1}{n}\sum_{i=1}^{n}X_i^k$

样本的 k 阶中心矩为 $\quad B_k=\dfrac{1}{n}\sum_{i=1}^{n}(X_i-\overline{X})^k$.

具体做法是:

设总体 X 的概率分布为 $f(x;\theta_1,\theta_2,\cdots,\theta_r)$,其中$(\theta_1,\theta_2,\cdots,\theta_r)\in\Theta$ 未知待估. 设 $EX^k=\alpha_k$ 存在,则当 $j\leqslant k$ 时,$EX^j=\alpha_j$ 必存在. 令

$$\alpha_j(\theta_1,\theta_2,\cdots,\theta_r)=A_j=\frac{1}{n}\sum_{i=1}^{n}X_i^j,j=1,2,\cdots,r \qquad (3.1)$$

解式(3.1)所示的关于 $\theta_1,\theta_2,\cdots,\theta_r$ 的 r 个方程,得 $\hat{\theta}_1,\hat{\theta}_2,\cdots,\hat{\theta}_r$,则 $\hat{\theta}_j$ 为 $\theta_j(j=1,2,\cdots,r)$ 的矩估计. 式(3.1)中也可用样本中心矩代替总体中心矩.

【例 3.1】 设总体 $X\sim B(1,p)$,$X_1,X_2,\cdots,X_n$ 为来自总体 X 的样本,由于 $EX=p$,故 p 的矩估计为

$$\hat{p}=\overline{X}$$

设样本的观察值为 $x_1,x_2,\cdots,x_n$,那么每一个 x_i 不是 0 便是 1,从而 $\hat{p}$ 的观察值为

$$\hat{p}=\overline{x}=\frac{1}{n}\sum_{i=1}^{n}x_i$$

这便是频率.

【例 3.2】 设总体 X 具有方差 σ^2,从总体中获得样本 $X_1,X_2,\cdots,X_n$,由于

$$\sigma^2=EX^2-(EX)^2=\alpha_2-\alpha_1^2$$

那么分别用 A_1、A_2 估计 α_1、α_2,从而其函数 σ^2 的矩估计为

$$\hat{\sigma}^2=A_2-A_1^2=\frac{1}{n}\sum_{i=1}^{n}X_i^2-(\frac{1}{n}\sum_{i=1}^{n}X_i)^2=\frac{1}{n}\sum_{i=1}^{n}(X_i-\overline{X})^2$$

这便是样本的二阶中心矩 B_2,DX 是总体的二阶中心矩 μ_2,故 $\hat{\mu}_2=B_2=\frac{1}{n}\sum_{i=1}^{n}(X_i-\overline{X})^2$. 一般当总体的 k 阶中心矩 μ_k 存在时,其矩估计为样本的 k 阶中心矩 B_k,即:$\hat{\mu}_k=B_k$.

矩估计的优点是不要求知道总体的分布,因而矩估计获得了广泛的应用.

【例 3.3】 设 $X_1,X_2,\cdots,X_n$ 是来自均匀分布 $U(a,b)$ 的一个样本,其中 $b>a$ 都是未知参数,试求 a 与 b 的矩估计量.

解 因为 $X\sim U(a,b)$,所以 $EX=\dfrac{a+b}{2}$,$DX=\dfrac{(b-a)^2}{12}$. 由方程组

$$\begin{cases} \overline{X}=\dfrac{a+b}{2} \\ S_n^2=\dfrac{(b-a)^2}{12} \end{cases},\text{解得 } \hat{a}=\overline{X}-\sqrt{3}S_n,\hat{b}=\overline{X}+\sqrt{3}S_n$$

其中 $\overline{X}=\dfrac{1}{n}\sum_{i=1}^{n}X_i$,$S_n=\sqrt{\dfrac{1}{n}\sum_{i=1}^{n}(X_i-\overline{X})^2}$.

【例 3.4】 设 $X_1,X_2,\cdots,X_n$ 为来自总体 X 的简单随机样本,总体 X 的概率分布为

$$X\sim\begin{pmatrix} -1 & 0 & 2 \\ 2\theta & \theta & 1-3\theta \end{pmatrix}$$

其中 $0<\theta<1/3$. 试求未知参数 θ 的矩估计量.

解 总体 X 的数学期望为

$$EX=-2\theta+2(1-3\theta)=2-8\theta$$

用样本均值 $\overline{X}$ 估计数学期望 EX,

$$\overline{X} = -2\theta + 2(1-3\theta) = 2 - 8\theta,得 \theta 的矩估计量:\hat{\theta} = \frac{1}{8}(2-\overline{X})$$

矩估计的优点是计算简单,且在总体分布未知场合也可使用.它的缺点:一是不唯一,譬如泊松分布 $P(\lambda)$,由于其均值和方差都是 λ,因而可以用 $\overline{X}$ 去估计 λ,也可以用 S_n^2 去估计 λ;二是在寻找参数的矩法估计量时,对总体原点矩不存在的分布如柯西分布等不能用.而且它只涉及总体的一些数字特征,并未用到总体的分布,因此矩估计实际上只集中了总体的部分信息,这样它在体现总体分布特征上往往性质较差.只有在样本容量 n 较大时,才能保障它的优良性.因而理论上讲,矩法估计是以大样本为应用对象的.此外,样本各阶矩的观察值受异常值影响较大,从而不够稳健.

3.1.2 极大似然估计

极大似然估计法是求估计的另一种方法.

极大似然法最早是由 C. F. Gauss 提出的,后来 R. A. Fisher 在 1912 年的一篇文章中重新提出,并证明了这个方法的一些性质,极大似然估计这一名称也是由 Fisher 给出的.这是目前仍得到广泛应用的一种求估计的方法,它建立在极大似然原理的基础上.极大似然原理的直观想法是:一个随机试验如有若干个可能结果 $A_1, A_2, \cdots$,若在一次试验中结果 A_1 出现,则一般认为试验条件对 A_1 出现有利,也即 A_1 出现的概率最大.

当总体分布类型已知时,极大似然估计是一种常用的方法.极大似然估计常用 MLE 表示.

为了了解这一方法的思想,先看一个例子.

【例3.5】 罐中放有若干黑、白球,仅知两种颜色的球的数目之比为 $1:3$,但不知何色球多,试估计抽到黑球的概率 p 是 $\frac{1}{4}$ 或 $\frac{3}{4}$.

解 以有放回抽样的方式抽球 n 个进行观察,以 X 表示抽得的黑球数,则

$$P\{X=k\} = P(k;p) = C_n^k p^k (1-p)^{n-k} (k=0,1,\cdots,n)$$

现以 $n=3$ 为例,讨论如何根据 x 的值来估计参数 p(表 3.1).

表 3.1 概率值

x	0	1	2	3
$P(x;3/4)$	1/64	9/64	27/64	27/64
$P(x;1/4)$	27/64	27/64	9/64	1/64

通过分析,可定义 p 的估计量 $\hat{p}$ 如下:

$$\hat{p}(x) = \begin{cases} \dfrac{1}{4}, & \text{当 } x = 0,1 \\ \dfrac{3}{4}, & \text{当 } x = 2,3 \end{cases}$$

由上面的分析看出,这里选取 $\hat{p}(x)$ 的原理是根据 $P\{x;\hat{p}(x)\} \geqslant P\{x;p'\}$,其中 p' 是异于 $\hat{p}(x)$ 的另一估计值. 这就是极大似然原理的基本思想.

设总体含有待估参数 θ,它可以取很多值,我们要在 θ 的一切可能取值之中选出一个使样本观察值出现的概率为最大的值 θ(记为 $\hat{\theta}$) 作为 θ 的估计,并称 $\hat{\theta}$ 为 θ 的极大似然估计.

下面分 X 的分布是离散的与连续的两种情况加以讨论.

1.离散分布情形的极大似然估计

设 X 的分布是离散的,分布中含有未知参数 $(\theta_1, \theta_2, \cdots, \theta_r) \in \Theta \subset R^r$,记

$$f(a_i; \theta_1, \theta_2, \cdots, \theta_r) = P\{X = a_i\}, i = 1, 2, \cdots; (\theta_1, \theta_2, \cdots, \theta_r) \in \Theta$$

现从总体中抽取容量为 n 的样本,其观测值为 $x_1, x_2, \cdots, x_n$,这里每个 x_i 为 a_i $(i = 1, 2, \cdots)$ 中的某个值,该样本的联合分布为 $\prod\limits_{i=1}^{n} f(x_i; \theta_1, \theta_2, \cdots, \theta_r)$. 由于这一概率依赖于未知参数 $\theta_1, \theta_2, \cdots, \theta_r$,因而可将它看成是 $\theta_1, \theta_2, \cdots, \theta_r$ 的函数,称为似然函数,记为

$$L(x_1, x_2, \cdots, x_n; \theta_1, \theta_2, \cdots, \theta_r) = \prod\limits_{i=1}^{n} f(x_i; \theta_1, \theta_2, \cdots, \theta_r)$$

对不同的 $\theta_1, \theta_2, \cdots, \theta_r$,同一组样本观测值 $x_1, x_2, \cdots, x_n$ 出现的概率 $L(x_1, x_2, \cdots, x_n; \theta_1, \theta_2, \cdots, \theta_r)$ 也不一样. 我们知道,当 $P(A) > P(B)$ 时,事件 A 出现的可能性比事件 B 出现的可能性大,如果样本观测值 $x_1, x_2, \cdots, x_n$ 出现了,当然就要求对应的似然函数 $L(x_1, x_2, \cdots, x_n; \theta_1, \theta_2, \cdots, \theta_r)$ 的值达到最大,所以我们选取这样的 $\hat{\theta}_k$ 作为 $\theta_k (k = 1, 2, \cdots, r)$ 的估计,使得

$$L(x_1, x_2, \cdots, x_n; \hat{\theta}_1, \hat{\theta}_2, \cdots, \hat{\theta}_r) = \max_{(\theta_1, \theta_2, \cdots, \theta_r) \in \Theta} L(x_1, x_2, \cdots, x_n; \theta_1, \theta_2, \cdots, \theta_r)$$

假如 $\hat{\theta}_1, \hat{\theta}_2, \cdots, \hat{\theta}_r$ 存在的话,则称 $\hat{\theta}_k$ 为 $\theta_k (k = 1, 2, \cdots, r)$ 的极大似然估计.

2.连续分布情形的极大似然估计

设总体 X 的概率密度函数族为 $\{f(x; \theta_1, \theta_2, \cdots, \theta_r), (\theta_1, \theta_2, \cdots, \theta_r) \in \Theta\}$,其中 $\theta_1, \theta_2, \cdots, \theta_r$ 是 r 个待估参数向量. 又设 $x_1, x_2, \cdots, x_n$ 是样本 $X_1, X_2, \cdots, X_n$ 的一个观察值,则样本 $X_1, X_2, \cdots, X_n$ 落在点 $x_1, x_2, \cdots, x_n$ 的邻域内的概率是 $\prod\limits_{i=1}^{n} f(x_i; \theta_1, \theta_2, \cdots, \theta_r) \Delta x_i$,可见这个概率会受 $\theta_1, \theta_2, \cdots, \theta_r$ 变化的影响. 极大似然法原理就是要选取使得样本落在观察值 $(x_1, x_2, \cdots, x_n)$ 邻域里的概率 $\prod\limits_{i=1}^{n} f(x_i; \theta_1, \theta_2, \cdots, \theta_r) \Delta x_i$ 达到最大的参数值 $\hat{\theta}_1, \hat{\theta}_2, \cdots, \hat{\theta}_r$ 作为 $\theta_1, \theta_2, \cdots, \theta_r$ 的估计,

即对固定的 $(x_1, x_2, \cdots, x_n)$，选取 $\hat{\theta}_1, \hat{\theta}_2, \cdots, \hat{\theta}_r$，使

$$\prod_{i=1}^{n} f(x_i; \hat{\theta}_1, \hat{\theta}_2, \cdots, \hat{\theta}_r) = \max_{(\theta_1, \theta_2, \cdots, \theta_r) \in \Theta} \prod_{i=1}^{n} f(x_i; \theta_1, \theta_2, \cdots, \theta_r)$$

定义 3.2 设总体 X 的概率分布族为 $\{f(x; \theta_1, \theta_2, \cdots, \theta_r), (\theta_1, \theta_2, \cdots, \theta_r) \in \Theta\}$，其中 $\theta_1, \theta_2, \cdots, \theta_r$ 是 r 个待估参数向量. $X_1, X_2, \cdots, X_n$ 为来自总体的样本，$x_1, x_2, \cdots, x_n$ 是样本的观察值，记

$$L(x_1, x_2, \cdots, x_n; \theta_1, \theta_2, \cdots, \theta_r) = \prod_{i=1}^{n} f(x_i; \theta_1, \theta_2, \cdots, \theta_r) \qquad (3.2)$$

$L(x_1, x_2, \cdots, x_n; \theta_1, \theta_2, \cdots, \theta_r)$ 作为 $\theta_1, \theta_2, \cdots, \theta_r$ 的函数称为 $\theta_1, \theta_2, \cdots, \theta_r$ 的似然函数. 若能选取 $\hat{\theta}_1, \hat{\theta}_2, \cdots, \hat{\theta}_r$，使得

$$L(x_1, x_2, \cdots, x_n; \hat{\theta}_1, \hat{\theta}_2, \cdots, \hat{\theta}_r) = \max_{(\theta_1, \theta_2, \cdots, \theta_r) \in \Theta} L(x_1, x_2, \cdots, x_n; \theta_1, \theta_2, \cdots, \theta_r)$$

$$(3.3)$$

成立，则称 $\hat{\theta}_k = \hat{\theta}_k(x_1, x_2, \cdots, x_n)$ 为 $\theta_k (k = 1, 2, \cdots, r)$ 的极大（最大）似然估计. 且将 $\hat{\theta}(x_1, x_2, \cdots, x_n)$ 中 x_i 换成 X_i，即 $\hat{\theta}_i(X_1, X_2, \cdots, X_n)$ 称为 $\theta_i (i = 1, 2, \cdots, k)$ 的极大似然估计量，θ 的极大似然估计简记为 $\hat{\theta}_L$.

求极大似然估计常用如下方法：

对式(3.2)所示的似然函数取对数

$$\ln L(x_1, x_2, \cdots, x_n; \theta_1, \theta_2, \cdots, \theta_r) = \sum_{i=1}^{n} \ln f(x_i; \theta_1, \theta_2, \cdots, \theta_r) \qquad (3.4)$$

因 $\ln L$ 是 L 的递增函数，故 $\ln L$ 与 L 有相同的极大值点

令 $$\frac{\partial \ln L(x_1, x_2, \cdots, x_n; \theta_1, \theta_2, \cdots, \theta_r)}{\partial \theta_j} = 0, j = 1, 2, \cdots, r \qquad (3.5)$$

称式(3.5)为似然方程. 解之并验证是否为最大值点，可得 $\hat{\theta}_j(x_1, x_2, \cdots, x_n)$ 为 $\theta_j (j = 1, 2, \cdots, r)$ 的极大似然估计.

【例 3.6】 设某工序生产的产品的不合格品率为 p，抽 n 个产品作检验，发现有 T 个产品不合格，试求 p 的极大似然估计.

解 设 X 是抽查一个产品时的不合格品个数，则 X 服从参数为 p 的二点分布 $B(1, p)$. 抽查 n 个产品，则得样本 $X_1, X_2, \cdots, X_n$，其观测值为 $x_1, x_2, \cdots, x_n$. 假如样本中有 T 个不合格，即表示 $x_1, x_2, \cdots, x_n$ 中有 T 个取值为 1，$n - T$ 个取值为 0. 为求 p 的极大似然估计，可按如下步骤进行：

① 写出似然函数

$$L(p) = \prod_{i=1}^{n} p^{x_i} (1-p)^{1-x_i} = p^{\sum_{i=1}^{n} x_i} (1-p)^{n - \sum_{i=1}^{n} x_i}$$

② 对 $L(p)$ 取对数，得对数似然函数

$$l(p) = \ln L(p) = \Big(\sum_{i=1}^{n} x_i\Big)\ln p + \Big(n - \sum_{i=1}^{n} x_i\Big)\ln(1-p)$$

③ 由于 $l(p)$ 对 p 的导数存在,故将 $l(p)$ 对 p 求导,令其为 0,得似然方程:

$$\frac{\mathrm{d}l(p)}{\mathrm{d}p} = \left(\frac{\sum_{i=1}^{n} x_i}{p} - \frac{n - \sum_{i=1}^{n} x_i}{1-p}\right) = n\left(\frac{\overline{x}}{p} - \frac{1-\overline{x}}{1-p}\right) = 0$$

④ 解似然方程得

$$\hat{p} = \frac{1}{n}\sum_{i=1}^{n} x_i = \overline{x}$$

⑤ 可验证,在 $\hat{p} = \overline{x}$ 时,$\dfrac{\mathrm{d}^2 l(p)}{\mathrm{d}p^2} < 0$,这表明 $\hat{p} = \overline{x}$ 可使似然函数达到最大.

⑥ 上述叙述对任一样本观察值都成立,故用样本代替观察值便得 p 的极大似然估计为 $\hat{p} = \overline{X}$. 将观察值代入,可得 p 的极大似然估计值为 $\hat{p} = \overline{x} = \dfrac{T}{n}$. 这里 $\hat{p}$ 就是频率,可见频率也是不合格品率的极大似然估计.

【例 3.7】 设 $X_1, X_2, \cdots, X_n$ 为来自总体 X 的样本,总体 X 的概率分布为

$$X \sim \begin{pmatrix} 1 & 2 & 3 \\ \theta^2 & 2\theta(1-\theta) & (1-\theta)^2 \end{pmatrix}$$

其中 $0 < \theta < 1$. 分别以 ν_1, ν_2 表示 $(X_1, X_2, \cdots, X_n)$ 中 $1,2$ 出现的次数,试求:

① 未知参数 θ 的极大似然估计量;

② 当样本值为 $(1,1,2,1,3,2)$ 时的极大似然估计值.

解 ① 求参数 θ 的极大似然估计量. 样本 $(X_1, X_2, \cdots, X_n)$ 中 $1,2$ 和 3 出现的次数分别为 ν_1, ν_2 和 $n - (\nu_1 + \nu_2)$,则似然函数和似然方程为

$$L(\theta) = \theta^{2\nu_1}\big[2\theta(1-\theta)\big]^{\nu_2}(1-\theta)^{2(n-\nu_1-\nu_2)} = 2^{\nu_2}\theta^{2\nu_1+\nu_2}(1-\theta)^{2n-2\nu_1-\nu_2}$$

$$\ln L(\theta) = \ln 2^{\nu_2} + (2\nu_1 + \nu_2)\ln\theta + (2n - 2\nu_1 - \nu_2)\ln(1-\theta)$$

令 $\dfrac{\mathrm{d}\ln L(\theta)}{\mathrm{d}\theta} = \dfrac{2\nu_1 + \nu_2}{\theta} - \dfrac{2n - 2\nu_1 - \nu_2}{1-\theta} = 0$,得

似然方程的唯一解就是参数 θ 的极大似然估计量:

$$\hat{\theta} = \frac{2\nu_1 + \nu_2}{2n}$$

② 对于样本值 $(1,1,2,1,3,2)$,由上面得到的一般公式,可得极大似然估计值

$$\hat{\theta} = \frac{2\nu_1 + \nu_2}{2n} = \frac{2 \times 3 + 2}{12} = \frac{2}{3}$$

【例 3.8】 设某机床加工的轴的直径与图纸规定的中心尺寸的偏差服从 $N(\mu, \sigma^2)$,其中 μ, σ^2 未知. 为估计 μ, σ^2,从中随机抽取 $n = 100$ 根轴,测得其偏差为 $x_1, x_2, \cdots, x_{100}$. 试求 μ, σ^2 的极大似然估计.

解 ① 写出似然函数

$$L(\mu,\sigma^2) = \prod_{i=1}^{n} \frac{1}{\sigma\sqrt{2\pi}} e^{-\frac{(x_i-\mu)^2}{2\sigma^2}} = (2\pi\sigma^2)^{-\frac{n}{2}} e^{-\frac{\sum_{i=1}^{n}(x_i-\mu)^2}{2\sigma^2}}$$

② 写出对数似然函数

$$l(\mu,\sigma^2) = -\frac{n}{2}\ln(2\pi\sigma^2) - \frac{\sum_{i=1}^{n}(x_i-\mu)^2}{2\sigma^2}$$

③ $l(\mu,\sigma^2)$ 分别对 μ,σ^2 求偏导,并令它们都为 0,得似然方程为:

$$\begin{cases} \dfrac{\partial l(\mu,\sigma^2)}{\partial \mu} = \dfrac{1}{\sigma^2}\sum_{i=1}^{n}(x_i-\mu) = 0 \\[3mm] \dfrac{\partial l(\mu,\sigma^2)}{\partial \sigma^2} = -\dfrac{n}{2\sigma^2} + \dfrac{1}{2\sigma^4}\sum_{i=1}^{n}(x_i-\mu)^2 = 0 \end{cases}$$

④ 解似然方程得

$$\hat{\mu} = \frac{1}{n}\sum_{i=1}^{n}x_i = \overline{x}, \quad \hat{\sigma}^2 = \frac{1}{n}\sum_{i=1}^{n}(x_i-\overline{x})^2 = s_n^2$$

⑤ 经验证 $\hat{\mu},\hat{\sigma}^2$ 使 $l(\mu,\sigma^2)$ 达到极大.

⑥ 上述叙述也对一切样本观察值成立,故用样本代替观察值,便得 μ,σ^2 的极大似然估计量分别为:

$$\hat{\mu} = \frac{1}{n}\sum_{i=1}^{n}X_i = \overline{X}, \quad \hat{\sigma}^2 = \frac{1}{n}\sum_{i=1}^{n}(X_i-\overline{X})^2 = S_n^2$$

如果由 100 个样本观察值求得 $\sum_{i=1}^{100}x_i = 26$(单位:mm),$\sum_{i=1}^{n}x_i^2 = 7.04$,则可求得 μ,σ^2 的极大似然估计值:

$$\hat{\mu} = \frac{1}{100}\sum_{i=1}^{100}x_i = 0.26$$

$$s_n^2 = \frac{1}{100}\left[\sum_{i=1}^{n}x_i^2 - \frac{1}{100}\left(\sum_{i=1}^{n}x_i\right)^2\right] = \frac{7.04 - 26^2/100}{100} = 0.0028$$

当似然函数的非零区域与未知参数有关时,通常无法通过解似然方程来获得参数的极大似然估计,这时可从定义出发直接求 $L(\theta)$ 的极大值点.

【例 3.9】 假设随机变量 X 在区间 $[a,b]$ 上均匀分布,试求区间端点 a 和 b 的极大似然估计量.

解 随机变量 X 的概率密度

$$f(x) = \begin{cases} \dfrac{1}{b-a}, & \text{若 } x \in [a,b] \\[2mm] 0, & \text{其他} \end{cases}$$

可见未知参数 a 和 b 的似然函数为

$$L(a,b) = \begin{cases} \dfrac{1}{(b-a)^n}, & \text{若 } a \leqslant x_1, x_2, \cdots, x_n \leqslant b \\ 0, & \text{其他} \end{cases}$$

$$= \begin{cases} \dfrac{1}{(b-a)^n}, & \text{若 } a \leqslant x_{(1)} \leqslant x_{(n)} \leqslant b \\ 0, & \text{其他} \end{cases}$$

其中 $x_{(1)} = \min\{x_1, x_2, \cdots, x_n\}$ 和 $x_{(n)} = \max\{x_1, x_2, \cdots, x_n\}$. 分别对 a 和 b 求偏导数并令其等于 0, 得 a 和 b 的似然方程组

$$\begin{cases} \dfrac{\partial L(a,b)}{\partial a} = \dfrac{-n}{(b-a)^{n-1}} = 0 \\ \dfrac{\partial L(a,b)}{\partial b} = \dfrac{n}{(b-a)^{n-1}} = 0 \end{cases}$$

此方程组显然无解, 因此需要直接求使似然函数达到最大值的 a 和 b. 因为当 $x_{(1)} < a$ 或 $x_{(n)} > b$ 时显然 $L(a,b) = 0$, 而对于任意 a 和 b, 若有 $a \leqslant x_{(1)}$ 和 $b \geqslant x_{(n)}$, 则 $L(a,b) \leqslant L(x_{(1)}, x_{(n)})$, 所以当 $a = x_{(1)}$、$b = x_{(n)}$ 时 $L(a,b)$ 达到最大值. 因此 $\hat{a} = X_{(1)}$、$\hat{b} = X_{(n)}$ 是 a、b 的极大似然估计量.

定理 3.1 设 $\hat{\theta}$ 为 θ 的极大似然估计, $g(\theta)$ 是 θ 的连续函数, 则 $g(\theta)$ 的极大似然估计为 $g(\hat{\theta})$.

【例 3.10】 $X_1, X_2, \cdots, X_n$ 是总体 X 的样本, 而 X 的概率密度为

$$f(x) = \begin{cases} \dfrac{1}{\theta} \mathrm{e}^{-\frac{x}{\theta}}, & x > 0 \\ 0, & x < 0 \end{cases}$$

求未知参数 $\theta(\theta > 0)$ 的极大似然估计量和概率 $P\{X \leqslant 1\}$ 的极大似然估计量.

解 设似然函数为

$$L(\theta) = \prod_{i=1}^{n} \frac{1}{\theta} \mathrm{e}^{-\frac{x_i}{\theta}} = \frac{1}{\theta^n} \mathrm{e}^{-\frac{n\bar{x}}{\theta}}$$

其中 $\bar{x} = \dfrac{1}{n} \displaystyle\sum_{i=1}^{n} x_i$. 令

$$\frac{\mathrm{d}\ln L(\theta)}{\mathrm{d}\theta} = \frac{\mathrm{d}\left(-n\ln\theta - \dfrac{n\bar{x}}{\theta}\right)}{\mathrm{d}\theta} = -\frac{n}{\theta} + \frac{n\bar{x}}{\theta^2} = 0$$

解得 θ 的极大似然估计量为 $\hat{\theta} = \dfrac{1}{n} \displaystyle\sum_{i=1}^{n} X_i = \overline{X}$.

又因为

$$P\{X \leqslant 1\} = \int_0^1 \frac{1}{\theta} \mathrm{e}^{-\frac{x}{\theta}} \, \mathrm{d}x = 1 - \mathrm{e}^{-\frac{1}{\theta}}$$

所以 $P\{X \leqslant 1\}$ 的极大似然估计量为 $1 - \mathrm{e}^{-\frac{1}{X}}$.

3.2 点估计量的优良性

参数的点估计实质上是构造一个估计量去估计未知参数. 对一个未知参数 θ, 人们可以构造多个估计量去估计它, 从而产生了一个问题: 到底用哪一个估计量去估计最好? 因此需要有评价估计优劣的标准. 本节介绍几个常用准则.

3.2.1 无偏性

所得的估计 $\hat{\theta}$ 从平均意义上来讲与 θ 越接近越好, 若其差值为 0 时则产生了无偏估计的概念.

> **定义 3.3** 设总体 X 具有分布族 $\{F(x;\theta), \theta \in \Theta\}$, 设 $X_1, X_2, \cdots, X_n$ 是从该总体中抽取的一个样本. $\hat{\theta} = \theta(X_1, X_2, \cdots, X_n)$ 是 θ 的一个估计量. 如果它满足
> $$E_\theta \hat{\theta} = \theta, \quad \text{对一切 } \theta \in \Theta \qquad (3.6)$$
> 则称 $\hat{\theta}$ 是参数 θ 的一个无偏估计量.

> **定义 3.4** 设未知参数的已知函数 $g(\theta)$ 的估计量为 $\psi = \psi(X_1, X_2, \cdots, X_n)$, 如果对一切 $\theta \in \Theta$ 都有
> $$E_\theta[\psi(X_1, X_2, \cdots, X_n)] = g(\theta)$$
> 则称 ψ 为 $g(\theta)$ 的无偏估计量, 称 $g(\theta)$ 为可估计函数.

> **定义 3.5** 一个估计如果不是无偏的就称这估计是有偏的, 且称函数
> $$b(\theta, \hat{\theta}) = E_\theta \hat{\theta} - \theta$$
> 为估计量 T 的偏差.

如果 θ 是向量参数, 定义 3.3 同样适用. 但要求式 (3.6) 中的 $\theta(X_1, X_2, \cdots, X_n)$ 也是向量, 且其维数与 θ 的维数相同.

如果有一列 θ 的估计 $\hat{\theta}_n = \theta_n(X_1, X_2, \cdots, X_n)$ 满足
$$\lim_{n \to \infty} E_\theta \hat{\theta}_n = \theta, \text{对一切 } \theta \in \Theta$$
则称 $\hat{\theta}_n = \theta_n(X_1, X_2, \cdots, X_n)$ 是 θ 的渐近无偏估计.

注: 无偏估计不一定唯一. 如总体期望 μ 的矩法估计 $\overline{X}$ 是 μ 的无偏估计, 不难证明对任何满足 $\sum_{i=1}^{n} \alpha_i = 1$ 的一组数 $\alpha_1, \alpha_2, \cdots, \alpha_n$, $\sum_{i=1}^{n} \alpha_i X_i$ 都是 μ 的无偏估计.

【例 3.11】 设 $(X_1, X_2, \cdots, X_n)$ 为总体 $N(\mu, \sigma^2)$ 的一个样本,试证明存在常数 c,使 $c\sum\limits_{i=1}^{n-1}(X_{i+1} - X_i)^2$ 为 σ^2 的无偏估计.

解

$$E\Big[c\sum_{i=1}^{n-1}(X_{i+1} - X_i)^2\Big] = c\sum_{i=1}^{n-1}E(X_{i+1} - X_i)^2$$

$$= c\sum_{i=1}^{n-1}\big[E(X_{i+1}^2) - 2E(X_{i+1}X_i) + EX_i^2\big]$$

$$= c\sum_{i=1}^{n-1}(\sigma^2 + \mu^2 - 2\mu^2 + \mu^2 + \sigma^2) = c(n-1)\cdot 2\sigma^2$$

要使 $c(n-1)\cdot 2\sigma^2 = \sigma^2$,只需取 $c = \dfrac{1}{2(n-1)}$.

【例 3.12】 设总体 X 具有 k 阶矩,$EX = \mu$,$DX = \sigma^2$,$EX^k = \alpha_k$,从中获得容量为 n 的样本 $X_1, X_2, \cdots, X_n$,则 $\overline{X}$ 是 μ 的无偏估计,样本 k 阶原点矩 A_k 是 α_k 的无偏估计,但 S_n^2 不是 σ^2 的无偏估计,S_n^2 是 σ^2 的渐近无偏估计,而 S^2 是 σ^2 的无偏估计.

证明 因为

$$EA_k = E\Big(\frac{1}{n}\sum_{i=1}^{n}X_i^k\Big) = \frac{1}{n}\sum_{i=1}^{n}EX_i^k = \frac{1}{n}\sum_{i=1}^{n}\alpha_k = \alpha_k$$

因此样本 k 阶原点矩 A_k 是 α_k 的无偏估计. 由于

$$S_n^2 = \frac{1}{n}\sum_{i=1}^{n}(X_i - \overline{X})^2 = \frac{1}{n}\sum_{i=1}^{n}X_i^2 - \overline{X}^2$$

而

$$EX_i^2 = DX_i + (EX_i)^2 = \sigma^2 + \mu^2, i = 1, 2, \cdots, n$$

$$E\overline{X}^2 = D\overline{X} + (E\overline{X})^2 = \frac{\sigma^2}{n} + \mu^2$$

所以

$$ES_n^2 = \frac{1}{n}\sum_{i=1}^{n}(\sigma^2 + \mu^2) - \Big(\frac{\sigma^2}{n} + \mu^2\Big) = \frac{n-1}{n}\sigma^2 \neq \sigma^2$$

因而 S_n^2 不是 σ^2 的无偏估计,但为渐近无偏估计. 又

$$ES^2 = E\Big(\frac{nS_n^2}{n-1}\Big) = \frac{n}{n-1}ES_n^2 = \frac{n}{n-1}\cdot\frac{n-1}{n}\sigma^2 = \sigma^2$$

所以 S^2 是 σ^2 的无偏估计.

说明:

(1) 若 $\hat{\theta}$ 为 θ 的无偏估计,$g(\theta)$ 为 θ 的已知函数,但 $g(\hat{\theta})$ 不一定是 $g(\theta)$ 的无偏估计. 例如 S^2 是 σ^2 的无偏估计,但 S 不是 σ 的无偏估计. 当 $X \sim N(\mu, \sigma^2)$,它的偏差是

$$b(\sigma, S) = \sigma\left[\sqrt{\frac{2}{n-1}}\frac{\Gamma\Big(\dfrac{n}{2}\Big)}{\Gamma\Big(\dfrac{n-1}{2}\Big)} - 1\right]$$

因为 $\dfrac{(n-1)S^2}{\sigma^2} \sim \chi^2(n-1)$，若令 $Y = \dfrac{(n-1)S^2}{\sigma^2}$，则其密度函数为

$$p(y) = \frac{1}{2^{\frac{n-1}{2}} \Gamma\left(\dfrac{n-1}{2}\right)} y^{\frac{n-1}{2}-1} e^{-\frac{y}{2}}, y > 0$$

而

$$E \sqrt{Y} = \int_0^{+\infty} \sqrt{y} p(y) \mathrm{d}y = \frac{1}{2^{\frac{n-1}{2}} \Gamma\left(\dfrac{n-1}{2}\right)} \int_0^{+\infty} y^{\frac{n}{2}-1} e^{-\frac{y}{2}} \mathrm{d}y = \sqrt{2} \, \frac{\Gamma\left(\dfrac{n}{2}\right)}{\Gamma\left(\dfrac{n-1}{2}\right)}$$

另一方面 $E\sqrt{Y} = \dfrac{\sqrt{n-1} ES}{\sigma}$，故有

$$ES = \frac{\sigma}{\sqrt{n-1}} E\sqrt{Y} = \sqrt{\frac{2}{n-1}} \, \frac{\Gamma\left(\dfrac{n}{2}\right)}{\Gamma\left(\dfrac{n-1}{2}\right)} \sigma \neq \sigma$$

所以 S 的偏差是

$$b(\sigma, S) = \sigma \left[\sqrt{\frac{2}{n-1}} \, \frac{\Gamma\left(\dfrac{n}{2}\right)}{\Gamma\left(\dfrac{n-1}{2}\right)} - 1 \right]$$

由此可见，如果 T 是参数 θ 的无偏估计，除了 f 是线性函数以外，并不能推出 T 的函数 $f(T)$ 也是参数 $f(\theta)$ 的无偏估计.

(2) 有时 θ 的有偏估计也可稍加修改成为无偏估计.

例如，设 $X \sim N(\mu, \sigma^2)$，$\overline{X}$ 是 μ 的无偏估计，但 $\overline{X}^2$ 不是 μ^2 的无偏估计，可修改为 $\hat{\mu}^2 = \overline{X}^2 - \dfrac{S^2}{n}$，它是 μ^2 的无偏估计.

(3) 有时候，无偏估计可以不存在；有时候，一个无偏估计可以有明显弊病；而有时候，对同一个参数，可以有很多无偏估计.

例如，设总体 X 具有泊松分布 $P(\lambda)$，$X_1, X_2, \cdots, X_n$ 是一样本. 由于 $EX = DX = \lambda$，所以 $\overline{X}$ 和 S^2 都是 λ 的无偏估计. 因此，对任意 $0 \leqslant \alpha \leqslant 1$，$\alpha \overline{X} + (1-\alpha) S^2$ 也是 λ 的无偏估计.

【例 3.13】 设总体 $X \sim U(0, \theta)$，其中 $\theta > 0$ 为未知，又 $X_1, X_2, \cdots, X_n$ 是 X 的一样本，则 $\hat{\theta}_1 = 2\overline{X}$ 和 $\hat{\theta}_2 = \dfrac{n+1}{n} X_{(n)}$ 都是 θ 的无偏估计.

证明 因为 $E\overline{X} = \dfrac{\theta}{2}$，所以 $E\hat{\theta}_1 = \theta$. 又因为 $X_{(n)}$ 的分布函数为：

$$F_{(n)}(y) = P\{\max\{X_i\} \leqslant y\} = [F(x)]^n = \begin{cases} \left(\dfrac{y}{\theta}\right)^n, & 0 < y < \theta \\ 0, & \text{其他} \end{cases}$$

所以 $X_{(n)}$ 概率密度函数为 $f(y) = \begin{cases} \dfrac{ny^{n-1}}{\theta^n}, & 0 < y < \theta \\ 0, & \text{其他} \end{cases}$

因此,$EX_{(n)} = \dfrac{n}{n+1}\theta$,即 $E\hat{\theta}_2 = \dfrac{n+1}{n}EX_{(n)} = \theta$. 于是 $\hat{\theta}_1 = 2\overline{X}$ 和 $\hat{\theta}_2 = \dfrac{n+1}{n}X_{(n)}$ 都是 θ 的无偏估计.

那么,究竟哪个无偏估计更好、更合理?这就要看哪个估计量的观察值更接近真实值,即估计量的观察值更密集地分布在真实值的附近. 我们知道,方差可反映随机变量取值的分散程度. 所以无偏估计以方差最小者为最好、最合理. 为此引入了估计量的有效性概念.

3.2.2 有效性

定义 3.6 参数 θ 有两个无偏估计 $\hat{\theta}_1$ 与 $\hat{\theta}_2$,若有
$$D\hat{\theta}_1 \leqslant D\hat{\theta}_2, \text{对一切 } \theta \in \Theta$$
成立,则称 $\hat{\theta}_1$ 比 $\hat{\theta}_2$ 更有效.

【例 3.14】 设 $X \sim U(0,\theta)$,$X_1, X_2, \cdots, X_n$ 为来自总体 X 的样本,记 $\hat{\theta}_1 = 2\overline{X}$,$\hat{\theta}_2 = \dfrac{n+1}{n}X_{(n)}$,试问 $\hat{\theta}_1$ 与 $\hat{\theta}_2$ 哪个更有效?

解 由例 3.13 知 $\hat{\theta}_1 = 2\overline{X}$ 和 $\hat{\theta}_2 = \dfrac{n+1}{n}X_{(n)}$ 都是 θ 的无偏估计.

又因为 $D\overline{X} = \dfrac{DX}{n} = \dfrac{\theta^2}{12n}$,所以 $D\hat{\theta}_1 = 4D\overline{X} = \dfrac{\theta^2}{3n}$.

而 $X_{(n)}$ 的概率密度函数为
$$f(y) = \begin{cases} \dfrac{ny^{n-1}}{\theta^n}, & 0 < y < \theta \\ 0, & \text{其他} \end{cases}$$

因此,
$$EX_{(n)}^2 = \int_0^\theta \frac{ny^{n+1}}{\theta^n}\mathrm{d}y = \frac{n}{(n+2)\theta^n}y^{n+2}\Big|_0^\theta = \frac{n\theta^2}{n+2}$$

$$DX_{(n)} = \frac{n\theta^2}{n+2} - \frac{n^2}{(n+1)^2}\theta^2 = \frac{n\theta^2}{(n+1)^2(n+2)}$$

即
$$D\hat{\theta}_2 = \frac{(n+1)^2}{n^2} \cdot \frac{n\theta^2}{(n+1)^2(n+2)} = \frac{\theta^2}{(n+2)n} < \frac{\theta^2}{3n} \qquad (n \geqslant 2)$$

故当 $n \geqslant 2$ 时,$\hat{\theta}_2$ 比 $\hat{\theta}_1$ 更有效.

3.2.3 相合性

在无偏估计类中,我们以估计量的方差大小作为衡量估计量为"最优"的准则,作了较为充分的讨论. 但是,无偏估计类中方差为最小或较小的估计量,不一定比某个有偏差的估计量的方差小. 无偏与有偏是反映估计量 $\hat{\theta}(X_1, X_2, \cdots, X_n)$ 的数学期望是否等于被估计的真参数值 θ;方差 $D\hat{\theta}$ 的大小反映 $\hat{\theta}$ 的观察值以真参数值 θ 为中心的离散程度. 一个估计量,它是依赖于样本观察值而求得的数值,即使其平均值等于 θ,但离散程度很大,那么这个估计量用来估计 θ 时,仍然不大理想. 因此,人们希望在偏差性(有偏或无偏)与离散性(方差的大小)两者兼顾的原则下来建立估计量为"最优"的准则,为此引进相合性的概念.

定义 3.7 设 $X_1, X_2, \cdots, X_n$ 是来自分布族为 $\{F(x;\theta), \theta \in \Theta\}$ 的总体 X 的样本,$\hat{\theta}_n = \theta_n(X_1, X_2, \cdots, X_n)$ 是 θ 的估计. 如果序列 $\{\hat{\theta}_n\}$ 随机收敛到真参数值 θ,即对任意 $\varepsilon > 0$,
$$\lim_{n \to \infty} P_\theta\{|\hat{\theta}_n - \theta| > \varepsilon\} = 0, \forall \theta \in \Theta, \text{即} \lim_{n \to \infty} \hat{\theta}_n = \theta \quad (P)$$
则称 $\hat{\theta}_n$ 是 θ 的弱相合估计.

如果 $\hat{\theta}_n$ 以概率 1 收敛于 θ,即
$$P_\theta\{\lim_{n \to \infty} \hat{\theta}_n = \theta\} = 1, \forall \theta \in \Theta, \text{即} \lim_{n \to \infty} \hat{\theta}_n = \theta \quad (\text{a. s.})$$
则称 $\hat{\theta}_n$ 是 θ 的强相合估计.

如果 $\hat{\theta}_n$ 均方收敛于 θ,即
$$\lim_{n \to \infty} E_\theta(\hat{\theta}_n - \theta)^2 = 0, \forall \theta \in \Theta$$
则称 $\hat{\theta}_n$ 是 θ 的均方一致估计.

【例 3.15】 设 $X_1, X_2, \cdots, X_n$ 是来自伯努利分布 $B(1, p)$ 的样本,由大数定律知
$$\frac{1}{n} \sum_{i=1}^{n} X_i \xrightarrow{P} p, 0 < p < 1$$
所以 $\overline{X}$ 是 p 的弱相合估计.

【例 3.16】 设总体 $X \sim N(\mu, \sigma^2)$,$X_1, X_2, \cdots, X_n$ 是来自总体 X 的样本,记 $S^2 = \frac{1}{n-1} \sum_{i=1}^{n} (X_i - \overline{X})^2$,试证明 S^2 是 σ^2 的弱相合估计.

证明 因为 $\frac{(n-1)S^2}{\sigma^2} \sim \chi^2(n-1)$,所以
$$E\left[\frac{(n-1)S^2}{\sigma^2}\right] = n-1, \quad D\left[\frac{(n-1)S^2}{\sigma^2}\right] = 2(n-1)$$
因此
$$ES^2 = \sigma^2, \quad DS^2 = \frac{2\sigma^4}{n-1}$$

由切比雪夫不等式知:对任意的 $\varepsilon > 0$,有

$$P\{\,|\,S^2 - \sigma^2\,| \geqslant \varepsilon\,\} \leqslant \frac{DS^2}{\varepsilon^2} = \frac{2\sigma^4}{\varepsilon^2(n-1)} \xrightarrow{n \to \infty} 0$$

即 S^2 是 σ^2 的弱相合估计.

定理 3.2　设 $X_1, X_2, \cdots, X_n$ 是取自分布族为 $\{F(x;\theta), \theta \in \Theta\}$ 的总体 X 的样本,且 $E\,|\,X\,|^p < +\infty$,其中 p 是某一正整数,则对样本的 k 阶原点矩 $(1 \leqslant k \leqslant p)$

$$A_k = \frac{1}{n}\sum_{i=1}^{n} X_i^k$$

依概率收敛于总体的 k 阶矩 $E_\theta X^k$. 即对 $\varepsilon > 0$,

$$\lim_{n \to \infty} P_\theta\{\,|\,A_k - E_\theta X^k\,| > \varepsilon\,\} = 0, \quad \theta \in \Theta$$

它是辛钦大数定律的一个直接结果.

定理 3.3　如果 $\hat{\theta}_n$ 为参数 θ 的一个渐近无偏估计量,且 $\lim\limits_{n \to \infty} D\hat{\theta}_n = 0$,则 $\hat{\theta}_n$ 为参数 θ 的一个弱相合估计量.

证明　由马尔可夫不等式,对任何的 $\varepsilon > 0$,我们有

$$P\{\,|\,\hat{\theta}_n - \theta\,| \geqslant \varepsilon\,\} \leqslant \frac{E(\hat{\theta}_n - \theta)^2}{\varepsilon^2}$$

$$= \frac{1}{\varepsilon^2} E(\hat{\theta}_n - E\hat{\theta}_n + E\hat{\theta}_n - \theta)^2$$

$$= \frac{1}{\varepsilon^2} [E(\hat{\theta}_n - E\hat{\theta}_n)^2 + 2(E\hat{\theta}_n - \theta)E(\hat{\theta}_n - E\hat{\theta}_n) + (E\hat{\theta}_n - \theta)^2]$$

$$= \frac{1}{\varepsilon^2} [D(\hat{\theta}_n) + (E\hat{\theta}_n - \theta)^2]$$

因为 $\lim\limits_{n \to \infty} E(\hat{\theta}_n) = \theta, \lim\limits_{n \to \infty} D(\hat{\theta}_n) = 0$,所以

$$\lim_{n \to \infty} P\{\,|\,\hat{\theta}_n - \theta\,| \geqslant \varepsilon\,\} = 0$$

即 $\hat{\theta}_n$ 为参数 θ 的一个弱相合估计量.

【例 3.17】　设总体 $X \sim N(\mu, \sigma^2)$,$X_1, X_2, \cdots, X_n$ 是来自总体 X 的样本,记 $S_n^2 = \frac{1}{n}\sum_{i=1}^{n}(X_i - \overline{X})^2$,试证明 S_n^2 是 σ^2 的弱相合估计.

证明　因为 $ES_n^2 = \frac{n-1}{n}\sigma^2, DS_n^2 = \frac{2(n-1)\sigma^4}{n^2}$,所以 S_n^2 为参数 σ^2 的一个渐近无偏估计量,且 $\lim\limits_{n \to \infty} DS_n^2 = 0$,则 S_n^2 为参数 σ^2 的一个弱相合估计量.

定理 3.4　如果 $\hat{\theta}_n$ 是 θ 的弱相合估计,$\{c_n\}$ 和 $\{d_n\}$ 是两个常数序列,满足 $\lim\limits_{n \to \infty} c_n = 0, \lim\limits_{n \to \infty} d_n = 1$,则 $\hat{\theta}_n + c_n, d_n\hat{\theta}_n$ 也是 θ 的弱相合估计.

定理 3.5　如果 $\hat{\theta}_n$ 是 θ 的弱相合估计，$g(x)$ 连续，则 $g(\hat{\theta}_n)$ 是 $g(\theta)$ 的弱相合估计.

证明　由于 $g(x)$ 在 x 点连续. 所以对 $\varepsilon > 0$，存在 $\delta > 0$，使得当 $|x-\theta| < \delta$ 时，有

$$|g(x) - g(\theta)| < \varepsilon$$

由此推得（因为 $\{x: |x-\theta| < \delta\} \subset \{x: |g(x) - g(\theta)| < \varepsilon\}$）

$$P_\theta\{|g(\hat{\theta}_n) - g(\theta)| > \varepsilon\} \leqslant P_\theta\{|\hat{\theta}_n - \theta| > \delta\}$$

因为 $\hat{\theta}_n$ 是 θ 的弱相合估计，所以

$$0 \leqslant \lim_{n\to\infty} P_\theta\{|g(\hat{\theta}_n) - g(\theta)| > \varepsilon\} \leqslant \lim_{n\to\infty} P_\theta\{|\hat{\theta}_n - \theta| > \delta\} = 0$$

即 $g(\hat{\theta}_n)$ 是 $g(\theta)$ 的弱相合估计.

3.3　有效估计与一致最小方差无偏估计

由前面的讨论我们知道，无偏估计的方差越小越好. 一个很自然的问题是：无偏估计的方差是否可以任意小？如果不可以任意小，那么这个无偏估计方差的下界是什么？这个下界能否达到？回答这些问题的最重要的成果是 Cramer 和 Rao 分别在 1945 年和 1946 年所证明的一个重要不等式，即 C-R 不等式. 由于该不等式的证明要求总体分布满足一系列的正则条件，为此先介绍关于 C-R 正则分布族的概念.

3.3.1　C-R 正则分布族

定义 3.8　假设单参数概率函数族 $\{f(x;\theta), \theta \in \Theta\}$ 满足如下条件：

① 参数空间 Θ 是直线上的某个开区间；

② 支撑 $S_\theta \triangleq \{x: f(x;\theta) > 0\}$ 不依赖于 θ；

③ $\dfrac{\partial f(x;\theta)}{\partial \theta}$ 存在，且 $\dfrac{\partial}{\partial \theta}\int f(x;\theta)\mathrm{d}x = \int \dfrac{\partial f(x;\theta)}{\partial \theta}\mathrm{d}x$ 对一切 $\theta \in \Theta$ 成立；

④ 下面的数学期望存在，且

$$0 < I(\theta) \triangleq E_\theta\big[\frac{\partial}{\partial \theta}\ln f(X,\theta)\big]^2 < +\infty$$

则称分布族 $\{f(x;\theta), \theta \in \Theta\}$ 为 C-R 正则分布族，其中条件 ① ～ ④ 称为 C-R 正则条件，$I(\theta)$ 称为该分布族的 Fisher 信息量.

易验证，伯努利分布族 $\{B(1,p), p \in (0,1)\}$，Poisson 分布族 $\{P(\lambda), \lambda > 0\}$，正

态分布族$\{N(\mu,\sigma^2), -\infty < \mu < +\infty, \sigma^2 > 0\}$ 关于它的一个参数，Γ 分布族$\{\Gamma(\alpha, \beta), \alpha > 0, \beta > 0\}$ 关于它的一个参数等都属于 C-R 正则分布族. 但均匀分布族$\{U(0, \theta), \theta > 0\}$ 不是 C-R 正则分布族.

3.3.2　单参数情形 C-R 不等式

定理 3.6　(C. R. Rao-H. Cramer 不等式) 设 Θ 是实数轴上的一个开区间，$\{f(x;\theta), \theta \in \Theta\}$ 是总体 X 的分布密度族且为 C-R 正则分布族；$X_1, X_2, \cdots, X_n$ 是从该总体中抽取的一个简单随机样本；设 $g(\theta)$ 的一个无偏估计为 $T = T(X_1, X_2, \cdots, X_n)$. 满足

$$\frac{\partial}{\partial \theta} \int \cdots \int_{R^n} T(x_1, x_2, \cdots, x_n) \prod_{i=1}^n f(x_i;\theta) \mathrm{d}x_1 \mathrm{d}x_2 \cdots \mathrm{d}x_n$$

$$= \int \cdots \int_{R^n} T(x_1, x_2, \cdots, x_n) \frac{\partial}{\partial \theta} \Big[\prod_{i=1}^n f(x_i;\theta) \Big] \mathrm{d}x_1 \mathrm{d}x_2 \cdots \mathrm{d}x_n \qquad (3.7)$$

则

$$D_\theta T \geqslant \frac{[g'(\theta)]^2}{n I(\theta)}$$

且等号成立 $\Leftrightarrow$ 存在一个不依赖于样本的 $c(\theta)$（即 c 能依赖于 θ），使以概率为 1 成立

$$\sum_{i=1}^n \frac{\partial \ln f(X_i;\theta)}{\partial \theta} = c(\theta)[T - g(\theta)]$$

上面的不等式称为 C-R 不等式. 特别当 $g(\theta) = \theta$ 时，记 $T = \hat{\theta}$，则有

$$D\hat{\theta} \geqslant \frac{1}{n I(\theta)}$$

证明　如 $I(\theta) = +\infty$ 或 $D_\theta T = +\infty$，则结论显然成立，故可假设 $I(\theta) < +\infty$ 和 $D_\theta T < +\infty$. 记 $L(x_1, x_2, \cdots, x_n;\theta) = \prod_{i=1}^n f(x_i;\theta)$. 由 C-R 正则条件得

$$\int_{-\infty}^{+\infty} \frac{\partial \ln f(x;\theta)}{\partial \theta} f(x;\theta) \mathrm{d}x = \int_{-\infty}^{+\infty} \frac{\partial f(x;\theta)}{\partial \theta} \mathrm{d}x = \frac{\partial}{\partial \theta} \int_{-\infty}^{+\infty} f(x;\theta) \mathrm{d}x = 0$$

所以

$$\int \cdots \int_{R^n} \frac{\partial \ln L(x_1, x_2, \cdots, x_n;\theta)}{\partial \theta} L(x_1, x_2, \cdots, x_n;\theta) \mathrm{d}x_1 \mathrm{d}x_2 \cdots \mathrm{d}x_n = 0, \forall \theta \in \Theta$$

$$\int \cdots \int_{R^n} g(\theta) \frac{\partial \ln L(x_1, x_2, \cdots, x_n;\theta)}{\partial \theta} L(x_1, x_2, \cdots, x_n;\theta) \mathrm{d}x_1 \mathrm{d}x_2 \cdots \mathrm{d}x_n = 0, \forall \theta \in \Theta$$

又

$$g'(\theta) = \frac{\partial}{\partial \theta} \int \cdots \int_{R^n} T(x_1, x_2, \cdots, x_n) L(x_1, x_2, \cdots, x_n; \theta) \mathrm{d}x_1 \mathrm{d}x_2 \cdots \mathrm{d}x_n$$

$$= \int \cdots \int_{R^n} T(x_1, x_2, \cdots, x_n) \frac{\partial L(x_1, x_2, \cdots, x_n; \theta)}{\partial \theta} \mathrm{d}x_1 \mathrm{d}x_2 \cdots \mathrm{d}x_n$$

$$= \int \cdots \int_{R^n} T(x_1, x_2, \cdots, x_n) \frac{\partial \ln L(x_1, x_2, \cdots, x_n; \theta)}{\partial \theta} \times$$

$$L(x_1, x_2, \cdots, x_n; \theta) \mathrm{d}x_1 \mathrm{d}x_2 \cdots \mathrm{d}x_n$$

$$= \int \cdots \int_{R^n} \left[T(x_1, x_2, \cdots, x_n) - g(\theta) \right] \frac{\partial \ln L(x_1, x_2, \cdots, x_n; \theta)}{\partial \theta} \times$$

$$L(x_1, x_2, \cdots, x_n; \theta) \mathrm{d}x_1 \mathrm{d}x_2 \cdots \mathrm{d}x_n, \forall \theta \in \Theta$$

由许瓦兹不等式得：

$$\left[g'(\theta) \right]^2 = \left\{ \begin{aligned} &\int \int \cdots \int_{R^n} \left[T(x_1, x_2, \cdots, x_n) - g(\theta) \right] \frac{\partial \ln L(x_1, x_2, \cdots, x_n; \theta)}{\partial \theta} \times \\ &L(x_1, x_2, \cdots, x_n; \theta) \mathrm{d}x_1 \mathrm{d}x_2 \cdots \mathrm{d}x_n \end{aligned} \right\}^2$$

$$= \left\{ \begin{aligned} &\int \int \cdots \int_{R^n} \left[T(x_1, x_2, \cdots, x_n) - g(\theta) \right] \sqrt{L(x_1, x_2, \cdots, x_n; \theta)} \times \\ &\frac{\partial \ln L(x_1, x_2, \cdots, x_n; \theta)}{\partial \theta} \sqrt{L(x_1, x_2, \cdots, x_n; \theta)} \mathrm{d}x_1 \mathrm{d}x_2 \cdots \mathrm{d}x_n \end{aligned} \right\}^2$$

$$\leqslant \int \cdots \int_{R^n} \left[T(x_1, x_2, \cdots, x_n) - g(\theta) \right]^2 L(x_1, x_2, \cdots, x_n; \theta) \mathrm{d}x_1 \mathrm{d}x_2 \cdots \mathrm{d}x_n \times$$

$$\int \cdots \int_{R^n} \left[\frac{\partial \ln L(x_1, x_2, \cdots, x_n; \theta)}{\partial \theta} \right]^2 L(x_1, x_2, \cdots, x_n; \theta) \mathrm{d}x_1 \mathrm{d}x_2 \cdots \mathrm{d}x_n$$

$$= D_\theta T \cdot \int \cdots \int_{R^n} \left[\frac{\partial \ln L(x_1, x_2, \cdots, x_n; \theta)}{\partial \theta} \right]^2 \times$$

$$L(x_1, x_2, \cdots, x_n; \theta) \mathrm{d}x_1 \mathrm{d}x_2 \cdots \mathrm{d}x_n, \forall \theta \in \Theta$$

而

$$\int \cdots \int_{R^n} \left[\frac{\partial \ln L(x_1, x_2, \cdots, x_n; \theta)}{\partial \theta} \right]^2 L(x_1, x_2, \cdots, x_n; \theta) \mathrm{d}x_1 \mathrm{d}x_2 \cdots \mathrm{d}x_n$$

$$= E \left[\frac{\partial \ln L(x_1, x_2, \cdots, x_n; \theta)}{\partial \theta} \right]^2$$

$$= E \left[\sum_{i=1}^n \frac{\partial \ln f(X_i; \theta)}{\partial \theta} \right]^2$$

$$= E \left[\sum_{i=1}^n \left(\frac{\partial \ln f(X_i; \theta)}{\partial \theta} \right)^2 \right] + E \left[\sum_{i \neq j} \frac{\partial \ln f(X_i; \theta)}{\partial \theta} \frac{\partial \ln f(X_j; \theta)}{\partial \theta} \right]$$

$$= nE\left[\frac{\partial \ln f(\boldsymbol{X};\theta)}{\partial \theta}\right]^2 + \sum_{i \neq j} E\left(\frac{\partial \ln f(X_i;\theta)}{\partial \theta}\right) E\left(\frac{\partial \ln f(X_j;\theta)}{\partial \theta}\right) = nI(\theta)$$

因此

$$D_\theta T \geqslant \frac{[g'(\theta)]^2}{nI(\theta)}$$

如果等号成立,则存在 $c(\theta) \neq 0$,使得

$$\frac{\partial \ln L(\boldsymbol{X};\theta)}{\partial \theta} = \sum_{i=1}^n \frac{\partial \ln f(X_i;\theta)}{\partial \theta} = c(\theta)[T(\boldsymbol{X}) - g(\theta)] \ (\text{a. s.}) \ 成立.$$

最后两个结论显然成立.

对于离散型随机变量,只要将定理 3.6 条件中的密度函数用概率分布代替,积分号用求和号代替,结论就完全成立.

在求某个未知参数 θ 的 C-R 下界时,除像上面的几个例子一样,用定义求 $I(\theta)$,求 $I(\theta)$ 还可用另外的方法.

> **定理 3.7** 设 Θ 是实数轴上的一个开区间,$\{f(x;\theta), \theta \in \Theta\}$ 是总体 X 的分布密度族且为 C-R 正则分布族. 若 $\frac{\partial}{\partial \theta}\int \frac{\partial f(x;\theta)}{\partial \theta}\mathrm{d}x = \int \frac{\partial^2 f(x;\theta)}{\partial \theta^2}\mathrm{d}x$,记 $J(\theta) = E\left[\frac{\partial^2 \ln f(X;\theta)}{\partial \theta^2}\right]$,则 $I(\theta) = -J(\theta)$.

证明 因为

$$0 = \frac{\partial}{\partial \theta}\int_{-\infty}^{+\infty} f(x;\theta)\mathrm{d}x = \int_{-\infty}^{+\infty} \frac{\partial f(x;\theta)}{\partial \theta}\mathrm{d}x$$

$$= \int_{-\infty}^{+\infty} \frac{\partial f(x;\theta)}{\partial \theta}\mathrm{d}x = \int_{-\infty}^{+\infty} \frac{\partial \ln f(x;\theta)}{\partial \theta} f(x;\theta)\mathrm{d}x$$

所以

$$0 = \frac{\partial}{\partial \theta}\int_{-\infty}^{+\infty} \frac{\partial \ln f(x;\theta)}{\partial \theta} f(x;\theta)\mathrm{d}x$$

$$= \int_{-\infty}^{+\infty} \frac{\partial}{\partial \theta}\left(\frac{\partial \ln f(x;\theta)}{\partial \theta} f(x;\theta)\right)\mathrm{d}x$$

$$= \int_{-\infty}^{+\infty} \left(\frac{\partial^2 \ln f(x;\theta)}{\partial \theta^2} f(x;\theta)\right)\mathrm{d}x + \int_{-\infty}^{+\infty} \left(\frac{\partial \ln f(x;\theta)}{\partial \theta}\right)^2 f(x;\theta)\mathrm{d}x$$

$$= I(\theta) + J(\theta)$$

上面的 C-R 不等式,给出了无偏估计的方差的一个下界,这个下界称为 Rao-Cramer 下界,对于 C-R 正则分布族,如果某个 θ 的无偏估计 $\hat{\theta}$ 的方差达到这个下界,那么它就是满足定义 3.8 条件 ① 的无偏估计类中方差最小的,无疑这个估计量是比较理想的.

【例 3.18】 设总体 X 具有伯努利分布 $B(1,p)$,$p \in (0,1)$,$X_1, X_2, \cdots, X_n$ 是一样本,试求 p 的无偏估计的方差下界.

解 此时 $f(x;\theta) = p^x(1-p)^{1-x}, x = 0,1$,容易验证定理3.7的条件满足,且

$$I(p) = E_p\left[\frac{\partial\ln f(X;p)}{\partial p}\right]^2 = E_p\left[\frac{X}{p} - \frac{1-X}{1-p}\right]^2 = \frac{1}{p(1-p)}$$

所以方差下限是

$$\frac{1}{nI(p)} = \frac{p(1-p)}{n}$$

我们知道 $\overline{X} = \frac{1}{n}\sum_{i=1}^{n}X_i = \frac{\nu}{n}$($\nu$ 表示"1"发生的频率)是 p 的无偏估计,而 $D_p\overline{X}$ $= \frac{p(1-p)}{n}$ 达到 C-R 不等式的下界.

【例 3.19】 设 $X_1, X_2, \cdots, X_n$ 是取自正态总体 $\{N(\mu,\sigma^2), -\infty < \mu < +\infty,$ $\sigma^2 > 0\}$ 的一个样本,考虑 μ, σ^2 的无偏估计的方差下限.

解 因为 $f(x;\mu,\sigma^2) = \frac{1}{\sqrt{2\pi}\sigma}e^{-\frac{(x-\mu)^2}{2\sigma^2}}$,

$$\ln f(x;\mu,\sigma^2) = -\frac{1}{2}\ln 2\pi - \frac{1}{2}\ln\sigma^2 - \frac{(x-\mu)^2}{2\sigma^2}$$

所以

$$\frac{\partial\ln f(x;\mu,\sigma^2)}{\partial\mu} = \frac{x-\mu}{\sigma^2}, \frac{\partial\ln f(x;\mu,\sigma^2)}{\partial\sigma^2} = \frac{(x-\mu)^2}{2\sigma^4} - \frac{1}{2\sigma^2}$$

容易计算

$$I(\mu) = E\left[\frac{\partial\ln f(X;\mu)}{\partial\mu}\right]^2 = \int_{-\infty}^{+\infty}\left(\frac{x-\mu}{\sigma^2}\right)^2\frac{1}{\sqrt{2\pi}\sigma}e^{-\frac{(x-\mu)^2}{2\sigma^2}}\,\mathrm{d}x = \frac{1}{\sigma^2}$$

因此 μ 的无偏估计的方差下限是 σ^2/n. 而 $D\overline{X} = \sigma^2/n$,这表示样本均值 $\overline{X}$ 的方差达到了 C-R 不等式的下界.

同样地

$$I(\sigma^2) = E\left[\frac{\partial\ln f(X;\sigma^2)}{\partial\sigma^2}\right]^2 = E\left[\frac{(X-\mu)^2}{2\sigma^4} - \frac{1}{2\sigma^2}\right]^2$$

$$= \frac{1}{4\sigma^4}E\left[\frac{(X-\mu)^2}{\sigma^2} - 1\right]^2 = \frac{1}{2\sigma^4}$$

因此 σ^2 的无偏估计的方差下限是 $2\sigma^4/n$.

因为 S^2 是 σ^2 的无偏估计,且 $(n-1)S^2/\sigma^2 \sim \chi^2(n-1)$,所以 $DS^2 = \frac{2}{n-1}\sigma^4$,

因此 $DS^2 > \frac{1}{nI(\sigma^2)}$.

3.3.3 有效估计与渐近有效估计

下面我们引入有效性的概念.

定义 3.9 如果 $\hat{\theta}$ 是参数 θ 的一个无偏估计,它的方差达到 C-R 不等式中的方差下界,那么称 $\hat{\theta}$ 是有效估计.

对于 θ 的任一无偏估计 $\hat{\theta}$,记

$$e_\theta(\hat{\theta}) = \frac{1}{nI(\theta)} / D_\theta\hat{\theta}$$

则称 $e_\theta(\hat{\theta})$ 为无偏估计 $\hat{\theta}$ 的有效率. 显然,对于满足定理 3.7 条件的无偏估计 $\hat{\theta}$,其有效率满足 $0 \leqslant e_\theta(\hat{\theta}) \leqslant 1$. 如果无偏估计 $\hat{\theta}$ 是有效估计,则它的有效率 $e_\theta(\hat{\theta}) = 1$.

定义 3.10 设 $\hat{\theta}_n(X_1, X_2, \cdots, X_n)$ 是 θ 的一列无偏估计,若

$$\lim_{n\to\infty} \frac{1/[nI(\theta)]}{D_\theta\hat{\theta}_n} = \lim_{n\to\infty} e_\theta(\hat{\theta}_n) = e_0$$

则称 e_0 是 $\hat{\theta}_n$ 的渐近有效率,而当 $e_0 = 1$ 时,则称 $\hat{\theta}_n$ 是 θ 的渐近有效估计.

3.3.4 一致最小方差无偏估计

定义 3.11 记
$$U = \{\hat{\theta}: E_\theta\hat{\theta} = \theta, \forall\theta \in \Theta; E_\theta\hat{\theta}^2 < \infty\}$$
如果对 $\hat{\theta}_0 \in U$ 满足

$$D_\theta\hat{\theta}_0 \leqslant D_\theta\hat{\theta}, \forall\theta \in \Theta, \hat{\theta} \in U$$
则称 $\hat{\theta}_0$ 是 θ 的一致最小方差无偏估计(UMVUE).

下面给出一致最小方差无偏估计的充分必要条件.

定理 3.8 设 U 是非空集合,且 $\hat{\theta}_0$ 是 θ 的一个无偏估计量. 记
$$U_0 \triangleq \{v: E_\theta v = 0, Ev^2 < \infty, \forall\theta \in \Theta\}$$
若有

$$E_\theta(v\hat{\theta}_0) = 0, \forall\theta \in \Theta, v \in U_0$$
则 $\hat{\theta}_0$ 是 θ 的一个一致最小方差无偏估计量.

证明 设 $\hat{\theta}_1$ 是 θ 的任一无偏估计量,记 $v = \hat{\theta}_1 - \hat{\theta}_0$,则 $v \in U_0$,故 $E_\theta(v\hat{\theta}_0) = 0, \forall\theta \in \Theta$. 从而

$$D(\hat{\theta}_1) = D(\hat{\theta}_0 + v) = D(\hat{\theta}_0) + D(v) + 2[E(v\hat{\theta}_0) - EvE\hat{\theta}_0]$$
$$= D\hat{\theta}_0 + Dv \geqslant D\hat{\theta}_0$$

即 $\hat{\theta}_0$ 是 θ 的一个一致最小方差无偏估计量.

系 1 设 $\psi_i(i = 1, 2, \cdots, k)$ 分别是 $g_i(\theta)(i = 1, 2, \cdots, k)$ 的一致最小方差无偏估计,则 $\sum_{i=1}^{k} a_i\psi_i$ 是 $\sum_{i=1}^{k} a_ig_i(\theta)$ 的一致最小方差无偏估计. 其中 $a_i(i = 1, 2, \cdots, k)$ 是

固定常数.

【例 3.20】 设总体 X 服从正态分布 $N(\mu,\sigma^2)$, 其中 μ,σ^2 是未知参数. 设 X_1, $X_2,\cdots,X_n$ 是一简单样本, 求 μ,σ^2 的一致最小方差无偏估计.

解 运用定理 3.8. 设 $v\in U_0$, 则有

$$\int\cdots\int_{R^n} v\,e^{-\frac{1}{2\sigma^2}\sum\limits_{i=1}^n(x_i-\mu)^2}\,dx_1\,dx_2\cdots dx_n=0 \qquad (3.8)$$

上式关于 μ 微分, 得

$$\int\cdots\int_{R^n} v\Big(\sum_{i=1}^n x_i\Big)e^{-\frac{1}{2\sigma^2}\sum\limits_{i=1}^n(x_i-\mu)^2}\,dx_1\,dx_2\cdots dx_n=0$$

由定理 3.8 得到, $\sum\limits_{i=1}^n X_i$ 是它的数学期望 $n\mu$ 的一致最小方差无偏估计.

式 (3.8) 关于 μ 微分两次得

$$\int\cdots\int_{R^n} v\Big(\sum_{i=1}^n x_i\Big)^2 e^{-\frac{1}{2\sigma^2}\sum\limits_{i=1}^n(x_i-\mu)^2}\,dx_1\,dx_2\cdots dx_n=0$$

式 (3.8) 关于 σ^2 微分得

$$\int\cdots\int_{R^n} v\sum_{i=1}^n(x_i-\mu)^2 e^{-\frac{1}{2\sigma^2}\sum\limits_{i=1}^n(x_i-\mu)^2}\,dx_1\,dx_2\cdots dx_n=0$$

由此可得

$$\int\cdots\int_{R^n} v\sum_{i=1}^n(x_i-\overline{x})^2 e^{-\frac{1}{2\sigma^2}\sum\limits_{i=1}^n(x_i-\mu)^2}\,dx_1\,dx_2\cdots dx_n=0$$

所以由定理 3.8, $\sum\limits_{i=1}^n(X_i-\overline{X})^2$ 是它的数学期望 $(n-1)\sigma^2$ 的一致最小方差无偏估计. 再运用系 1 得到 $\overline{X}$ 是 μ 的一致最小方差无偏估计; S^2 是 σ^2 的一致最小方差无偏估计, 但 S^2 是 σ^2 的有效估计.

如果估计 $\hat{\theta}$ 是样本的线性函数, 即 $\hat{\theta}$ 可以表示为 $\hat{\theta}=\sum\limits_{i=1}^n a_i X_i$, 其中 $a_i(i=1,2,\cdots,n)$ 是固定常数, 则称 $\hat{\theta}$ 为线性估计. 类似地可以定义, 如果 $\hat{\theta}$ 是线性估计, 且满足无偏性条件, 则称 $\hat{\theta}$ 为线性无偏估计; 如果 U_L 表示 θ 的具有有限方差的线性无偏估计的全体所组成的集合, 而对 $\hat{\theta}_0\in U_L$, 有

$$D_\theta\hat{\theta}_0\leqslant D_\theta\hat{\theta},\forall\theta\in\Theta,\hat{\theta}\in U_L$$

则称 $\hat{\theta}_0$ 为 θ 的一致最小方差线性无偏估计.

【例 3.21】 设总体 X 的均值方差分别为 $\mu=E(X)$ 和 $\sigma^2=D(X)$, $X_1,X_2,\cdots,X_n$ 是来自总体 X 的一个样本, 考虑 μ 的无偏线性估计量 $\hat{\mu}=\sum\limits_{i=1}^n a_i X_i$, 其中 $\sum\limits_{i=1}^n a_i=1$, 由于 $\mathrm{Var}(\hat{\mu})=\sigma^2\sum\limits_{i=1}^n a_i^2$, 而极值问题

$$\begin{cases} \min\{\sum_{i=1}^{n} a_i^2\} \\ \text{s. t.} \sum_{i=1}^{n} a_i = 1 \end{cases}$$

的解为 $a_1 = a_2 = \cdots = a_n = \dfrac{1}{n}$,此时我们称 $\overline{X} = \dfrac{1}{n}\sum_{i=1}^{n} X_i$ 为 μ 的最小方差线性无偏估计量.

显然,如果 $\hat{\theta}$ 是参数 θ 的有效估计,则 $\hat{\theta}$ 一定是参数 θ 的最小方差无偏估计.

【例 3. 22】 设总体 X 的概率分布为 $f(x,p) = p^x(1-p)^{1-x}$ $(x = 0,1)$,X_1,X_2,$\cdots$,X_n 是来自总体 X 的一个样本,证明样本均值 $\overline{X}$ 是参数 p 的一致最小方差无偏估计.

证明 显然 $E(\overline{X}) = p$,即样本均值 $\overline{X}$ 是参数 p 的无偏估计量. 又因为

$$\frac{\partial}{\partial p}\ln f(x,p) = \frac{\partial}{\partial p}\big[x\ln p + (1-x)\ln(1-p)\big]$$

$$= \frac{x}{p} - \frac{1-x}{1-p},$$

所以

$$E\big[\frac{\partial}{\partial p}\ln f(X,p)\big]^2 = E(\frac{X}{p} - \frac{1-X}{1-p})^2$$

$$= (\frac{1}{1-p})^2(1-p) + (\frac{1}{p})^2 \cdot p = \frac{1}{p(1-p)}$$

即 C-R 下界是 $\dfrac{p(1-p)}{n}$;另一方面

$$D(\overline{X}) = \frac{1}{n^2}\sum_{i=1}^{n} D(X_i) = \frac{p(1-p)}{n}$$

因此,样本均值 $\overline{X}$ 是参数 p 的无偏估计量,且达到 C-R 下界;从而 $\overline{X}$ 是 p 的一致最小方差无偏估计.

【例 3. 23】 设总体 X 的概率密度函数为

$$f(x;\alpha) = \begin{cases} \dfrac{2x}{\alpha}\mathrm{e}^{-x^2/\alpha}, & x > 0 \\ 0, & x \leqslant 0 \end{cases} \qquad (\alpha > 0)$$

X_1,X_2,$\cdots$,X_n 为来自总体 X 的样本,试证明 $T = \dfrac{\sum_{i=1}^{n} X_i^2}{n}$ 为参数 α 的一致最小方差无偏估计.

证明 因为

$$EX^2 = \int_0^{+\infty} x^2 \left(\frac{2x}{\alpha}\right)\mathrm{e}^{-x^2/\alpha}\mathrm{d}x = \alpha\int_0^{+\infty} \frac{x^2}{\alpha}\mathrm{e}^{-x^2/\alpha}\mathrm{d}\frac{x^2}{\alpha} = \alpha$$

$$EX^4 = \int_0^{+\infty} x^4 \left(\frac{2x}{\alpha}\right) e^{-x^2/\alpha} dx = \alpha^2 \int_0^{+\infty} \left(\frac{x^2}{\alpha}\right)^2 e^{-x^2/\alpha} d \frac{x^2}{\alpha} = 2\alpha^2$$

所以

$$ET = E\left(\frac{1}{n}\sum_{i=1}^n X_i^2\right) = \frac{1}{n}\sum_{i=1}^n EX_i^2 = \alpha$$

$$DT = D\left(\frac{1}{n}\sum_{i=1}^n X_i^2\right) = \frac{1}{n^2}\sum_{i=1}^n DX_i^2 = \frac{1}{n}DX^2 = \frac{1}{n}\left[EX^4 - (EX^2)^2\right] = \frac{\alpha^2}{n}$$

又

$$I(\alpha) = E\left(\frac{\partial \ln f(X;\alpha)}{\partial \alpha}\right)^2 = \frac{1}{\alpha^4}E(X^2-\alpha)^2 = \frac{1}{\alpha^2}$$

因此,参数 α 的无偏估计方差下界为 $\dfrac{1}{nI(\alpha)} = \dfrac{\alpha^2}{n}$;而 $DT = \dfrac{\alpha^2}{n}$,于是 $T = \dfrac{\sum\limits_{i=1}^n X_i^2}{n}$ 为参数 α 的一致最小方差无偏估计.

3.4　区　间　估　计

在前面介绍了用构造样本的一个函数 $\hat{\theta}(X_1, X_2, \cdots, X_n)$ 作为总体未知数参数 θ 的估计量,一旦获得样本 $X_1, X_2, \cdots, X_n$ 的一组观测值 $x_1, x_2, \cdots, x_n$ 后,估计值 $\hat{\theta}(x_1, x_2, \cdots, x_n)$ 能给人们一个明确的数量概念,这是很有用的.但仔细想一想,就会感到这还是不够的.因为估计值 $\hat{\theta}(x_1, x_2, \cdots, x_n)$ 只是未知参数 θ 的一种近似值,而点估计本身没有反映这种近似值的精确度,又不知道它的误差范围,并且在数理统计中仅指出估计 $\hat{\theta}$ 的误差范围 $\pm\Delta$ 还是不够的,必须指出区间 $(\hat{\theta}-\Delta, \hat{\theta}+\Delta)$ 以多大概率包含未知参数 θ 才行.参数的区间估计就是通过有限样本估计出未知参数 θ 以多大的概率在某一区间内取值,用数理统计的语言来说就是通过有限样本求出 θ 的一个置信区间.

3.4.1　区间估计的概念及常用方法

点估计值能给人们一个明确的数量 —— 未知参数 θ 是多少,但不能给出精度.为了弥补这种不足,统计学家又提出参数估计的第二种形式 —— 区间估计概念.未知参数 θ 的区间估计,亦称"置信区间",是以统计量为端点的随机区间 $[\theta_L, \theta_U]$,它以充分大的概率包含未知参数 θ 的值,其中区间的端点 θ_L 与 θ_U 是统计量.点估计与区间估计互为补充,各有各的用途.下面先给出有关概念.

定义 3.12　设 θ 是总体的一个参数,其参数空间为 Θ, $X_1, X_2, \cdots, X_n$ 是来自该总体的一个样本,对给定的 $\alpha(0 < \alpha < 1)$,确定两个统计量 $\theta_L = \theta_L(X_1, X_2, \cdots, X_n)$ 与 $\theta_U = \theta_U(X_1, X_2, \cdots, X_n)$,若对任意 $\theta \in \Theta$,有

$$P\{\theta_L \leqslant \theta \leqslant \theta_U\} \geqslant 1 - \alpha, \forall \theta \in \Theta$$

则称随机区间 $[\theta_L, \theta_U]$ 是 θ 的置信水平(或置信度)为 $1 - \alpha$ 的置信区间,或简称 $[\theta_L, \theta_U]$ 是 θ 的 $1 - \alpha$ 置信区间,θ_L 与 θ_U 分别称为 $1 - \alpha$ 的置信下限与置信上限.

　　$1 - \alpha$ 置信区间的本意是:设法构造一个随机区间 $[\theta_L, \theta_U]$,它能"包含"或"覆盖"未知常数 θ 的概率为 $1 - \alpha$.这个区间会随着样本观察值的不同而不同,但 100 次运用这个区间估计,约有 $100(1 - \alpha)$ 个区间能盖住 θ,或者说约有 $100(1 - \alpha)$ 个区间包含有 θ,言下之意,大约还有 100α 个区间不含有 θ.

　　构造未知参数 θ 的置信区间的一个常用方法是枢轴量法.建立未知参数 θ(或 $g(\theta)$)的 $1 - \alpha$ 置信区间的一般步骤为:

　　设 θ 是总体 X 的未知参数,$\boldsymbol{X} = (X_1, X_2, \cdots, X_n)$ 是来自总体 X 的简单随机样本.

　　① 先找一个与要估计的参数 θ(或 $g(\theta)$)有关的统计量 T,一般是一良好的点估计(MLE);

　　② 寻找一样本 $X_1, X_2, \cdots, X_n$ 的函数,即找出 T 和 θ(或 $g(\theta)$)的某一函数:

$$Z = Z(X_1, X_2, \cdots, X_n; \theta) \equiv Z(T, \theta)$$

它只含待估参数和样本,不含其他未知参数,并且 Z 的分布(或渐近分布)G 已知,且不依赖于任何未知参数(也不依赖于待估参数),称 Z 为枢轴变量;

　　③ 对于给定的置信度 $1 - \alpha$,定出两常数 a、b,使得

$$P\{a \leqslant Z(X_1, X_2, \cdots, X_n; \theta) \leqslant b\} = 1 - \alpha$$

一般 a, b 选用分布(或渐近分布)G 的上 $1 - \frac{\alpha}{2}$ 和上 $\frac{\alpha}{2}$ 分位点;

　　④ 若能从 $a \leqslant Z(X_1, X_2, \cdots, X_n; \theta) \leqslant b$ 得到等价的不等式

$$\theta_L(X_1, X_2, \cdots, X_n) \leqslant \theta \leqslant \theta_U(X_1, X_2, \cdots, X_n)$$

$$(或\ \tilde{\theta}_L(X_1, X_2, \cdots, X_n) \leqslant g(\theta) \leqslant \tilde{\theta}_U(X_1, X_2, \cdots, X_n))$$

那么 $[\theta_L, \theta_U]$(或 $[\tilde{\theta}_L, \tilde{\theta}_U]$)就是 θ(或 $g(\theta)$)的一个置信度为 $1 - \alpha$ 的置信区间.

　　上述四步中,关键是第 ① 步,构造枢轴量 Z.为了使后面两步可行,Z 的分布不能含有未知参数.譬如标准正态分布 $N(0,1)$、χ^2 分布等都不含未知参数.因此在构造枢轴量时,首先要尽量使其分布为上述一些分布.第 ③ 步是如何确定 a 与 b.在 Z 的分布为单峰时常用如下两种方法确定:

　　第一种,当 Z 的分布为对称(如标准正态分布,t 分布)时,可取 b,使得

$$P\{-b \leqslant Z \leqslant b\} = P\{|Z| \leqslant b\} = 1 - \alpha$$

这时 $a = -b, b$ 为 Z 的分布的 $\frac{\alpha}{2}$ 上分位数.

第二种,当 Z 的分布为非对称(如 χ^2 分布,F 分布)时,可这样选取 a 与 b,使得

$$P\{Z \geqslant a\} = 1 - \frac{\alpha}{2}, P\{Z \geqslant b\} = \frac{\alpha}{2}$$

即取 a 为 Z 的分布的 $1 - \frac{\alpha}{2}$ 上分位数,b 为 Z 的分布的 $\frac{\alpha}{2}$ 上分位数.

这样得到的置信区间称为等尾置信区间.

【例 3.24】 设某产品的寿命 X 服从指数分布,其概率密度函数为

$$f(x;\theta) = \begin{cases} \dfrac{1}{\theta}\mathrm{e}^{-\frac{x}{\theta}}, & x > 0 \\ 0, & x \leqslant 0 \end{cases}$$

$X_1, X_2, \cdots, X_n$ 为来自总体的样本,试求参数 θ 的置信度为 $1 - \alpha$ 的置信区间.

解 因为 $T = \sum\limits_{i=1}^{n} X_i$ 为参数 θ 的充分统计量,且由 Γ 分布的性质可知 $T \sim$

$\Gamma(n, \dfrac{1}{\theta})$. 由关于 Γ 分布的结论:若 $X \sim \Gamma(\alpha, \beta)$,则 $Y = cX \sim \Gamma(\alpha, \dfrac{\beta}{c})$. 我们有

$$\frac{2T}{\theta} \sim \Gamma(\frac{2n}{2}, \frac{1}{2}) = \chi^2(2n)$$

$\dfrac{2T}{\theta}$ 的分布不依赖于参数 θ,因此 $Z = \dfrac{2T}{\theta}$ 为枢轴量. 由

$$P\{Z \geqslant a\} = 1 - \frac{\alpha}{2}, P\{Z \geqslant b\} = \frac{\alpha}{2}$$

我们有 $a = \chi^2_{1-\alpha/2}(2n), b = \chi^2_{\alpha/2}(2n)$,即

$$P\left\{\frac{2T}{\chi^2_{\alpha/2}(2n)} \leqslant \theta \leqslant \frac{2T}{\chi^2_{1-\alpha/2}(2n)}\right\} = 1 - \alpha$$

于是参数 θ 的置信度为 $1 - \alpha$ 的置信区间为

$$\left[\frac{2n\overline{X}}{\chi^2_{\alpha/2}(2n)}, \frac{2n\overline{X}}{\chi^2_{1-\alpha/2}(2n)}\right]$$

3.4.2 正态均值 μ 的置信区间

正态均值 μ 的置信区间要分两种情况来讨论:σ 已知与 σ 未知.

设总体 $X \sim N(\mu, \sigma^2)$,$X_1, X_2, \cdots, X_n$ 是来自总体 X 的样本,$x_1, x_2, \cdots, x_n$ 为样本观测值.

1. σ^2 已知

定理 3.9   若 σ^2 已知,则均值 μ 的置信度为 $1-\alpha$ 的置信区间为

$$\left[\overline{X}-u_{1-\alpha/2}\,\frac{\sigma}{\sqrt{n}},\overline{X}+u_{1-\alpha/2}\,\frac{\sigma}{\sqrt{n}}\right] \tag{3.9}$$

证明   因为 $\overline{X}\sim N(\mu,\dfrac{\sigma^2}{n})$,所以 $U=\dfrac{\overline{X}-\mu}{\sigma/\sqrt{n}}\sim N(0,1)$. 由 $P\{|U|\leqslant u_{1-\alpha/2}\}$

$=1-\alpha$,得 μ 的置信区间 $\left[\overline{X}-u_{1-\alpha/2}\,\dfrac{\sigma}{\sqrt{n}},\overline{X}+u_{1-\alpha/2}\,\dfrac{\sigma}{\sqrt{n}}\right]$.

其中,$u_{1-\alpha/2}$ 满足 $\displaystyle\int_{-u_{1-\alpha/2}}^{u_{1-\alpha/2}}\frac{1}{\sqrt{2\pi}}\mathrm{e}^{-\frac{x^2}{2}}\mathrm{d}x=1-\alpha$.

关于总体均值 μ 的置信区间还有两个问题值得讨论.

(1) 当总体不是正态分布而总体标准差已知,那么在大样本场合($n\geqslant 30$),总体均值 μ 的置信区间仍可用式(3.9)求得. 这是因为,在大样本场合,样本均值 $\overline{X}$ 的渐近分布为 $N(\mu,\dfrac{\sigma^2}{n})$,从而 $\dfrac{\overline{X}-\mu}{\sigma/\sqrt{n}}$ 近似服从标准正态分布.

【例 3.25】   对 50 名大学生的午餐费进行调查,得样本均值为 3.10 元,假如总体的标准差为 1.75 元,试求总体均值(即该校大学生的平均午餐费)μ 的 0.95 的置信区间.

解   由于样本容量较大,因而可用式(3.9)求 μ 的置信区间. 这里 $n=50$,$\sigma=1.75$,$\overline{x}=3.10$,在 $\alpha=0.05$ 时,$u_{0.975}=1.96$,故 μ 的 0.95 的置信区间为 $[2.61,3.59]$.

(2) 样本量 n 的确定.

对给定的置信水平,置信区间的长度越短,则估计的精度就越高.

对给定的置信水平 $1-\alpha$,μ 的置信区间的长度为

$$L=2u_{1-\alpha/2}\,\frac{\sigma}{\sqrt{n}} \tag{3.10}$$

它不随样本观察值而变化. 在 $\alpha=0.05$ 时,$L=3.92\sigma/\sqrt{n}$. 在对称分布场合,用此方法求得的置信区间是最短的. 其实 μ 的置信水平为 $1-\alpha$ 的置信区间可以有很多. 对给定的 α,为了提高区间估计的精度,就需要减少区间估计的平均长度. 当 σ^2 已知时,正态总体均值 μ 的 $1-\alpha$ 置信区间的长度 L 是样本容量 n 的函数,且从式(3.10)可知它是 n 的减函数,因而可以通过增加样本容量 n 来达到提高精度的目的. 譬如给定精度,即给定置信区间的长度 L_0,那么 n 应满足方程

$$L_0=2u_{1-\alpha/2}\,\frac{\sigma}{\sqrt{n}}$$

从中解出

$$n = \left(\frac{2u_{1-\alpha/2}\sigma}{L_0}\right)^2 \tag{3.11}$$

【例3.26】 在式(3.11)中为使 μ 置信水平为 0.95 的置信区间长度 $L_0 = 0.1$，求样本容量 n.

解 由于现在 $\alpha = 0.05$，故 $u_{0.975} = 1.96$，又 $\sigma = 0.1$，又要求 $L_0 = 0.1$，故

$$n = \left(\frac{2 \times 1.96 \times 0.1}{0.1}\right)^2 = 15.3664 \approx 16$$

2. σ^2 未知

在 σ^2 未知时，式(3.9)表示的 U 不能用来构造 μ 的置信区间，因为此时它还含有未知参数 σ^2. 一个自然的想法是用样本标准差 S^2 去估计总体标准差 σ^2，此时 $\dfrac{\overline{X} - \mu}{S/\sqrt{n}}$ 就不再服从标准正态分布，而是服从 t 分布.

> **定理 3.10** σ^2 未知，均值 μ 的置信度为 $1-\alpha$ 的置信区间为
> $$\left[\overline{X} - t_{\frac{\alpha}{2}}(n-1)\frac{S}{\sqrt{n}}, \overline{X} + t_{\frac{\alpha}{2}}(n-1)\frac{S}{\sqrt{n}}\right] \tag{3.12}$$

证明 因为 $T = \dfrac{\overline{X} - \mu}{\sqrt{S^2/n}} \sim t(n-1)$，所以由 $P\{|T| \leqslant t_{\alpha/2}\} = 1-\alpha$，得 μ 的置信区间

$$\left[\overline{X} - t_{\frac{\alpha}{2}}(n-1)\frac{S}{\sqrt{n}}, \overline{X} + t_{\frac{\alpha}{2}}(n-1)\frac{S}{\sqrt{n}}\right]$$

其中，$t_{\frac{\alpha}{2}}$ 满足 $P\left\{-t_{\frac{\alpha}{2}}(n-1) \leqslant \dfrac{(\overline{X} - \mu)\sqrt{n}}{S} \leqslant t_{\frac{\alpha}{2}}(n-1)\right\} = 1-\alpha$

【例3.27】 铅比重测量值服从正态分布，如果测量 16 次，求得 $\overline{x} = 2.705$，$s = 0.029$，试求铅比重的置信度为 95% 的置信区间.

解 $n = 16$，$\overline{x} = 2.705$，$s = 0.029$，查附录 4 得 $t_{0.025}(15) = 2.131$，所以置信下限

$$\overline{x} - t_{\frac{\alpha}{2}}(n-1)\frac{s}{\sqrt{n}} = 2.705 - 2.131 \times \frac{0.029}{\sqrt{16}} = 2.690$$

置信上限

$$\overline{x} + t_{\frac{\alpha}{2}}(n-1)\frac{s}{\sqrt{n}} = 2.705 + 2.131 \times \frac{0.029}{\sqrt{16}} = 2.720$$

故铅比重的置信度为 95% 的置信区间是 $[2.690, 2.720]$.

3.4.3 正态总体方差的置信区间

> **定理 3.11** 设 $X \sim N(\mu, \sigma^2)$，$X_1, X_2, \cdots, X_n$ 为总体 X 的一个样本，$S^2 = \dfrac{1}{n-1}\sum_{i=1}^{n}(X_i - \overline{X})^2$，$\mu$ 未知，方差 σ^2 的置信度为 $1-\alpha$ 的置信区间为
>
> $$\left[\frac{(n-1)S^2}{\chi_{\frac{\alpha}{2}}^2(n-1)}, \frac{(n-1)S^2}{\chi_{1-\frac{\alpha}{2}}^2(n-1)}\right] \tag{3.13}$$
>
> 均方差 σ 的置信度为 $1-\alpha$ 的置信区间为
>
> $$\left[\sqrt{\frac{(n-1)S^2}{\chi_{\frac{\alpha}{2}}^2(n-1)}}, \sqrt{\frac{(n-1)S^2}{\chi_{1-\frac{\alpha}{2}}^2(n-1)}}\right] \tag{3.14}$$

证明 因为 $\chi^2 = \dfrac{(n-1)S^2}{\sigma^2} = \dfrac{1}{\sigma^2}\sum_{i=1}^{n}(X_i - \overline{X})^2 \sim \chi^2(n-1)$，所以由

$$P\{\chi^2 \geqslant \chi_{\alpha/2}^2(n-1)\} = \alpha/2 \text{ 和 } P\{\chi^2 \leqslant \chi_{1-\alpha/2}^2(n-1)\} = \alpha/2$$

即

$$P\{\chi_{1-\alpha/2}^2(n-1) \leqslant \chi^2 \leqslant \chi_{\alpha/2}^2(n-1)\} = P\{\chi_{1-\alpha/2}^2(n-1) \leqslant \frac{(n-1)S^2}{\sigma^2} \leqslant \chi_{\alpha/2}^2(n-1)\}$$

$$= P\{\frac{(n-1)S^2}{\chi_{\alpha/2}^2(n-1)} \leqslant \sigma^2 \leqslant \frac{(n-1)S^2}{\chi_{1-\alpha/2}^2(n-1)}\} = 1-\alpha$$

得，方差 σ^2 的置信度为 $1-\alpha$ 的置信区间为

$$\left[\frac{(n-1)S^2}{\chi_{\alpha/2}^2(n-1)}, \frac{(n-1)S^2}{\chi_{1-\alpha/2}^2(n-1)}\right]$$

均方差 σ 的置信度为 $1-\alpha$ 的置信区间为

$$\left[\sqrt{\frac{(n-1)S^2}{\chi_{\alpha/2}^2(n-1)}}, \sqrt{\frac{(n-1)S^2}{\chi_{1-\alpha/2}^2(n-1)}}\right]$$

【例 3.28】 投资的回报率常常用来衡量投资的收益，随机地调查 26 个年回报率(%)，得样本标准差 $s = 15$(%). 设回报率服从正态分布，求它的标准差的 95% 的置信区间.

解 由 $n = 26$，$1-\alpha = 0.95$，$s = 15$，查附录 2 得 $\chi_{0.025}^2(25) = 40.6$，$\chi_{0.975}^2(25) = 13.1$.

从而，它的标准差的置信下限为

$$\sqrt{\frac{(n-1)s^2}{\chi_{\alpha/2}^2(n-1)}} = \sqrt{\frac{(26-1) \times 15^2}{40.6}} = 11.76$$

置信上限为

$$\sqrt{\frac{(n-1)s^2}{\chi_{1-\alpha/2}^2(n-1)}} = \sqrt{\frac{(26-1) \times 15^2}{13.1}} = 20.71$$

故它的标准差的置信度为 95％ 的置信区间是 $[11.76, 20.71]$.

3.4.4 两个正态均值差的置信区间

设 $X \sim N(\mu_1, \sigma_1^2)$, $Y \sim N(\mu_2, \sigma_2^2)$, 且它们相互独立. 又 $X_1, X_2, \cdots, X_{n_1}$ 是总体 X 的容量为 n_1 的样本, $Y_1, Y_2, \cdots, Y_{n_2}$ 是总体 Y 的容量为 n_2 的样本, 其样本均值和样本方差分别为

$$\overline{X} = \frac{1}{n_1} \sum_{i=1}^{n_1} X_i, \quad S_1^2 = \frac{1}{n_1 - 1} \sum_{i=1}^{n_1} (X_i - \overline{X})^2;$$

$$\overline{Y} = \frac{1}{n_2} \sum_{i=1}^{n_2} Y_i, \quad S_2^2 = \frac{1}{n_2 - 1} \sum_{i=1}^{n_2} (Y_i - \overline{Y})^2$$

1. 当 σ_1^2, σ_2^2 已知时, $\mu_1 - \mu_2$ 的置信区间

定理 3.12 若 σ_1^2, σ_2^2 已知, 则均值差 $\mu_1 - \mu_2$ 的置信度为 $1 - \alpha$ 的置信区间为

$$\left[(\overline{X} - \overline{Y}) - u_{\alpha/2} \sqrt{\frac{\sigma_1^2}{n_1} + \frac{\sigma_2^2}{n_2}}, (\overline{X} - \overline{Y}) + u_{\alpha/2} \sqrt{\frac{\sigma_1^2}{n_1} + \frac{\sigma_2^2}{n_2}} \right] \quad (3.15)$$

证明 因为 $U = \dfrac{\overline{X} - \overline{Y} - (\mu_1 - \mu_2)}{\sqrt{\dfrac{\sigma_1^2}{n_1} + \dfrac{\sigma_2^2}{n_2}}} \sim N(0, 1)$, 由 $P\{|U| \leqslant u_{\alpha/2}\} = 1 - \alpha$,

得 $\mu_1 - \mu_2$ 的置信度为 $1 - \alpha$ 的置信区间为

$$\left[(\overline{X} - \overline{Y}) - u_{\alpha/2} \sqrt{\frac{\sigma_1^2}{n_1} + \frac{\sigma_2^2}{n_2}}, (\overline{X} - \overline{Y}) + u_{\alpha/2} \sqrt{\frac{\sigma_1^2}{n_1} + \frac{\sigma_2^2}{n_2}} \right]$$

【例 3.29】 设两总体 $X \sim N(\mu_1, 64)$, $Y \sim N(\mu_2, 36)$, X 和 Y 相互独立. 从 X 中抽取 $n_1 = 75$ 的样本, $\overline{x} = 82$; 从 Y 中抽取 $n_2 = 50$ 的样本, $\overline{y} = 76$. 试求 $\mu_1 - \mu_2$ 的置信度为 95％ 的置信区间.

解 因为 $n_1 = 75$, $\overline{x} = 82$, $n_2 = 50$, $\overline{y} = 76$, 查附录1, 得 $u_{0.025} = 1.96$, 所以 $\mu_1 - \mu_2$ 的置信度为 95％ 的置信区间为

$$\left[(82 - 76) - 1.96 \times \sqrt{\frac{64}{75} + \frac{36}{50}}, (82 - 76) + 1.96 \times \sqrt{\frac{64}{75} + \frac{36}{50}} \right]$$

$$= [3.5415, 8.4585]$$

2. 当 σ_1^2, σ_2^2 均未知但 $\sigma_1^2 = \sigma_2^2$ 时, $\mu_1 - \mu_2$ 的置信区间

定理 3.13 若 σ_1^2, σ_2^2 未知, 但 $\sigma_1^2 = \sigma_2^2 = \sigma^2$, 则 $\mu_1 - \mu_2$ 的置信区间为

$$\left[(\overline{X} - \overline{Y}) - t_{a/2} S_w \sqrt{\frac{1}{n_1} + \frac{1}{n_2}}, (\overline{X} - \overline{Y}) + t_{a/2} S_w \sqrt{\frac{1}{n_1} + \frac{1}{n_2}} \right] \quad (3.16)$$

其中 $S_w^2 = \dfrac{(n_1 - 1)S_1^2 + (n_2 - 1)S_2^2}{n_1 + n_2 - 2}$.

证明 因为

$$T = \frac{(\overline{X} - \overline{Y}) - (\mu_1 - \mu_2)}{S_w \sqrt{\dfrac{1}{n_1} + \dfrac{1}{n_2}}} \sim t(n_1 + n_2 - 2)$$

其中, $S_w^2 = \dfrac{(n_1 - 1)S_1^2 + (n_2 - 1)S_2^2}{n_1 + n_2 - 2}$. 所以, 由 $P\{|T| \leqslant t_{a/2}\} = 1 - \alpha$, 得 $\mu_1 - \mu_2$ 的置信区间为

$$\left[(\overline{X} - \overline{Y}) - t_{a/2} S_w \sqrt{\frac{1}{n_1} + \frac{1}{n_2}}, (\overline{X} - \overline{Y}) + t_{a/2} S_w \sqrt{\frac{1}{n_1} + \frac{1}{n_2}} \right]$$

【例 3.30】 设甲、乙两人加工同一种产品, 其产品的直径分别为随机变量 X, Y, 且 $X \sim N(\mu_1, \sigma_1^2)$, $Y \sim N(\mu_2, \sigma_2^2)$. 今从它们的产品中分别抽取若干进行检测, 测得数据如下: $n_1 = 8, \overline{x} = 19.93, s_1^2 = 0.216; n_2 = 7, \overline{y} = 20.00, s_2^2 = 0.397$. 假设 $\sigma_1^2 = \sigma_2^2$. 求 $\mu_1 - \mu_2$ 的置信度为 95% 的置信区间.

解 因为 $\sigma_1^2 = \sigma_2^2$ 未知, 且

$$n_1 = 8, \overline{x} = 19.93, s_1^2 = 0.216, n_2 = 7, \overline{y} = 20.00, s_2^2 = 0.397$$

查附录 4, 得 $t_{0.025}(13) = 2.1604$, 所以置信区间为

$$\left[(\overline{x} - \overline{y}) - s_w \times t_{0.025}(13) \cdot \sqrt{\frac{1}{8} + \frac{1}{7}}, (\overline{x} - \overline{y}) + s_w \times t_{0.025}(13) \cdot \sqrt{\frac{1}{8} + \frac{1}{7}} \right]$$

$$= \left[-0.07 - 0.547 \times 2.1604 \times \sqrt{\frac{1}{8} + \frac{1}{7}}, -0.07 + 0.547 \times 2.1604 \times \sqrt{\frac{1}{8} + \frac{1}{7}} \right]$$

$$= [-0.682, 0.542]$$

3. 当 σ_1^2, σ_2^2 均未知时, $\mu_1 - \mu_2$ 的置信区间

当 n_1, n_2 并不很大时, 可采用如下近似方法.

令

$$S_0^2 = \frac{S_X^2}{n_1} + \frac{S_Y^2}{n_2}$$

取枢轴量 $T = \dfrac{\overline{X} - \overline{Y} - (\mu_1 - \mu_2)}{S_0}$, 记 $l = \dfrac{S_0^4}{\dfrac{S_X^4}{n_1^2(n_1 - 1)} + \dfrac{S_Y^4}{n_2^2(n_2 - 1)}}$, n 为最接近 l 的

正整数, 则 $T \overset{d}{\sim} t(n)$. 从而, $\mu_1 - \mu_2$ 的置信度为 $1 - \alpha$ 的近似置信区间为

$$\left[(\overline{X}-\overline{Y})-t_{\alpha/2}(n)S_0,(\overline{X}-\overline{Y})+t_{\alpha/2}(n)S_0\right]$$

3.4.5 两个正态方差比的置信区间

定理 3.14 设 $X\sim N(\mu_1,\sigma_1^2),Y\sim N(\mu_2,\sigma_2^2)$，且它们相互独立. 又 $X_1,X_2,\cdots,X_{n_1}$ 是总体 X 的容量为 n_1 的样本，$Y_1,Y_2,\cdots,Y_{n_2}$ 是总体 Y 的容量为 n_2 的样本，其样本均值和样本方差分别为

$$\overline{X}=\frac{1}{n_1}\sum_{i=1}^{n_1}X_i,\quad S_1^2=\frac{1}{n_1-1}\sum_{i=1}^{n_1}(X_i-\overline{X})^2;$$

$$\overline{Y}=\frac{1}{n_2}\sum_{i=1}^{n_2}Y_i,\quad S_2^2=\frac{1}{n_2-1}\sum_{i=1}^{n_2}(Y_i-\overline{Y})^2$$

μ_1,μ_2 未知，则方差比 $\frac{\sigma_1^2}{\sigma_2^2}$ 的置信区间为

$$\left[\frac{S_1^2/S_2^2}{F_{\frac{\alpha}{2}}(n_1-1,n_2-1)},\frac{S_1^2/S_2^2}{F_{1-\frac{\alpha}{2}}(n_1-1,n_2-1)}\right] \tag{3.17}$$

证明 因为

$$F=\frac{S_1^2/\sigma_1^2}{S_2^2/\sigma_2^2}=\frac{\frac{1}{n_1-1}\sum_{i=1}^{n_1}(\frac{X_i-\overline{X}}{\sigma_1})^2}{\frac{1}{n_2-1}\sum_{i=1}^{n_2}(\frac{Y_i-\overline{Y}}{\sigma_2})^2}\sim F(n_1-1,n_2-1)$$

所以,由 $P\{F\geqslant F_{\frac{\alpha}{2}}(n_1-1,n_2-1)\}=\alpha/2$ 和 $P\{F\leqslant F_{1-\frac{\alpha}{2}}(n_1-1,n_2-1)\}=\alpha/2$,得

$$P\{F_{1-\frac{\alpha}{2}}(n_1-1,n_2-1)\leqslant F\leqslant F_{\frac{\alpha}{2}}(n_1-1,n_2-1)\}$$

$$=P\{F_{1-\frac{\alpha}{2}}(n_1-1,n_2-1)\leqslant\frac{S_1^2/\sigma_1^2}{S_2^2/\sigma_2^2}\leqslant F_{\frac{\alpha}{2}}(n_1-1,n_2-1)\}$$

$$=P\left\{\frac{S_1^2}{F_{\frac{\alpha}{2}}S_2^2}\leqslant\frac{\sigma_1^2}{\sigma_2^2}\leqslant\frac{S_1^2}{F_{1-\frac{\alpha}{2}}S_2^2}\right\}=1-\alpha$$

查附录 3,得 $F_{\frac{\alpha}{2}}(n_1-1,n_2-1)$ 和 $F_{\frac{\alpha}{2}}(n_2-1,n_1-1)$ 的值. 再利用

$$F_{1-\frac{\alpha}{2}}(n_1-1,n_2-1)=\frac{1}{F_{\frac{\alpha}{2}}(n_2-1,n_1-1)}$$

于是得方差比 $\frac{\sigma_1^2}{\sigma_2^2}$ 的置信度为 $1-\alpha$ 的置信区间为

$$\left[\frac{S_1^2}{F_{\frac{\alpha}{2}}S_2^2},\frac{S_1^2}{F_{1-\frac{\alpha}{2}}S_2^2}\right]$$

【例 3.31】   甲、乙两车间生产某种产品,随机抽取甲、乙车间生产的产品进行检测,数据如下:$n_1 = 18, s_1^2 = 0.34(\text{mm}^2), n_2 = 13, s_2^2 = 0.29(\text{mm}^2)$. 设两车间产品相互独立,且分别服从正态分布 $N(\mu_1, \sigma_1^2), N(\mu_2, \sigma_2^2)$,这里 $\mu_i, \sigma_i^2 (i = 1, 2)$ 均未知,求方差比 σ_1^2 / σ_2^2 的置信度为 0.90 的置信区间.

解 $n_1 = 18, n_2 = 13, s_1^2 = 0.34, s_2^2 = 0.29$,查附录 3,得

$$F_{0.05}(17, 12) = 2.59, F_{0.05}(12, 17) = 2.38$$

则 $F_{0.95}(17, 12) = \dfrac{1}{F_{0.05}(12, 17)} = \dfrac{1}{2.38}$,所以两总体方差比 $\dfrac{\sigma_1^2}{\sigma_2^2}$ 的 90% 的置信区间为

$$\left[\frac{s_1^2}{F_{\frac{\alpha}{2}} s_2^2}, \frac{s_1^2}{F_{1-\frac{\alpha}{2}} s_2^2} \right] = \left[\frac{0.34}{0.29} \times \frac{1}{2.59}, \frac{0.34}{0.29} \times 2.38 \right] = [0.45, 2.97]$$

3.4.6   单侧置信区间

设 θ 为总体 X 的一个未知分布参数,$X_1, X_2, \cdots, X_n$ 为总体的随机样本. 若由样本确定的统计量 $\underline{\theta}(X_1, X_2, \cdots, X_n)$,对于给定的 $\alpha(0 < \alpha < 1)$ 满足:

$$P\{\theta > \underline{\theta}(X_1, X_2, \cdots, X_n)\} \geqslant 1 - \alpha$$

则称随机区间 $(\underline{\theta}, +\infty)$ 为 θ 的置信度为 $1-\alpha$ 的单侧置信区间,$\underline{\theta}$ 称为 θ 的置信度为 $1 - \alpha$ 的单侧置信下限.

若由样本确定的统计量 $\overline{\theta}(X_1, X_2, \cdots, X_n)$,对于给定的 $\alpha(0 < \alpha < 1)$ 满足:

$$P\{\theta < \overline{\theta}(X_1, X_2, \cdots, X_n)\} \geqslant 1 - \alpha$$

则称随机区间 $(-\infty, \overline{\theta})$ 为 θ 的置信度为 $1-\alpha$ 的单侧置信区间,$\overline{\theta}$ 称为 θ 的置信度为 $1 - \alpha$ 的单侧置信上限.

【例 3.32】   某批灯泡中随机抽取 10 只作寿命试验,测得 $\overline{x} = 1500\text{h}, s = 20\text{h}$. 设灯泡寿命服从正态分布,试求平均寿命的置信度为 95% 的单侧置信下限.

解   已知 $n = 10, \overline{x} = 1500, s = 20, \alpha = 0.05$,查附录 4,得 $t_{0.05}(9) = 1.8331$. 故平均寿命的置信度为 95% 的单侧置信区间为

$$\left[\overline{x} - \frac{s}{\sqrt{n}} t_\alpha(n-1), +\infty \right) = \left[1500 - 1.8331 \times \frac{20}{\sqrt{10}}, +\infty \right) = [1488.41, +\infty),$$

平均寿命的 95% 的单侧置信下限为 1488.41.

3.4.7   非正态总体参数的区间估计

对于非正态总体,因其确切的抽样分布往往难以求出,这时进行参数的区间估计有一定的困难. 但我们可以求出某些统计量在大样本条件下的近似分布,这样将问题的本质又归结于正态总体情形.

例如,设总体 $X \sim B(1,p)$,其中 p 为未知参数,$X_1,X_2,\cdots,X_n$ 为来自总体 X 的样本,则由德莫佛-拉普拉斯大数定理知:当样本容量 n 很大时,有

$$\frac{\sum_{i=1}^{n} X_i - np}{\sqrt{np(1-p)}} \overset{d}{\sim} N(0,1)$$

于是,对于给定的 $\alpha(0 < \alpha < 1)$,我们有

$$P\left\{ \left| \frac{\sum_{i=1}^{n} X_i - np}{\sqrt{np(1-p)}} \right| \leqslant z_{\alpha/2} \right\} \approx 1 - \alpha$$

即

$$P\left\{ (\sum_{i=1}^{n} X_i)^2 - 2np \sum_{i=1}^{n} X_i + (np)^2 - (z_{\alpha/2})^2 np(1-p) \leqslant 0 \right\} \approx 1 - \alpha$$

求解二次方程 $(\sum_{i=1}^{n} X_i)^2 - 2np \sum_{i=1}^{n} X_i + (np)^2 - (z_{\alpha/2})^2 np(1-p) = 0$,即

$$(n + z_{\alpha/2}^2) p^2 - (2n\overline{X} + z_{\alpha/2}^2) p + n\overline{X}^2 = 0$$

就可以得到 p 的置信度为 $1 - \alpha$ 的置信区间.

在实际中,我们可以用 $\sqrt{n\hat{p}(1-\hat{p})}$ 来代替 $\sqrt{np(1-p)}$. 其中,$\hat{p} = \frac{1}{n} \sum_{i=1}^{n} X_i$. 则有

$$P\{\hat{p} - z_{\alpha/2} \sqrt{\hat{p}(1-\hat{p})/n} < p < \hat{p} + z_{\alpha/2} \sqrt{\hat{p}(1-\hat{p})/n}\} \approx 1 - \alpha$$

故 p 的置信度为 $1 - \alpha$ 的置信区间为

$$(\hat{p} - z_{\alpha/2} \sqrt{\hat{p}(1-\hat{p})/n}, \hat{p} + z_{\alpha/2} \sqrt{\hat{p}(1-\hat{p})/n})$$

【例 3.33】 检验的 1000 个电子元件中,共有 100 个失效,试求整批产品的失效率的置信度为 95% 的置信区间.

解 记失效元件为"1",非失效元件为"0",失效率为 p,则总体 $X \sim B(1,p)$. 由题设知 $n = 1000, \hat{p} = \overline{x} = \frac{1}{1000} \sum_{i=1}^{1000} x_i = 0.10, \alpha = 0.05$,查附录1,得 $z_{0.025} = 1.96$,求解方程

$$(n + z_{\alpha/2}^2) p^2 - (2n\overline{x} + z_{\alpha/2}^2) p + n\overline{x}^2 = 0$$

即

$$(1000 + 1.96^2) p^2 - (2 \times 1000 \times 0.10 + 1.96^2) p + 1000 \times 0.1^2 = 0$$

得其解为 $p_1 = 0.0829, p_2 = 0.1202$. 故整批产品的失效率的置信度为 95% 的置信区间为 $(0.0829, 0.1202)$.

若用 $\sqrt{n\hat{p}(1-\hat{p})}$ 来代替 $\sqrt{np(1-p)}$,则整批产品的失效率的置信度为 95% 的置信区间为 $(\hat{p} - z_{\alpha/2} \sqrt{\hat{p}(1-\hat{p})/n}, \hat{p} + z_{\alpha/2} \sqrt{\hat{p}(1-\hat{p})/n}) = (0.0814, 0.1186)$.

【例 3.34】 总体 X 具有概率密度函数:

$$f(x;\lambda) = \begin{cases} \lambda x^{-(\lambda+1)}, & x > 1, \lambda > 2 \\ 0, & \text{其他} \end{cases}$$

$X_1, X_2, \cdots, X_n$ 为来自总体 X 的样本,试基于样本均值 $\overline{X}$ 给出总体均值 μ 的置信度为 95% 的大样本区间估计.

解 因为

$$\mu = \int_1^{+\infty} \lambda x^{-\lambda} \, \mathrm{d}x = \frac{\lambda}{\lambda-1}, \quad \sigma^2 = D(X) = \int_1^{+\infty} \lambda x^{-\lambda+1} \, \mathrm{d}x - \mu^2 = \frac{\lambda}{\lambda-2} - \mu^2,$$

所以 $\sigma^2 = \dfrac{\mu(1-\mu)^2}{2-\mu}$. 由中心极限定理知,

$$\frac{\overline{X}-\mu}{\sqrt{\sigma^2/n}} \overset{d}{\sim} N(0,1)$$

在 σ^2 中用 μ 的估计量 $\overline{X}$ 代替 μ,则当样本容量较大时,

$$\left[\overline{X} - 1.96 \times \sqrt{\frac{\overline{X}(1-\overline{X})^2}{n(2-\overline{X})}}, \quad \overline{X} + 1.96 \times \sqrt{\frac{\overline{X}(1-\overline{X})^2}{n(2-\overline{X})}} \right]$$

为总体均值的置信度为 95% 的近似置信区间.

【例 3.35】 总体 X 在区间 $[0,\theta]$ 上服从均匀分布,$X_1, X_2, \cdots, X_n$ 是来自 X 的简单随机样本,试求:① 端点 θ 的最大似然估计量,并讨论其无偏性;② 端点 θ 的置信度为 95% 的置信区间.

解 ① 总体 X 的概率密度函数为

$$f(x;\theta) = \begin{cases} \dfrac{1}{\theta}, & \text{若 } 0 \leqslant x \leqslant \theta \\ 0, & \text{其他} \end{cases}$$

未知参数 θ 的似然函数为

$$L(\theta) = \prod_{i=1}^n f(X_i;\theta) = \begin{cases} \dfrac{1}{\theta^n}, & \text{若 } 0 \leqslant X_1, X_2, \cdots, X_n \leqslant \theta \\ 0, & \text{其他} \end{cases}$$

由于似然函数 $L(\theta)$ 无驻点,需要直接求 $L(\theta)$ 的最大值点. 记 $X_{(n)} = \max\{X_1, X_2, \cdots, X_n\}$,当 $X_{(n)} > \theta$ 时 $L(\theta) = 0$;当 $X_{(n)} \leqslant \theta$ 时 $L(\theta)$ 随 θ 减小而增大. 所以,当 $\hat{\theta} = X_{(n)}$ 时 $L(\theta)$ 达到最大值. 故 $\hat{\theta} = X_{(n)}$ 就是未知参数 θ 的最大似然估计量.

现在讨论估计量 $\hat{\theta} = X_{(n)}$ 的无偏性. 为此,首先求 $\hat{\theta} = X_{(n)}$ 的概率分布. 总体 X 的分布函数为

$$F(x) = \begin{cases} 0, & \text{若 } x < 0 \\ \dfrac{x}{\theta}, & \text{若 } 0 \leqslant x \leqslant \theta \\ 1, & \text{若 } x > \theta \end{cases}$$

$\hat{\theta} = X_{(n)}$ 的分布密度函数为

$$f_{(n)}(x) = \frac{\mathrm{d}}{\mathrm{d}x}F_{(n)}(x) = n[F(x)]^{n-1}f(x) = \begin{cases} \dfrac{nx^{n-1}}{\theta^n}, & \text{若 } 0 \leqslant x \leqslant \theta \\ 0, & \text{其他} \end{cases}$$

所以

$$EX_{(n)} = \int_{-\infty}^{+\infty} xf_{(n)}(x)\mathrm{d}x = \int_0^{\theta} x\frac{nx^{n-1}}{\theta^n}\mathrm{d}x = \frac{n}{n+1}\theta$$

这样, $\hat{\theta} = X_{(n)}$ 是 θ 的有偏估计量. 显然, θ 的无偏估计量为 $\dfrac{n+1}{n}X_{(n)}$.

② 求端点 θ 的置信度为 95% 的置信区间. 选统计量 $T = \dfrac{X_{(n)}}{\theta}$ (枢轴量, 其分布与参数 θ 无关). 利用 $X_{(n)}$ 的分布函数 $F_{(n)}(x)$, 确定两个常数 λ_1 和 λ_2, 使之满足下列关系式:

$$\frac{\alpha}{2} = P\{T \leqslant \lambda_1\} = P\{X_{(n)} \leqslant \lambda_1\theta\} = F_{(n)}(\lambda_1\theta) = \lambda_1^n, \quad \lambda_1 = \sqrt[n]{\frac{\alpha}{2}}$$

$$1 - \frac{\alpha}{2} = P\{T < \lambda_2\} = P\{X_{(n)} < \lambda_2\theta\} = F_{(n)}(\lambda_2\theta) = \lambda_2^n, \quad \lambda_2 = \sqrt[n]{1-\frac{\alpha}{2}}$$

$$\frac{\alpha}{2} = P\{T \geqslant \lambda_2\} = P\{X_{(n)} \geqslant \lambda_2\theta\}$$

$$P\left\{\frac{X_{(n)}}{\sqrt[n]{\frac{1-\alpha}{2}}} < \theta < \frac{X_{(n)}}{\sqrt[n]{\frac{\alpha}{2}}}\right\} = P\{\lambda_1 < T < \lambda_2\} = 1 - \alpha$$

从而, 端点 θ 的 $1 - \alpha$ 置信区间为

$$\left(\frac{X_{(n)}}{\sqrt[n]{1-\frac{\alpha}{2}}}, \quad \frac{X_{(n)}}{\sqrt[n]{\frac{\alpha}{2}}}\right)$$

习 题 3

1. 设总体 X 服从参数为 (N,p) 的二项分布, 其中 (N,p) 为未知参数, $X_1, X_2, \cdots,$ X_n 为来自总体 X 的一个样本, 求 (N,p) 的矩法估计.

2. 设总体 X 的分布密度为

$$f(x) = \begin{cases} \dfrac{2}{\theta^2}(\theta - x), & 0 < x < \theta \\ 0, & \text{其他} \end{cases}$$

$(X_1, X_2, \cdots, X_n)^{\mathrm{T}}$ 为总体 X 的样本, 试求 θ 的矩估计.

3. 设总体 X 服从 $[a,b]$ 上的均匀分布, 其中 a,b 为两个未知参数, 样本 $X_1, X_2, \cdots,$ X_n 来自总体 X, 求未知参数 a,b 的矩法估计.

4. 设总体 X 服从 $(0,\theta)$ 上的均匀分布，$(1.3,0.6,1.7,2.2,0.3,1.1)^{\mathrm{T}}$ 是总体 X 的一个样本观测值．（1）试用矩估计法求总体均值、总体方差及参数 θ 的估计值；（2）试用极大似然估计法求总体均值、总体方差及参数 θ 的估计值．

5. 设总体的分布密度为

$$f(x) = \begin{cases} (\theta+1)x^{\theta}, & 0 < x < 1 \\ 0, & \text{其他} \end{cases}$$

其中 $\theta > -1$，$(X_1,X_2,\cdots,X_n)^{\mathrm{T}}$ 为其样本，求参数 θ 的矩估计和极大似然估计．当样本值为 $(0.1,0.2,0.9,0.8,0.7,0.7)^{\mathrm{T}}$ 时，求 θ 的估计值．

6. 设连续型总体 X 的概率密度为

$$f(x;\theta) = \begin{cases} \dfrac{x}{\theta}\mathrm{e}^{-\frac{x^2}{2\theta}}, & x > 0 \\ 0, & x \leqslant 0 \end{cases} \qquad (\theta > 0)$$

$X_1,X_2,\cdots,X_n$ 为来自总体 X 的一个样本，求未知参数 θ 的极大似然估计量 $\hat{\theta}$，并讨论 $\hat{\theta}$ 的无偏性．

7. 设总体 $X \sim N(\mu,\sigma^2)$，对于容量为 n 的样本，求使得 $P\{X \geqslant \theta\} = 0.05$ 的参数 θ 的极大似然估计．

8. 设总体 X 服从正态分布 $N(\mu,\sigma^2)$，$(X_1,X_2,\cdots,X_n)^{\mathrm{T}}$ 是其样本．

(1) 求 k，使估计量 $\hat{\sigma}^2 = \dfrac{1}{k}\sum\limits_{i=1}^{n-1}(X_{i+1}-X_i)^2$ 为 σ^2 的无偏估计量；

(2) 求 k，使估计量 $\hat{\sigma} = \dfrac{1}{k}\sum\limits_{i=1}^{n}|X_i-\overline{X}|$ 为 σ 的无偏估计量．

9. 设 $(X_1,X_2,\cdots,X_n)^{\mathrm{T}}$ 是来自总体 X 的样本，$\alpha_i > 0(i=1,2,\cdots,n)$ 且满足 $\sum\limits_{i=1}^{n}\alpha_i = 1$．试证：(1) $\sum\limits_{i=1}^{n}\alpha_i X_i$ 是 EX 的无偏估计；(2) 在 EX 的所有形如 $\sum\limits_{i=1}^{n}\alpha_i X_i$ 的线性无偏估计类中，$\overline{X} = \dfrac{1}{n}\sum\limits_{i=1}^{n}X_i$ 的方差最小，即 $\overline{X}$ 是 EX 的最小方差线性无偏估计．

10. 设 X_1,X_2 是取自正态总体 $N(\mu,1)$ 的一个容量为 2 的样本，试证下列三个估计量都是 μ 的无偏估计量：$\dfrac{2}{3}X_1 + \dfrac{1}{3}X_2,\dfrac{1}{4}X_1 + \dfrac{3}{4}X_2,\dfrac{1}{2}X_1 + \dfrac{1}{2}X_2$，并指出其中哪一个方差较小．

11. 设 $X_1,X_2,\cdots,X_n$ 是取自正态总体 $N(\mu,\sigma^2)$ 的一个样本，试证 $S^2 = \dfrac{1}{n-1}\sum\limits_{i=1}^{n}(X_i-\overline{X})^2$ 是 σ^2 的相合估计．

12. 设 $X_1,X_2,\cdots,X_n$ 是取自具有下列指数分布的一个样本：

$$f(x;\theta) = \begin{cases} \dfrac{1}{\theta}e^{-\frac{x}{\theta}}, & x > 0 \\ 0, & x \leqslant 0 \end{cases} \qquad (\theta > 0)$$

证明 $\overline{X} = \dfrac{1}{n}\sum_{i=1}^{n} X_i$ 是 θ 的无偏、相合、有效估计.

13. 在下列情况下,分别求 C-R 不等式的下界:

(1) 总体 $X \sim N(1,\theta)$,$g(\theta) = \theta^2$;

(2) 总体 $X \sim U(0,\theta)$,$g(\theta) = DX$;

(3) 总体 $X \sim B(N,p)$,$g(p) = p^2$.

14. 设 $(X_1, X_2, \cdots, X_n)^{\mathrm{T}}$ 是来自正态总体 $N(0,\sigma^2)$ 的一个样本,试证:

$(1)\hat{\sigma}^2 = \dfrac{1}{n}\sum_{i=1}^{n} X_i^2$ 是 σ^2 的有效估计;$(2)\hat{\sigma}^2 = \dfrac{1}{n-1}\sum_{i=1}^{n}(X_i - \overline{X})^2$ 不是 σ^2 的有效估计,而是 σ^2 的渐近有效估计.

15. 设总体 X 服从 $Ga(\alpha,\theta)$ 分布,即分布密度为

$$f(x) = \begin{cases} \dfrac{\theta^\alpha}{\Gamma(\alpha)}e^{-\theta x}x^{\alpha-1}, & x > 0 \\ 0, & x \leqslant 0 \end{cases}$$

其中 $\alpha(\alpha > 0)$ 为已知常数,$\theta(\theta > 0)$ 为未知常数,$(X_1, X_2, \cdots, X_n)^{\mathrm{T}}$ 为 X 总体的一个样本. 试求 $g(\theta) = \dfrac{1}{\theta}$ 的极大似然估计,并判别其是否为有效估计.

16. 随机地从一批零件中抽取 16 个,测得其长度(单位:cm) 为:

2.14, 2.10, 2.13, 2.15, 2.13, 2.12, 2.13, 2.10

2.15, 2.12, 2.14, 2.10, 2.13, 2.11, 2.14, 2.11

假设该零件的长度服从正态分布 $N(\mu,\sigma^2)$,试求总体均值 μ 的置信度为 90% 的置信区间:

(1) 若已知 $\sigma = 0.01$ (cm);(2) 若 σ 未知.

17. 共 16 次测量铅的比重,得 16 个测量值的平均值为 2.705,而修正样本标准差为 0.029,假定测量结果 X 服从正态分布,试求铅比重的置信度为 95% 的置信区间.

18. 为了确定某铜矿的储量,打钻个数为 107,测得铜矿平均厚度 $\overline{x} = 11.6(\mathrm{m})$,方差 $s^2 = 78.6$,已知铜矿厚度 X 服从正态分布,试求在置信度为 95% 的条件下,以样本平均厚度估计总体均值 μ 的误差 $|\overline{X} - \mu|$ 是多少?

19. 对方差 σ^2 已知的正态总体来说,样本容量 n 应取多大,方可使总体均值的置信度为 $1 - \alpha$ 的置信区间的长度不大于 L.

20. 已知一批产品的长度指标 $X \sim N(\mu, 0.5^2)$,问至少应取多大的样本容量,才能使样本均值与总体均值的绝对误差,在置信度为 95% 的条件下小于 $\dfrac{1}{10}$.

21. 设总体 $X \sim N(\mu_0, \sigma^2)$，$\mu_0$ 已知，$(X_1, X_2, \cdots, X_n)^{\mathrm{T}}$ 为其样本，试求未知参数 σ^2 的置信度为 $1 - \alpha$ 的置信区间.

22. 投资的回收利润率常常用来衡量投资的风险，随机地调查 26 个年回收利润率（%），得样本标准差 $s = 15$（%），设回收利润率服从正态分布，求它的均方差的置信度为 95% 的置信区间.

23. 对某农作物的两个品种 A, B 计算了 8 个地区的亩产量，产量如下（单位：kg）：

品种 A：86,87,56,93,84,93,75,79

品种 B：79,58,91,77,82,74,80,66

假定两个产品的亩产量均服从正态分布，且方差相等，试求两品种平均亩产量之差的置信度为 95% 置信区间.

24. 某自动机床加工同类型套筒，假设套筒的直径服从正态分布，现从两个不同班次的产品中各抽验 5 个套筒，测定它们的直径，得知如下数据：

A 班：2.066,2.063,2.068,2.060,2.067

B 班：2.058,2.057,2.063,2.059,2.060

试求两班所加工的套筒直径的方差比 $\dfrac{\sigma_A^2}{\sigma_B^2}$ 的置信度为 90% 的置信区间.

25. 为估计一批钢索所能承受的平均张力，从其中取样做 10 次试验，由试验值算得平均张力 $\bar{x} = 6700\mathrm{Pa}$，标准差 $s = 220\mathrm{Pa}$，设张力服从正态分布，求平均张力的单侧置信下限（置信度为 0.95）.

26. 从一批电子管中抽出容量为 10 的样本，计算出标准差 $s = 45\mathrm{h}$. 设整批电子管寿命服从正态分布，试求这批电子管寿命标准差 σ 的单侧置信上限（置信度为 0.95）.

27. 从某批产品中随意抽取 100 个，其中一等品为 64 个，试求一等品率 p 的置信区间（置信度为 95%）.

28. 在一批货物的容量为 100 的样本中，经检验发现 16 个次品，试求这批货物次品率的置信度为 95% 的置信区间.

29. 假定总体 X 服从泊松分布 $P(\lambda)$，$\lambda > 0$，$(X_1, X_2, \cdots, X_n)^{\mathrm{T}}$ 为总体的样本，试在 n 充分大的条件下，求参数 λ 的置信度为 $1 - \alpha$ 的近似置信区间.

30. 设总体 X 服从均匀分布 $U[0, \theta]$，其中 θ 为未知参数，样本 $X_1, X_2, \cdots, X_n$ 来自总体 X，$X_{(n)} = \max\limits_{1 \leqslant i \leqslant n} X_i$，试在置信度为 $1 - \alpha$ 下，利用 $Y = \dfrac{X_{(n)}}{\theta}$，求 θ 的形如 $[0, z]$ 的置信区间.

第4章 假设检验

前面介绍了对总体参数的估计问题,即对样本进行适当的加工,以推断出参数的值(或置信区间).本章介绍的假设检验,是另一大类统计推断问题.它是先假设总体具有某种特征(例如总体的参数为多少),然后再通过对样本的加工,即构造统计量,推断出假设的结论是否合理.从纯粹逻辑上考虑,似乎对参数的估计与对参数的检验不应有实质性的差别,犹如说:"求某方程的根"与"验证某数是否是某方程的根"这两个问题不会得出矛盾的结论一样.但从统计的角度看估计和检验,这两种统计推断是不同的,它们不是简单的"计算"和"验算"的关系.假设检验有它独特的统计思想,也就是说引入假设检验是完全必要的.本章内容包括假设检验的概念与步骤,参数假设检验,计数的卡方检验和似然比检验.主要介绍了单个及两个正态总体的均值和方差检验.

4.1　假设检验的概念与步骤

统计推断的另一类重要问题是假设检验.第 3 章我们按照参数的点估计方法建立了参数 θ 的估计公式,并利用样本值确定了一个估计值 $\hat{\theta}$,认为参数真值 $\theta = \hat{\theta}$.由于参数 θ 是未知的,$\theta = \hat{\theta}$ 只是一个假设(假说,假想),它可能是真,也可能是假,是真是假有待于用样本进行验证(检验).

下面先对几个问题进行分析,给出假设检验的有关概念,然后总结出检验假设的思想和方法.

4.1.1　统计假设

请看以下几个问题.

问题 1　一台机器加工某零件,零件尺寸 X 服从 $N(\mu, \sigma^2)$ 分布,其中 σ 反映加工精度,为已知的,图纸标定零件尺寸为 50(mm).如果 $\mu = 50$,则机器工作正常,否则为不正常,但 μ 是未知参数.今从机器生产的一批零件中任取 10 件,并测得其尺寸,如何根据这 10 个样本值判断"机器工作是正常的"这个命题是否成立?

引号内的命题可能是真,也可能是假,只有通过验证才能确定.如果根据抽样结果判断它是真,则我们接受这个命题,否则就拒绝接受它,此时实际上我们接受了"机器工作不正常"这样一个命题.若用 H_0 表示"$\mu = 50$",用 H_1 表示其对立面,即"$\mu \neq 50$",则问题等价于检验 $H_0 : \mu = 50$ 是否成立,若 H_0 不成立,则 $H_1 : \mu \neq 50$ 成立.

问题2 一架天平的误差方差为 $10^{-4}(\mathrm{g}^2)$,重量为 μ 的物体用它称得的重量 X 服从 $N(\mu, \sigma^2)$.某人怀疑天平的精度,拿一物体称 n 次,得 n 个数据,由这些数据(样本)如何判断"这架天平的精度是 $10^{-4}(\mathrm{g}^2)$"这个命题是否成立?

引号内的命题等价于 $H_0 : \sigma^2 \leqslant 10^{-4}$,其对立命题为 $H_1 : \sigma^2 > 10^{-4}$.

问题3 某种电子元件的使用寿命 X 服从参数为 λ 的指数分布,现从一批元件中任取 n 个测得其寿命值(样本),如何判定"元件的平均寿命不小于 5000h"这个命题是否成立?

引号内的命题等价于 $H_0 : \lambda \leqslant \dfrac{1}{5000}$, $H_1 : \lambda > \dfrac{1}{5000}$.

问题4 某种疾病,不用药时其康复率为 $\theta = \theta_0$,现发明一种新药(无不良反应),为此抽查 n 位病人用新药的治疗效果,设其中有 s 人康复,根据这些信息,能否断定"该新药有效"?

引号内的命题等价于 $H_0 : \theta = \theta_0$, $H_1 : \theta > \theta_0$.

问题5 有一颗骰子,如何知道它是否均匀?这里均匀的含义是指掷出各点的概率相等.

引号内的命题等价于 $H_0 : p_1 = p_2 = \cdots = p_6 = \dfrac{1}{6}$,$H_1 : p_1, p_2, \cdots, p_6$ 不全相等,其中 p_i 是骰子掷出 i 点的概率.

在很多实际问题中,我们常常需要对关于总体的分布形式或分布中的未知参数的某个陈述或命题进行判断.数理统计学中将这些有待验证的陈述或命题称为统计假设,简称假设.如上述各问题中的 H_0 和 H_1 都是假设.利用样本对假设的真假进行判断称为假设检验.在总体的概率分布已知的情形下,对分布中的未知参数作假设并进行检验,称为参数假设检验;若总体的分布未知,对总体的分布形成或参数作假设并进行检验,称为非参数假设检验.如上述问题 1 ~ 问题 4 为参数假设检验问题,问题 5 为非参数假设检验问题.

在假设检验问题中,常把一个被检验的假设称为原假设或零假设,而其对立面就称为对立假设(或备择假设).上述各问题中,H_0 为原假设,H_1 为对立假设.当 H_0 不成立时,就拒绝接受 H_0 而接受其对立假设 H_1.值得注意的是,当给定原假设后,其对立假设的形式可能有多个,如 $H_0 : \theta = \theta_0$ 其对立形式有 $H_1 : \theta \neq \theta_0$,$H_2 : \theta > \theta_0$,$H_3 : \theta < \theta_0$.选择哪一种需根据实际问题确定,因而对立假设往往也称为备选假设,即在拒绝原假设后可供选择的假设.在假设检验问题中,必须同时给出原假设和对立假设.在参数假设中,不论是原假设还是对立假设,若其中只含有一个参数

值,则称为简单假设,否则称为复合假设,如 $H_0:\theta = \theta_0$, $H_1:\theta \neq \theta_0$ 为简单假设;而 $H_0:\theta < \theta_0$, $H_1:\theta \geqslant \theta_0$ 为复合假设.

4.1.2 假设检验的思想方法

如何利用样本来检验一个假设是否成立呢?由于样本与总体同分布,样本包含了总体分布的信息,因而也包含了假设 H_0 是否成立的信息,如何来获取并利用样本信息是解决问题的关键.统计学中常用"概率反证法"和"小概率原理"来解决这个问题.

小概率原理 概率很小的事件在一次试验中几乎不会发生.

如果小概率事件在一次试验中竟然发生了,则事属反常,一定有导致反常的特别原因,有理由怀疑试验的原定条件不成立.

概率反证法 欲判断假设 H_0 的真假,先假定 H_0 属真,在此前提下构造一个能说明问题的小概率事件 A. 试验取样,由样本信息确定 A 是否发生.若 A 发生,这与小概率原理相违背,说明试验的前定条件 H_0 不成立,拒绝 H_0,接受 H_1;若小概率事件 A 没有发生,没有理由拒绝 H_0,只好接受 H_0.

反证法的关键是通过推理,得到一个与常理(定理、公式、原理)相违背的结论."概率反证法"依据的是"小概率原理".那么多小的概率才算小概率呢?这要由实际问题的不同需要来决定.以后用符号 α 表示小概率,一般取 $\alpha = 0.01, 0.05, 0.1$ 等,在假设检验中,若小概率事件的概率不超过 α,则称 α 为检验水平或显著性水平.

4.1.3 假设检验的步骤

下面先通过一个例子来说明假设检验的步骤.

【例4.1】 某餐厅每天营业额服从正态分布,以往老菜单其均值为 8000 元,标准差为 640 元.一个新的菜单挂出后,9 天中平均每天营业额为 8300 元.经理想知道,这个差别是否是由于新菜单而引起的(这里假定标准差不变).

分析 此例涉及两个正态总体:一个是老菜单的营业额,其总体分布为 $N(\mu_0, \sigma_0^2)$,这里 $\mu_0 = 8000$, $\sigma_0 = 640$;一个是新菜单挂出后的营业额,其总体分布为 $N(\mu, \sigma^2)$,这里假定 $\sigma = \sigma_0$,但 μ 未知.现在仅得到后一个样本,其样本均值观测值 $\bar{x}$,可作为 μ 的一个估计.当 $\bar{x}$ 与 μ 差别很小时,就会认为两个总体间没有显著差异,而当两者差别很大时,譬如 $\bar{x} = 12000$ 元,那就很少会怀疑新菜单的作用.可是在很多场合两者的差别不那么明显时,两个总体间是否有显著差别呢?假设检验将提供一种方法,供人们对这一问题作出判断,这一判断不可避免地带有风险,但这种风险会受到控制.

假设检验的做法分以下几步叙述：

（1）建立假设

为了评估新菜单的好坏，先要建立一个命题"新老菜单的平均营业额之间没有差异".这个命题称为原假设，设为 H_0.于是我们的任务就是要确认这原假设 H_0 是真还是假.

当我们能确认原假设 H_0 为假时就拒绝 H_0，这时我们就面临如下三个命题的选择：

命题 1："新菜单的平均营业额比老菜单高"；

命题 2："新菜单的平均营业额不如老菜单"；

命题 3："新老菜单的平均营业额之间有显著差异".

在抛弃原假设后可供选择的命题称为备择假设，记为 H_1.选择哪一个命题作为备择假设要视问题而定.在本例中，餐厅经理是想知道当前平均营业额的增加是否是由于新菜单而引起的，因而将命题 1 作为备择假设.

在例 4.1 中，上面所建立的原假设 H_0 与备择假设 H_1 可以分别用关于 μ 的等式与不等式表示：

$$H_0 : \mu = 8000, H_1 : \mu > 8000$$

如果拒绝原假设 H_0，就可以认为 H_1 正确.应该注意的是 H_1 只告诉我们 $\mu > 8000$，它可以是 $8100, 8200, \cdots$.现在由样本给出了 $\bar{x} = 8300$，这仅是 μ 的一个估计而已.

（2）寻找检验统计量

假设检验的任务是要确认原假设 H_0 是否为真.我们的做法是：先假定 H_0 成立，然后用样本去判断其真伪.由于样本所含信息较为分散，因此需要构造一个统计量来做判断，此统计量称为检验统计量.在本例中可用样本均值 $\bar{X}$ 作为检验统计量.

在 H_0 为真时，新菜单挂出后，每天营业额仍服从正态分布 $N(8000, 640^2)$.如今获得了一个容量为 9 的样本，此时样本均值仍服从正态分布，其均值仍为 8000，而方差变成 $\sigma_{\bar{X}}^2 = \dfrac{640^2}{9} = 213.3^2$，所以 $\bar{X} \sim N(8000, 213.3^2)$.

在 H_0 为真时，$\bar{X}$ 的观察值 $\bar{x}$ 应接近 8000，如果 $\bar{x}$ 远离 8000.那就有理由怀疑 H_0 不真.如今 8300 与 8000 算近还是算远？或者说，$\bar{x}$ 要多大才拒绝 H_0？这就需要一个界限，记此界限为 c，当 $\bar{x}$ 的值越过 c 这一界限就拒绝 H_0，否则就保留 H_0，即

当平均观察值 $\bar{x} \geqslant c$ 时，拒绝 H_0；当平均观察值 $\bar{x} < c$ 时，保留 H_0

这便是检验法则的初型，这里的 c 称为检验的临界值，c 值的确定方法下面再讲.

使原假设 H_0 被拒绝的样本观测值 $(x_1, x_2, \cdots, x_n)$ 所组成的区域称为检验的拒绝域，用 W 表示；而保留原假设 H_0 的样本观测值所组成的区域称为检验的接受

（保留之意）域，用 A 表示.在本例中，W 与 A 分别为

$$W=\{(x_1,x_2,\cdots,x_n):\bar{x}\geqslant c\},A=\{(x_1,x_2,\cdots,x_n):\bar{x}<c\}$$

今后常简记为 $W=\{\bar{x}\geqslant c\},A=\{\bar{x}<c\}$.由于 W 与 A 互斥，而其区域之并为样本空间 Ω，即为样本的一切可能取值的空间，因而只要其中之一即可.在假设检验中，人们总是关心拒绝域.这是因为：只有一个样本，用一个样本去证明一个命题是正确的，在逻辑上是不充分的；但用一个反例（如样本）去推翻一个命题，理由是充足的，因为一个命题成立是不允许有一个反例存在的.当不能否定原假设 H_0 时，只能将原假设 H_0 当作为真的保留下来.这里保留的意思有两点：一是 H_0 可能为真，二是保留进一步检验的权力.

（3）显著性水平与临界值

当试图对原假设 H_0 是否为真做判断时有可能会犯错误，这就是要冒风险，为了控制这一风险，首先需要用一个概率去表示这一风险，这个概率是事件"H_0 属真但被拒绝"的概率，这个概率又称为显著性水平，记为 α.在做判断时要尽量避免这一事件发生，然而由于样本的随机性，要完全避免是不可能的，因而只能把这个事件发生的概率 α 控制在一个很小的范围内.譬如在例 4.1 中取 $\alpha=0.05$，这便意味着 $P\{$拒绝 $H_0\mid H_0$ 属真$\}=0.05$.这里"H_0 属真"表示样本实际是来自总体 $N(8000,640^2)$，"拒绝 H_0"表示样本均值$\{\bar{X}>c\}$.所以可以设法去确定 c 值，使得在 H_0 属真时，$\{\bar{X}>c\}$ 这一事件发生的概率为 0.05.这便是用 H_0 为真时，$\bar{X}\sim N(8000,213.3^2)$，由此去计算$\{\bar{X}>c\}$ 的概率，使 $P\{\bar{X}>c\}=0.05$.由于在 H_0 为真时，有 $P\{\bar{X}>c\}=1-\Phi\left(\frac{c-8000}{640/3}\right)=0.05$，从而由正态分布表可知：$\frac{c-8000}{640/3}=1.645$，这样可定出临界值 $c=8000+1.645\times640/3=8350.9$，此临界值唯一确定了拒绝域 W.

在 H_0 属真的前提下，$\{\bar{X}>8350.9\}$ 这一事件发生的概率仅为 0.05，反之$\{\bar{X}<8350.9\}$ 这一事件发生的概率为 0.95，前者是一个小概率事件.通常在一次试验中小概率事件是难以发生，倘若小概率事件在一次试验中发生了，人们就有理由怀疑"$\{\bar{X}>c\}$"不是一个小概率事件.这一矛盾导致人们不相信原假设 H_0.所以检验准则为：

当平均观察值 $\bar{x}>8350.9$ 时，拒绝 H_0；当平均观察值 $\bar{x}<8350.9$ 时，保留 H_0.

这与前面确定的检验法则的初型是一致的.现在新菜单使用了 9 天，平均每天营业额 $\bar{x}=8300$ 元，它小于 8350.9 元，故应保留 H_0，即新菜单的挂出对平均每天营业额没有显著影响，至此就回答了餐厅经理所提出的问题.

总结例 4.1 处理问题的思想与方法，可得处理参数假设检验问题的步骤如下：

① 根据实际问题中所关心的问题，建立原假设 H_0 和备择假设 H_1.原假设与备择假设的建立主要根据具体问题来决定.常把没有把握不能轻易肯定的命题作为备择假设，而把没有充分理由不能轻易否定的命题作为原假设，只有理由充分时

才拒绝它,否则应予保留.

② 选择一个合适的检验统计量 G(要求 H_0 为真时,G 的分布已知),并根据其取值特点确定一个合适的拒绝域形式.

③ 由给定的检验水平 α,利用关系式

$$P(\{G < W_{1-\frac{\alpha}{2}}\} \bigcup \{G > W_{\frac{\alpha}{2}}\} \mid H_0) = \alpha$$

$$P(\{G > W_\alpha\} \mid H_0) = \alpha$$

$$P(\{G < W_{1-\alpha}\} \mid H_0) = \alpha$$

中的某一个,由统计量的分布查相应表的 W_α、$W_{1-\alpha}$、$W_{\alpha/2}$ 或 $W_{1-\alpha/2}$ 的值,给出水平为 α 的检验拒绝域.

④ 根据抽样资料计算 G 的观测值,并与查表所得 W_α、$W_{1-\alpha}$、$W_{\alpha/2}$ 或 $W_{1-\alpha/2}$ 的值比较,从而作出接受还是拒绝 H_0 的判断.

否定域亦称拒绝域或临界域.实际应用中,否定域 W 常通过适当选择的统计量 G 来构造.这时,否定域 W 是 G 的值域内的区间.H_0 的显著性水平为 α 的否定域,简称为 H_0 的水平 α 否定域;由统计量 G 构造的检验称为 G 检验,而统计量 G 称为检验的统计量.具体构造否定域时,需要知道在假设 H_0 成立的条件下检验的统计量 G 的抽样分布,并根据给定的显著性水平 α,由相应的数值表查出决定假设 H_0 取舍的分位数(临界值)W_α(或 $W_{\alpha/2}$).检验最常用的统计量是 U,T,χ^2 和 F;而相应的检验分别称为 U 检验,T 检验,χ^2 检验和 F 检验.

4.1.4 两类错误和检验水平

由于在客观上 H_0 或 H_1 只有一个是正确的,因此在做判断时就可能犯两类性质的错误.

第一类错误:原假设 H_0 为真,但由于样本的随机性,使样本观测值落入拒绝域 W,这时所下的判断便是拒绝 H_0,这类错误称为第一类错误.即如果 H_0 是正确的而我们拒绝 H_0(弃真),就要犯第一类错误.其发生的概率称为犯第一类错误的概率,亦称为拒真概率,它便是前面提及的显著性水平 α,即 $\alpha = P\{拒绝假设 H_0 \mid 假设 H_0 属真\}$.如在例 4.1 中,新菜单挂出后实际上对每天营业额无显著影响,若是那 9 天由于婚宴订菜而使平均营业额达到 8600 元,由于 $\bar{x} \geqslant 6350.9$,故作出拒绝 H_0 的判断,认为新菜单对每天营业额有显著影响,这就犯了第一类错误.

第二类错误:原假设 H_0 为假,但由于样本的随机性,使样本观测值落入接受域 A,这时所下的判断为保留 H_0,这类错误称为第二类错误.即如果 H_0 是错误的我们接受 H_0(纳伪),就要犯第二错误.其发生的概率称为犯第二类错误的概率,亦称为取伪概率,记为 β,即 $\beta = P\{接受假设 H_0 \mid 假设 H_0 属不真\}$.如在例 4.1 中,若新菜单挂出后实际上是对每天营业额有显著影响,可是那 9 天的平均营业额仅为

8200 元,由于 $\bar{x} < 8350.9$,故作出保留 H_0 的判断,认为新菜单对每天营业额无显著影响,这就犯了第二类错误.

【例 4.2】 假定 X 是连续型随机变量,U 是对 X 的(一次)观测值;关于其概率密度 $f(x)$ 有如下假设:

$$H_0: f(x) = \begin{cases} \dfrac{1}{2}, & 0 \leqslant x \leqslant 2 \\ 0, & \text{其他} \end{cases}; \quad H_1: f(x) = \begin{cases} \dfrac{x}{2}, & 0 \leqslant x \leqslant 2 \\ 0, & \text{其他} \end{cases}$$

检验规则为当事件 $W = \left\{ U > \dfrac{3}{2} \right\}$ 出现时否定假设 H_0 接受 H_1,试求检验的第一类错误概率 α 和检验的第二类错误概率 β.

解 由检验的两类错误概率 α 和 β 的意义,知

$$\alpha = P\left\{ U > \frac{3}{2} \Big| H_0 \right\} = \int_{3/2}^2 \frac{1}{2} \mathrm{d}x = \frac{1}{4}$$

$$\beta = P\{ U \leqslant 3/2 \,|\, H_1 \} = \int_0^{3/2} \frac{x}{2} \mathrm{d}x = \frac{9}{16}$$

一个好的检验法则总希望犯两类错误的概率 α 与 β 都很小,但这在一般场合下很难实现.为此我们再来考察一下例 4.1 中的 α 与 β.其总体分布为 $N(\mu,\sigma^2)$,样本均值 $\overline{X}$ 的分布为 $N(\mu,\sigma^2/n)$,其中 n 为样本量.在 H_0 为真时,$\mu = \mu_0 = 8000$,在 H_1 为真时,不妨设为 $\mu = \mu_1 > 8000$,于是

$$\alpha = P\{\overline{X} \geqslant c \,|\, \mu = \mu_0\} = 1 - \Phi\left(\frac{c - \mu_0}{\sigma/\sqrt{n}}\right)$$

$$\beta = P\{\overline{X} < c \,|\, \mu = \mu_1\} = \Phi\left(\frac{c - \mu_1}{\sigma/\sqrt{n}}\right)$$

在样本容量 n 和标准差 σ 固定时,要使 α 小,则从上面知应使 $\Phi\left(\frac{c-\mu_0}{\sigma/\sqrt{n}}\right)$ 大,由于 $\Phi\left(\frac{c-\mu_0}{\sigma/\sqrt{n}}\right)$ 是 c 的严增函数,故必要求 c 大.但从上面知,当 c 增大时,$\Phi\left(\frac{c-\mu_1}{\sigma/\sqrt{n}}\right)$ 也随之而增大,即 β 也随之而增大.这表明要使 α 小必导致 β 大,若要 β 小必导致 α 大.所以要使 α 与 β 同时小只能增大样本容量 n.因而在抽取样本时,尽量使样本容量大一点,这对假设检验中同时减少 α 与 β 是有好处的.

在一般场合,当 n 固定时,减少 α 必会导致增大 β,因此在选择显著水平 α 时不应太小,譬如不宜取 $\alpha = 0.001$,因为这时虽可减少拒真概率,但会大大增加纳伪概率.控制 β 的一个办法是不使 α 太小,通常选 $\alpha = 0.10, 0.05$ 和 0.01 为宜.

4.2 正态总体参数的假设检验

本节讨论有关正态总体的均值与方差的假设检验问题.构造合适的检验统计

量并确定其概率分布是解决检验问题的关键.若检验统计量服从标准正态分布(χ^2分布,F分布),则所得到的相应检验法称为 U 检验法(χ^2 检验法,F 检验法).

4.2.1　正态总体均值的检验

设总体 $X \sim N(\mu, \sigma^2)$,若 $X_1, X_2, \cdots, X_n$ 为取自总体 X 的样本,$\overline{X} = \dfrac{1}{n} \sum\limits_{i=1}^{n} X_i$,

$S^2 = \dfrac{1}{n-1} \sum\limits_{i=1}^{n} (X_i - \overline{X})^2$,给定显著水平 α,检验以下不同形式的假设问题:

$$H_{01} : \mu \leqslant \mu_0 (\mu = \mu_0), \qquad H_{11} : \mu > \mu_0 (单边检验)$$
$$H_{02} : \mu \geqslant \mu_0 (\mu = \mu_0), \qquad H_{12} : \mu < \mu_0 (单边检验)$$
$$H_{03} : \mu = \mu_0, \qquad H_{13} : \mu \neq \mu_0 (双边检验)$$

1. σ^2 已知

根据原假设 H_0 与备择假设 H_1 的不同,分别加以考虑.

(1) 单边假设检验问题

考虑检验问题

$$H_0 : \mu \leqslant \mu_0 ; \quad H_1 : \mu > \mu_0 \tag{4.1}$$

其中 μ_0 是一个已知常数.

由于 μ 常用 $\overline{X}$ 来估计,因而取 $\overline{X}$ 作为检验统计量.相对于备择假设 H_1 来讲,当原假设 H_0 为真时,$\overline{X}$ 不应太大,若 $\overline{X}$ 太大,则应拒绝 H_0,因而拒绝域应有如下形式:

$$W = \{ (x_1, x_2, \cdots, x_n) : \overline{x} \geqslant c \}$$

其中 c 为待定的临界值.

由于 $\overline{X}$ 服从 $N(\mu, \sigma^2/n)$ 分布,故犯第一类错误的概率为

$$\alpha(\mu) = P\{\overline{X} \geqslant c\} = 1 - \Phi\left(\frac{c - \mu}{\sigma / \sqrt{n}}\right), \quad \mu \leqslant \mu_0.$$

在 $\mu \leqslant \mu_0$ 时,$\alpha(\mu)$ 是 μ 的严增函数,故其最大值在 $\mu = \mu_0$ 处达到,从而对给定的检验水平 α,要求 c 满足 $1 - \Phi\left(\dfrac{c - \mu_0}{\sigma / \sqrt{n}}\right) = \alpha$,则 $\dfrac{c - \mu_0}{\sigma / \sqrt{n}} = u_{1-\alpha}$,即临界值 $c = \mu_0 + \dfrac{\sigma}{\sqrt{n}} u_{1-\alpha}$,从而得拒绝域为

$$W = \left\{ (x_1, x_2, \cdots, x_n) : \overline{x} \geqslant \mu_0 + \frac{\sigma}{\sqrt{n}} u_{1-\alpha} \right\} \tag{4.2}$$

式(4.2)也可写成另一种形式:

$$W = \left\{ (x_1, x_2, \cdots, x_n) : u = \frac{\overline{x} - \mu_0}{\sigma / \sqrt{n}} \geqslant u_{1-\alpha} \right\}$$

亦可取

$$U = \frac{\overline{X} - \mu_0}{\sigma / \sqrt{n}} \tag{4.3}$$

为检验统计量，u 为其观测值，这时拒绝域可记为

$$W = \{ (x_1, x_2, \cdots, x_n) : u \geqslant u_{1-\alpha} \}$$

今后简记作 $W = \{ u \geqslant u_{1-\alpha} \}$，以后称以 U 作为检验统计量的检验为 U 检验.

【例 4.3】   微波炉在炉门关闭时的辐射量是一个重要的质量指标. 某厂生产的微波炉的该指标服从正态分布 $N(\mu, \sigma^2)$，长期以来 $\sigma = 0.1$，且均值都符合要求（不超过 0.12）. 为检查近期产品的质量，抽查了 25 台，得其炉门关闭时辐射量的均值 $\overline{x} = 0.1203$. 试问在 $\alpha = 0.05$ 水平上该厂炉门关闭时辐射量是否升高了？

解   首先建立假设. 由于长期以来该厂 $\mu \leqslant 0.12$，故将其作为原假设，有

$$H_0 : \mu \leqslant 0.12, \quad H_1 : \mu > 0.12$$

在 $\alpha = 0.05$ 时，$u_{0.95} = 1.645$，拒绝域应为 $\left\{ \dfrac{\overline{x} - \mu_0}{\sigma / \sqrt{n}} > 1.645 \right\}$. 现由观测值求得

$$u = \frac{0.1203 - 0.12}{0.1 / \sqrt{25}} = 0.015 < 1.645$$

因而在 $\alpha = 0.05$ 水平下，不能拒绝 H_0，即认为当前生产的微波炉关门时的辐射量无明显升高.

另一种类型的单边检验问题是

$$H_0 : \mu \geqslant \mu_0, \quad H_1 : \mu < \mu_0 \tag{4.4}$$

此时，若取 $U = \dfrac{\overline{X} - \mu_0}{\sigma / \sqrt{n}}$ 为检验统计量，则拒绝域应改为

$$W = \{ (x_1, x_2, \cdots, x_n) : u \leqslant u_\alpha \} \tag{4.5}$$

因为根据 H_1 可知，当 $\overline{X}$ 较小的时候应拒绝 H_0，此时犯第一类错误的概率

$$\alpha(\mu) = P\{\overline{X} \leqslant c \mid H_0\} = \Phi\left(\frac{c - \mu}{\sigma / \sqrt{n}}\right), \quad \mu \geqslant \mu_0$$

这是 μ 的单调递减函数，在 $\mu = \mu_0$ 时取最大值，因而可要求 $\Phi\left(\dfrac{c - \mu_0}{\sigma / \sqrt{n}}\right) = \alpha$，从而由 $N(0,1)$ 的分位数知 $\dfrac{c - \mu_0}{\sigma / \sqrt{n}} = u_\alpha$（或 $-u_{1-\alpha}$）即 $c = \mu_0 + \dfrac{\sigma}{\sqrt{n}} u_\alpha$，由于 $\overline{X} \leqslant \mu_0 + \dfrac{\sigma}{\sqrt{n}} u_\alpha$ 与 $U = \dfrac{\overline{X} - \mu_0}{\sigma / \sqrt{n}} \leqslant u_\alpha$ 等价，故式(4.5)是检验问题(4.4)的水平为 α 的检验的拒绝域.

【例 4.4】   某厂生产的产品需用玻璃纸作包装，按规定供应商供应的玻璃纸的横向延伸率不应低于 65. 已知该指标服从正态分布 $N(\mu, \sigma^2)$，σ 一直稳定于 5.5. 从近期来货中抽查了 100 个样品，得样本均值 $\overline{x} = 55.06$，试问在 $\alpha = 0.05$ 水平上能否接收这批玻璃纸？

解 由于若不接收这批玻璃纸需作退货处理,这必须慎重,故取 $\mu < 65$ 作为备择假设,从而所建立的假设为

$$H_0 : \mu \geqslant 65; \quad H_1 : \mu < 65$$

在 $\alpha = 0.05$ 时,查附录 1 得 $u_{0.05} = -1.645$,拒绝域应取作 $\{u \leqslant -1.645\}$.现由样本求得

$$u = \frac{55.06 - 65}{5.5 / \sqrt{100}} = -18.07 < -1.645$$

故应拒绝 H_0,不能接收这批玻璃纸.

(2)双边假设检验问题

考虑检验问题

$$H_0 : \mu = \mu_0, H_1 : \mu \neq \mu_0 \tag{4.6}$$

仍可取 $U = \dfrac{\overline{X} - \mu_0}{\sigma / \sqrt{n}}$ 作为检验统计量.由于相对于 H_1 来讲,当 H_0 为真时,$\overline{X}$ 与 μ_0 不应相差过大,故拒绝域应为 $\{|\bar{x} - \mu_0| \geqslant c\}$.由于在 H_0 中仅含一个参数值,故要使犯第一类错误概率不超过 α,只要 $P\{|\overline{X} - \mu_0| \geqslant c\} = \alpha$ 即可,这等价于 $P\{|U| \geqslant \dfrac{c}{\sigma / \sqrt{n}} \mid \mu = \mu_0\} = \alpha$,此时只要取 $\dfrac{c}{\sigma / \sqrt{n}} = u_{1-\alpha/2}$ 便可,从而检验问题(4.6)的水平为 α 的检验的拒绝域为

$$W = \{|u| \geqslant u_{1-\alpha/2}\} \tag{4.7}$$

【例 4.5】 某洗涤剂厂有一台瓶装洗洁精的灌装机,在生产正常时,每瓶洗洁精的净重服从正态分布,均值为 454g,标准差为 12g.为检查近期机器工作是否正常,从中抽出 16 瓶,称得其净重的平均值为 $\bar{x} = 456.64$g.试对机器工作正常与否作出判断(取 $\alpha = 0.01$,并假定 σ 不变).

解 这里需检验的假设为:

$$H_0 : \mu = 454; \quad H_1 : \mu \neq 454$$

在 $\alpha = 0.01$ 时,查附录 1,得 $u_{1-\alpha/2} = u_{0.995} = 2.58$,从而拒绝域为 $\{|u| \geqslant 2.58\}$.现由样本求得

$$u = \frac{456.64 - 454}{12 / \sqrt{16}} = 0.88$$

由于 $|u| < 2.58$,故不能拒绝 H_0,即认为机器正常.

由前面的讨论可知,检验问题 $H_0 : \mu = \mu_0, H_1 : \mu > \mu_0$,其水平为 α 的检验的拒绝域为 $W = \{u \geqslant u_{1-\alpha}\}$;同理,检验问题 $H_0 : \mu = \mu_0, H_1 : \mu < \mu_0$,其水平为 α 的检验的拒绝域为 $W = \{u \leqslant u_\alpha\}$.检验的拒绝域的形式由 H_1 决定,而临界值实际上是由 $\mu = \mu_0$ 时 U 的分布决定的.在 $\mu = \mu_0$ 时,$U = \dfrac{\overline{X} - \mu_0}{\sigma / \sqrt{n}}$ 服从标准正态分布,因此拒绝域 $W = \{u \geqslant u_{1-\alpha}\}$ 中的临界值为 $u_{1-\alpha}$,拒绝域 $W = \{u \leqslant u_\alpha\}$ 中的临界值为

u_a,拒绝域 $W = \{|\mu| \geqslant u_{1-a/2}\}$ 中的临界值为 $u_{1-a/2}$.

2. σ 未知

可同样考虑前面提到的三个检验问题:

① $H_0 : \mu \leqslant \mu_0$; $\quad H_1 : \mu > \mu_0$ \hfill (4.8)

② $H_0 : \mu \geqslant \mu_0$; $\quad H_1 : \mu < \mu_0$ \hfill (4.9)

③ $H_0 : \mu = \mu_0$; $\quad H_1 : \mu \neq \mu_0$ \hfill (4.10)

但现在不能用 U 作为检验统计量,因为它含有未知参数 σ,一个自然的想法是用 σ^2 的无偏估计 S^2 去取代 σ^2,采用统计量

$$T = \frac{\overline{X} - \mu_0}{S/\sqrt{n}} \tag{4.11}$$

对检验问题(4.8)来讲,其拒绝域为 $W = \{(x_1, x_2, \cdots, x_n) : t \geqslant c\}$,其中 c 应满足

$$\alpha(\mu) = P\{T \geqslant c \mid H_0\} \leqslant \alpha, \mu \leqslant \mu_0$$

它在 $\mu = \mu_0$ 时达到最大. 这是因为对固定的 μ 而言 $T = \dfrac{\overline{X} - \mu_0}{S/\sqrt{n}} = \dfrac{\overline{X} - \mu}{S/\sqrt{n}} + \dfrac{\mu - \mu_0}{S/\sqrt{n}}$,

其中 $\dfrac{\overline{X} - \mu}{S/\sqrt{n}} \sim t(n-1)$. 当记 $F_{t(n-1)}(x)$ 为自由度是 $n-1$ 的 t 分布的分布函数时,

有

$$\alpha(\mu) = P\{T \geqslant c\} = P\{\frac{\overline{X} - \mu}{S/\sqrt{n}} \geqslant c - \frac{\mu - \mu_0}{S/\sqrt{n}}\} = 1 - F_{t(n-1)}\left(c - \frac{\mu - \mu_0}{S/\sqrt{n}}\right), \mu \leqslant \mu_0$$

当 μ 增大时,$\alpha(\mu)$ 将增大,在 $\mu = \mu_0$ 处达到最大,故只要取 $\alpha(\mu_0) = \alpha$. 而在 $\mu = \mu_0$ 时,T 服从自由度为 $n-1$ 的 t 分布,从而 $c = t_a(n-1)$. 所以检验问题(4.8)的水平为 α 的检验的拒绝域为

$$W = \{t \geqslant t_a(n-1)\} \tag{4.12}$$

对检验问题(4.9)与(4.10)来讲,水平为 α 的检验的拒绝域分别为

$$W = \{t \leqslant -t_a(n-1)\} \tag{4.13}$$

及

$$W = \{|t| \geqslant t_{a/2}(n-1)\} \tag{4.14}$$

称以式(4.11)为检验统计量的检验为 T 检验.

【例 4.6】 根据某地环境保护法规定,排入河流的废水中某种有毒化学物质含量不得超过 3ppm. 该地区环保组织对沿河各厂进行检查,测定每日排入河流的废水中该物质的含量. 某厂连日的记录为

3.1 3.2 3.3 2.9 3.5 3.4 2.5 4.3 2.9 3.6 3.2 3.0 2.7 3.5 2.9

试在显著性水平 $\alpha = 0.05$ 上判断该厂是否符合环保规定(假定废水中有毒物质含量服从 X 正态分布 $N(\mu, \sigma^2)$).

解   为判断是否符合环保规定,可提出如下假设
$$H_0: \mu \leqslant 3, \quad H_1: \mu > 3$$

由于 σ 未知,故采用 T 检验.现在 $n = 15$,在 $\alpha = 0.05$ 时,查附录 4,得 $t_{0.05}(14) = 1.7613$,故拒绝域为
$$\{t \geqslant 1.7613\}$$

现根据样本求得 $\bar{x} = 3.2, s = 0.436$,从而有
$$t = \frac{3.2 - 3}{0.436 / \sqrt{15}} = 1.7766 > 1.7613$$

样本落入拒绝域,因此在水平 $\alpha = 0.05$ 上认为该厂废水中有毒物质含量超标,不符合环保规定,应采取措施来降低废水中有毒物质的含量.

综上,将关于正态总体均值检验的有关结果列于表 4.1 中(显著性水平为 α).

表 4.1   正态总体均值检验的结果

检验法	条件	H_0	H_1	检验统计量	拒绝域
U 检验	σ 已知	$\mu \leqslant \mu_0$ $\mu \geqslant \mu_0$ $\mu = \mu_0$	$\mu > \mu_0$ $\mu < \mu_0$ $\mu \neq \mu_0$	$U = \dfrac{\bar{X} - \mu_0}{\sigma / \sqrt{n}}$	$\{u \geqslant u_{1-\alpha}\}$ $\{u \leqslant -u_{1-\alpha}\}$ $\{|u| \geqslant u_{1-\alpha/2}\}$
T 检验	σ 未知	$\mu \leqslant \mu_0$ $\mu \geqslant \mu_0$ $\mu = \mu_0$	$\mu > \mu_0$ $\mu < \mu_0$ $\mu \neq \mu_0$	$T = \dfrac{\bar{X} - \mu_0}{S / \sqrt{n}}$	$\{t \geqslant t_\alpha(n-1)\}$ $\{t \leqslant -t_\alpha(n-1)\}$ $\{|t| \geqslant t_{\alpha/2}(n-1)\}$

4.2.2   正态总体方差的检验

样本 $X_1, X_2, \cdots, X_n$ 来自正态总体 $N(\mu, \sigma^2)$,样本均值为 $\bar{X}$,样本方差为 S^2.

1. μ 未知

现在讨论 μ 未知时关于方差 σ^2 的检验问题.

(1)单边假设检验问题

首先考虑检验问题
$$H_0: \sigma^2 \leqslant \sigma_0^2, H_1: \sigma^2 > \sigma_0^2 \tag{4.15}$$

其中 σ_0^2 为一正的常数. σ^2 常用样本方差 S^2 去估计,考虑到 H_1,则拒绝域应为
$$W = \{(x_1, x_2, \cdots, x_n): S^2 \geqslant c\}$$

考虑检验统计量
$$\chi^2 = \frac{(n-1)S^2}{\sigma_0^2} \tag{4.16}$$

由于 $S^2 \geqslant c$ 这一事件等价于 $\chi^2 \geqslant c^*$,c^* 为临界值,待定.此时犯第一类错误的概率

$$\alpha(\sigma^2) = P_{\sigma^2}\{\chi^2 > c^*\}, \sigma^2 \leqslant \sigma_0^2$$

这是 σ^2 的严增函数,这可从下面看出. 若以 $F_{\chi^2(n-1)}(x)$ 记自由度是 $n-1$ 的 χ^2 分布的分布函数,那么对固定的 $\sigma^2(\sigma^2 \leqslant \sigma_0^2)$,有 $\dfrac{(n-1)S^2}{\sigma^2}$ 服从自由度为 $n-1$ 的 χ^2 分布,从而

$$\chi^2 = \frac{(n-1)S^2}{\sigma_0^2} = \frac{(n-1)S^2}{\sigma^2} \cdot \frac{\sigma^2}{\sigma_0^2}$$

此时

$$\alpha(\sigma^2) = P_{\sigma^2}\{\chi^2 > c^*\} = P_{\sigma^2}\left\{\frac{(n-1)S^2}{\sigma^2} \geqslant c^* \frac{\sigma_0^2}{\sigma^2}\right\} = 1 - F_{\chi^2(n-1)}\left(c^* \frac{\sigma_0^2}{\sigma^2}\right)$$

当 σ^2 增大时,$\alpha(\sigma^2)$ 将增大,因此在 $\sigma^2 = \sigma_0^2$ 时,$\alpha(\sigma^2)$ 达到最大. 故对给定的显著性水平 α,只要在 $\sigma^2 = \sigma_0^2$ 时,$\alpha(\sigma_0^2) = \alpha$,那么此时 χ^2 服从自由度为 $n-1$ 的 χ^2 分布,从而可取 $\chi_\alpha^2(n-1)$. 综上,对检验问题 $H_0: \sigma^2 \leqslant \sigma_0^2$,$H_1: \sigma^2 > \sigma_0^2$,可用式(4.16)作为检验统计量,水平为 α 的检验的拒绝域为

$$W = \{\chi^2 \geqslant \chi_\alpha^2(n-1)\}$$

同理,对另一单边检验问题

$$H_0: \sigma^2 \geqslant \sigma_0^2, \quad H_1: \sigma^2 < \sigma_0^2$$

仍可用式(4.16)作检验统计量,此时水平为 α 的检验的拒绝域为

$$W = \{\chi^2 \leqslant \chi_{1-\alpha}^2(n-1)\}$$

【例 4.7】　某种导线的电阻服从 $N(\mu, \sigma^2)$,μ 未知. 该种导线其中一个质量指标是电阻标准差不得大于 0.005Ω. 现从中抽取了 9 根导线测其电阻,测得样本标准差 $s = 0.0066$. 试问在 $\alpha = 0.05$ 水平上能否认为这批导线的电阻波动合格?

解　为判断是否符合质量规定,可提出如下假设

$$H_0: \sigma^2 \leqslant 0.005^2, \quad H_1: \sigma^2 > 0.005^2$$

采用 χ^2 检验. 现在 $n = 9$,在 $\alpha = 0.05$ 时,查附录 2,得 $\chi_{0.05}^2(8) = 15.507$,故拒绝域为

$$\chi^2 = \frac{(n-1)S^2}{\sigma_0^2} > 15.507$$

现根据样本求得 $s = 0.0066$,从而有

$$\frac{(n-1)s^2}{\sigma_0^2} = \frac{8 \times 0.0066^2}{0.005^2} = 13.94 \leqslant 15.507$$

因此在水平 $\alpha = 0.05$ 上认为这批导线的电阻波动合格.

(2) 双边假设检验问题

$$H_0: \sigma^2 = \sigma_0^2, \quad H_1: \sigma^2 \neq \sigma_0^2$$

仍可用检验统计量(4.16),此时拒绝域为 $W = \{\chi^2 \leqslant \chi_{1-\alpha/2}^2(n-1) \text{ 或 } \chi^2 \geqslant \chi_{\alpha/2}^2(n-1)\}$.

称以式(4.16)为检验统计量的检验为 χ^2 检验.

【例 4.8】 某自动机床加工套筒的直径 X 服从正态分布. 现从加工的这批套筒中任取 5 个, 测得直径分别为 $x_1, x_2, \cdots, x_5$, 经计算得到 $\sum\limits_{i=1}^{5} x_i = 124(\mu m)$, $\sum\limits_{i=1}^{5} x_i^2 = 3139(\mu m^2)$. 试问这批套筒直径的方差与规定的 $\sigma^2 = 7(\mu m^2)$ 有无显著差别 ($\alpha = 0.01$)?

解 为判断是否符合质量规定, 可提出如下假设

$$H_0: \sigma^2 = \sigma_0^2 = 7, \quad H_1: \sigma^2 \neq 7$$

采用 χ^2 检验. 现在 $n = 5, \alpha = 0.01, \chi_{0.05}^2(4) = 14.860, \chi_{0.95}^2(4) = 0.209$, 故拒绝域为

$$\frac{(n-1)s^2}{\sigma_0^2} < 0.209 \quad 或 \quad \frac{(n-1)s^2}{\sigma_0^2} > 14.860$$

现根据样本求得 $s^2 = \dfrac{1}{n-1} \left(\sum\limits_{i=1}^{n} x_i^2 - n\bar{x}^2 \right) = 63.8$, 从而有

$$0.207 \leqslant \frac{(n-1)s^2}{\sigma_0^2} = 9.1 \leqslant 14.860$$

所以在显著水平 $\alpha = 0.01$ 下, 认为这批套筒直径的方差与规定的 $\sigma^2 = 7(\mu m^2)$ 无显著差别.

2. μ 已知

根据类似的讨论可得相似的结论.

将关于正态总体方差检验的有关结果列于表 4.2 中以便查找.

表 4.2　正态总体方差检验结果

检验法	条件	H_0	H_1	检验统计量	拒绝域
χ^2 检验	μ 已知	$\sigma^2 \leqslant \sigma_0^2$ $\sigma^2 \geqslant \sigma_0^2$ $\sigma^2 = \sigma_0^2$	$\sigma^2 > \sigma_0^2$ $\sigma^2 < \sigma_0^2$ $\sigma^2 \neq \sigma_0^2$	$\chi^2 = \dfrac{\sum\limits_{i=1}^{n}(X_i - \mu)^2}{\sigma_0^2}$	$\{\chi^2 \geqslant \chi_\alpha^2(n)\}$ $\{\chi^2 \leqslant \chi_{1-\alpha}^2(n)\}$ $\{\chi^2 \leqslant \chi_{1-\alpha/2}^2(n)\}$ 或 $\{\chi^2 \geqslant \chi_{\alpha/2}^2(n)\}$
χ^2 检验	μ 未知	$\sigma^2 \leqslant \sigma_0^2$ $\sigma^2 \geqslant \sigma_0^2$ $\sigma^2 = \sigma_0^2$	$\sigma^2 > \sigma_0^2$ $\sigma^2 < \sigma_0^2$ $\sigma^2 \neq \sigma_0^2$	$\chi^2 = \dfrac{(n-1)S^2}{\sigma_0^2}$	$\{\chi^2 \geqslant \chi_\alpha^2(n-1)\}$ $\{\chi^2 \leqslant \chi_{1-\alpha}^2(n-1)\}$ $\{\chi^2 \leqslant \chi_{1-\alpha/2}^2(n-1)\}$ 或 $\{\chi^2 \geqslant \chi_{\alpha/2}^2(n-1)\}$

4.2.3　两个正态总体均值差的检验

设正态总体 $X \sim N(\mu_1, \sigma_1^2), Y \sim N(\mu_2, \sigma_2^2)$, 且它们相互独立. 又 $X_1, X_2, \cdots,$

X_{n_1} 是总体 X 的容量为 n_1 的样本,其样本均值与样本无偏方差分别记为 $\overline{X}, S_1^2; Y_1,$ $Y_2, \cdots, Y_{n_2}$ 是总体 Y 的容量为 n_2 的样本,其样本均值与样本无偏方差分别记为 $\overline{Y},$ S_2^2. 下面讨论有关均值大小的检验问题,分几种情况讨论.

1. σ_1, σ_2 已知

先考虑假设检验问题:

$$H_0 : \mu_1 \leqslant \mu_2, \quad H_1 : \mu_1 > \mu_2 \tag{4.17}$$

这相当于考虑检验问题:

$$H_0 : \mu_1 - \mu_2 \leqslant 0, \quad H_1 : \mu_1 - \mu_2 > 0 \tag{4.18}$$

由于可用 $\overline{X}, \overline{Y}$ 分别估计 μ_1, μ_2,考虑到 H_1,可取拒绝域为

$$W = \{(x_1, x_2, \cdots, x_{n_1}; y_1, y_2, \cdots, y_{n_2}) : \overline{X} - \overline{Y} \geqslant c\}$$

其中 c 是待定的临界值.

由于 $\overline{X} - \overline{Y}$ 服从 $N(\mu_1 - \mu_2, \frac{\sigma_1^2}{n_1} + \frac{\sigma_2^2}{n_2})$,故对给定的显著性水平 α,c 应由下式确定

$$\alpha(\mu_1 - \mu_2) = P\{\overline{X} - \overline{Y} \geqslant c\} = 1 - \Phi\left(\frac{c - (\mu_1 - \mu_2)}{\sqrt{\frac{\sigma_1^2}{n_1} + \frac{\sigma_2^2}{n_2}}}\right) \leqslant \alpha, \mu_1 - \mu_2 \leqslant 0$$

考虑到 $\alpha(\mu_1 - \mu_2)$ 在 $\mu_1 - \mu_2 = 0$ 时达到最大值,故可取 $c / \sqrt{\frac{\sigma_1^2}{n_1} + \frac{\sigma_2^2}{n_2}} = u_{1-\alpha}$.

即 $c = \sqrt{\frac{\sigma_1^2}{n_1} + \frac{\sigma_2^2}{n_2}} u_{1-\alpha}$. 取检验统计量为

$$U = \frac{\overline{X} - \overline{Y}}{\sqrt{\frac{\sigma_1^2}{n_1} + \frac{\sigma_2^2}{n_2}}} \tag{4.19}$$

则拒绝域 $W = \left\{\overline{X} - \overline{Y} \geqslant \sqrt{\frac{\sigma_1^2}{n_1} + \frac{\sigma_2^2}{n_2}} u_{1-\alpha}\right\}$ 等价于

$$W = \{u \geqslant u_{1-\alpha}\} \tag{4.20}$$

从而检验问题(4.18)的水平为 α 的检验拒绝域为式(4.20).

同理可得检验问题

$$H_0 : \mu_1 \geqslant \mu_2, \quad H_1 : \mu_1 < \mu_2 \tag{4.21}$$

与

$$H_0 : \mu_1 = \mu_2, \quad H_1 : \mu_1 \neq \mu_2 \tag{4.22}$$

的 α 水平的拒绝域分别为 $W = \{u \leqslant u_\alpha\}$ 与 $W = \{|u| \geqslant u_{1-\alpha/2}\}$.

也称用统计量(4.19)的检验为 U 检验.

2. σ_1, σ_2 未知,但相等

在这种场合,记 $\sigma_1^2 = \sigma_2^2 = \sigma^2$,$\sigma^2$ 可用 $S_w^2 = \dfrac{(n_1 - 1)S_1^2 + (n_2 - 1)S_2^2}{n_1 + n_2 - 2}$ 去估计.

采用检验统计量

$$T = \frac{\overline{X} - \overline{Y}}{S_w \sqrt{\dfrac{1}{n_1} + \dfrac{1}{n_2}}} \tag{4.23}$$

仍考虑检验问题(4.18),此时拒绝域$\{\overline{X} - \overline{Y} \geqslant c\}$中的$c$可由下式决定:

$$\alpha(\mu_1 - \mu_2) = P\{\overline{X} - \overline{Y} \geqslant c\}$$

$$= 1 - P\left\{\frac{(\overline{X} - \overline{Y}) - (\mu_1 - \mu_2)}{S_w \sqrt{\dfrac{1}{n_1} + \dfrac{1}{n_2}}} \geqslant \frac{c - (\mu_1 - \mu_2)}{S_w \sqrt{\dfrac{1}{n_1} + \dfrac{1}{n_2}}}\right\}$$

$$\leqslant \alpha, \mu_1 - \mu_2 \leqslant 0$$

当$\mu_1 - \mu_2 = 0$时,$\alpha(\mu_1 - \mu_2)$达到最大值. 而在$\mu_1 = \mu_2$时,T服从自由度为$n_1 + n_2 - 2$的t分布,故可取$\dfrac{c}{S_w \sqrt{\dfrac{1}{n_1} + \dfrac{1}{n_2}}} = t_\alpha(n_1 + n_2 - 2)$,即$c = t_\alpha(n_1 + n_2 - 2)S_w \sqrt{\dfrac{1}{n_1} + \dfrac{1}{n_2}}$. 从而拒绝域为$\overline{X} - \overline{Y} \geqslant t_\alpha(n_1 + n_2 - 2)S_w \sqrt{\dfrac{1}{n_1} + \dfrac{1}{n_2}}$,这等价于

$$W = \{t \geqslant t_\alpha(n_1 + n_2 - 2)\} \tag{4.24}$$

同理可得检验问题(4.21)与(4.22)的水平为α的检验的拒绝域分别为$W = \{t \leqslant t_{1-\alpha}(n_1 + n_2 - 2)\}$、$W = \{|t| \geqslant t_{\alpha/2}(n_1 + n_2 - 2)\}$.

也称以式(4.23)为检验统计量的检验为T检验.

【例 4.9】 对用两种不同的热处理方法加工的金属材料做抗拉强度试验,得到的试验数据如表 4.3 所示.

表 4.3 抗拉强度试验数据(单位:kg/cm^2)

甲种方法	31, 34, 29, 26, 32, 35, 38, 34, 30, 29, 32, 31
乙种方法	26, 24, 28, 29, 30, 29, 32, 26, 31, 29, 32, 28

设用两种热处理方法加工的金属材料抗拉强度各构成正态总体,且两个总体方差相等,给定显著性水平 0.05,问两种方法所得金属材料的(平均)抗拉强度有无显著差异.

解 假设为:$H_0: \mu_1 = \mu_2, H_2: \mu_1 \neq \mu_2$,采用$T$检验. 此时$n_1 = n_2 = 12, \overline{x} = 31.73, \overline{y} = 28.67, s_1^2 = 10.2, s_2^2 = 6.06, s_w^2 = \dfrac{(n_1 - 1)s_1^2 + (n_2 - 1)s_2^2}{n_1 + n_2 - 2} = 8.943$,查附录 4,得$t_{0.025}(22) = 2.0739$,故拒绝域为$W = \{|t| \geqslant 2.0739\}$. 现根据样本求得

$$|t| = \left|\frac{\overline{x} - \overline{y}}{s_w \sqrt{\dfrac{1}{n_1} + \dfrac{1}{n_2}}}\right| = 2.523 > 2.0739$$

因此,两种方法所得金属材料的(平均)抗拉强度有显著差异.

3. σ_1, σ_2 未知的一般场合

这里给出两种近似检验方法.

(1) n_1 与 n_2 不太大时

此时 $\overline{X}$ 服从 $N\left(\mu_1, \dfrac{\sigma_1^2}{n_1}\right)$，$\overline{Y}$ 服从 $N\left(\mu_2, \dfrac{\sigma_2^2}{n_2}\right)$，且两者独立，从而 $\overline{X} - \overline{Y}$ 服从

$N\left(\mu_1 - \mu_2, \dfrac{\sigma_1^2}{n_1} + \dfrac{\sigma_2^2}{n_2}\right)$，故 $\dfrac{(\overline{X} - \overline{Y}) - (\mu_1 - \mu_2)}{\sqrt{\dfrac{\sigma_1^2}{n_1} + \dfrac{\sigma_2^2}{n_2}}}$ 服从标准正态分布. 当 σ_1^2, σ_2^2 分别用

其相合估计 S_1^2, S_2^2 代替后，记

$$T^* = \frac{(\overline{X} - \overline{Y}) - (\mu_1 - \mu_2)}{\sqrt{\dfrac{S_1^2}{n_1} + \dfrac{S_2^2}{n_2}}} \tag{4.25}$$

这时 T^* 就不再服从 $N(0,1)$，其形式很像 t 统计量. 因此人们就设法用 t 统计量去拟合，结果发现，若取

$$l = \left(\frac{s_1^2}{n_1} + \frac{s_2^2}{n_2}\right)^2 \bigg/ \left[\frac{s_1^4}{n_1^2(n_1-1)} + \frac{s_2^4}{n_2^2(n_2-1)}\right] \tag{4.26}$$

l 为非整数时取最接近的整数，则 T^* 近似服从自由度是 l 的 t 分布，于是可用 T^* 作为检验统计量. 对如下三类检验问题

$$H_0 : \mu_1 - \mu_2 \leqslant 0, H_1 : \mu_1 - \mu_2 > 0$$
$$H_0 : \mu_1 - \mu_2 \geqslant 0, H_1 : \mu_1 - \mu_2 < 0$$
$$H_0 : \mu_1 - \mu_2 = 0, H_1 : \mu_1 - \mu_2 \neq 0$$

的拒绝域分别为

$$W_1 = \{(x_1, x_2, \cdots, x_n) : t^* \geqslant t_a(l)\}$$
$$W_2 = \{(x_1, x_2, \cdots, x_n) : t^* \leqslant t_{1-\alpha}(l)\}$$
$$W_3 = \{(x_1, x_2, \cdots, x_n) : |t^*| \geqslant t_{\alpha/2}(l)\}$$

(2) 当 n_1 与 n_2 较大时

当 n_1 与 n_2 较大时，式(4.26) 中的 l 也将随之而增大. 我们知道，当 $l \geqslant 30$ 时，自由度为 l 的 t 分布就很接近于正态分布 $N(0,1)$. 故在 n_1 与 n_2 较大时，我们将式(4.25) 中的 T^* 改记为 U，并认为 U 近似服从 $N(0,1)$ 分布，对上述三类检验问题分别采用拒绝域：

$$W_1 = \{(x_1, x_2, \cdots, x_n) : u \geqslant u_{1-\alpha}\}$$
$$W_2 = \{(x_1, x_2, \cdots, x_n) : u \leqslant u_\alpha\}$$
$$W_3 = \{(x_1, x_2, \cdots, x_n) : |u| \geqslant u_{1-\alpha/2}\}$$

【例 4.10】 设甲、乙两种矿石中含铁量分别服从 $N(\mu_1, \sigma_1^2), N(\mu_2, \sigma_2^2)$. 现分别从两种矿石中各取若干样品测其含铁量，其样本量、样本均值和样本无偏方差分别为：

甲矿石 $n_1 = 10, \bar{x} = 16.01, s_1^2 = 10.80$

乙矿石 $n_2 = 5, \bar{y} = 18.98, s_2^2 = 0.27$

试在 $\alpha = 0.01$ 水平上,检验下述假设:甲矿石含铁量不低于乙矿石的含铁量.

解   这里的检验问题为

$$H_0 : \mu_1 - \mu_2 \geqslant 0, H_1 : \mu_1 - \mu_2 < 0$$

由于这里 n_1, n_2 都不大,且 s_1^2 与 s_2^2 又相差甚大.故拟采用式(4.25)中的 T^* 统计量做检验.此时

$$l = \left(\frac{s_1^2}{n_1} + \frac{s_2^2}{n_2}\right)^2 \bigg/ \left[\frac{s_1^4}{n_1^2(n_1 - 1)} + \frac{s_2^4}{n_2^2(n_2 - 1)}\right] = 9.87$$

可取与其最接近的整数代替,故取 $l = 10$.在 $\alpha = 0.01$ 时,$t_{0.99}(10) = -2.7638$,则拒绝域为 $W = \{t^* \leqslant -2.7638\}$.现由样本求得 $t^* = -2.789$,由于样本落入拒绝域,故在 $\alpha = 0.01$ 水平上拒绝 H_0,认为甲矿石含铁量明显低于乙矿石的含铁量.

将有关两个正态总体均值的假设检验的结果列于表 4.4 中.

表 4.4   两个正态总体均值的假设检验(显著性水平为 α)

检验法	条件	H_0	H_1	检验统计量	拒绝域
U 检验	σ_1, σ_2 已知	$\mu_1 \leqslant \mu_2$ $\mu_1 \geqslant \mu_2$ $\mu_1 = \mu_2$	$\mu_1 > \mu_2$ $\mu_1 < \mu_2$ $\mu_1 \neq \mu_2$	$U = \dfrac{\bar{X} - \bar{Y}}{\sqrt{\dfrac{\sigma_1^2}{n_1} + \dfrac{\sigma_2^2}{n_2}}}$	$\{u \geqslant u_{1-\alpha}\}$ $\{u \leqslant u_\alpha\}$ $\{|u| \geqslant u_{1-\alpha/2}\}$
T 检验	$\sigma_1 = \sigma_2 = \sigma$ 未知	$\mu_1 \leqslant \mu_2$ $\mu_1 \geqslant \mu_2$ $\mu_1 = \mu_2$	$\mu_1 > \mu_2$ $\mu_1 < \mu_2$ $\mu_1 \neq \mu_2$	$T = \dfrac{\bar{X} - \bar{Y}}{S_w \sqrt{\dfrac{1}{n_1} + \dfrac{1}{n_2}}}$	$\{t \geqslant t_\alpha(n_1 + n_2 - 2)\}$ $\{t \leqslant t_{1-\alpha}(n_1 + n_2 - 2)\}$ $\{|t| \geqslant t_{\alpha/2}(n_1 + n_2 - 2)\}$
近似 U 检验	σ_1, σ_2 未知 n_1, n_2 充分大	$\mu_1 \leqslant \mu_2$ $\mu_1 \geqslant \mu_2$ $\mu_1 = \mu_2$	$\mu_1 > \mu_2$ $\mu_1 < \mu_2$ $\mu_1 \neq \mu_2$	$U = \dfrac{\bar{X} - \bar{Y}}{\sqrt{\dfrac{S_1^2}{n_1} + \dfrac{S_2^2}{n_2}}}$	$\{u \geqslant u_{1-\alpha}\}$ $\{u \leqslant u_\alpha\}$ $\{|u| \geqslant u_{1-\alpha/2}\}$
近似 T 检验	σ_1, σ_2 未知 n_1, n_2 不太大	$\mu_1 \leqslant \mu_2$ $\mu_1 \geqslant \mu_2$ $\mu_1 = \mu_2$	$\mu_1 > \mu_2$ $\mu_1 < \mu_2$ $\mu_1 \neq \mu_2$	$T^* = \dfrac{\bar{X} - \bar{Y}}{\sqrt{\dfrac{S_1^2}{n_1} + \dfrac{S_2^2}{n_2}}}$	$\{t^* \geqslant t_\alpha(l)\}$ $\{t^* \leqslant t_{1-\alpha}(l)\}$ $\{|t^*| \geqslant t_{\alpha/2}(l)\}$

表 4.4 中

$$S_w^2 = \frac{(n_1 - 1)S_1^2 + (n_2 - 1)S_2^2}{n_1 + n_2 - 2}, \quad l = \left(\frac{s_1^2}{n_1} + \frac{s_2^2}{n_2}\right)^2 \bigg/ \left[\frac{s_1^4}{n_1^2(n_1 - 1)} + \frac{s_2^4}{n_2^2(n_2 - 1)}\right]$$

4.2.4   两个正态方差比的检验

设正态总体 $X \sim N(\mu_1, \sigma_1^2), Y \sim N(\mu_2, \sigma_2^2)$,且它们相互独立.又 $X_1, X_2, \cdots,$

X_{n_1} 是总体 X 的容量为 n_1 的样本,其样本均值与样本无偏方差分别记为 $\bar{X}, S_1^2; Y_1,$ $Y_2, \cdots, Y_{n_2}$ 是总体 Y 的容量为 n_2 的样本,其样本均值与样本无偏方差分别记为 $\bar{Y},$ S_2^2. 这里假定 μ_1, μ_2 未知,考虑有关方差大小的检验问题.

先考虑单边检验问题:

$$H_0: \sigma_1^2 \leqslant \sigma_2^2, \quad H_1: \sigma_1^2 > \sigma_2^2 \tag{4.27}$$

也可将上述检验问题记为:

$$H_0: \frac{\sigma_1^2}{\sigma_2^2} \leqslant 1, \quad H_1: \frac{\sigma_1^2}{\sigma_2^2} > 1$$

由于常用 S_1^2, S_2^2 分别估计 σ_1^2, σ_2^2,因而考虑通过比较 S_1^2, S_2^2 的大小来判断. 先考虑统计量

$$F = \frac{S_1^2}{S_2^2} \tag{4.28}$$

考虑到 H_1,因而可取拒绝域为

$$W = \{(x_1, x_2, \cdots, x_{n_1}; y_1, y_2, \cdots, y_{n_2}): f \geqslant c\}$$

c 为临界值,待定.

对固定的 $\sigma_1^2, \sigma_2^2, \dfrac{S_1^2/\sigma_1^2}{S_2^2/\sigma_2^2} = \dfrac{\sigma_2^2}{\sigma_1^2} F \sim F(n_1-1, n_2-1)$. 记 $F_{F(n_1-1, n_2-1)}(x)$ 为自由度是 n_1-1, n_2-1 的 F 分布的分布函数,则犯第一类错误的概率为

$$\alpha\left(\frac{\sigma_1^2}{\sigma_2^2}\right) = P\{F \geqslant c\} = P\left\{\frac{S_1^2/\sigma_1^2}{S_2^2/\sigma_2^2} \geqslant \frac{\sigma_2^2}{\sigma_1^2}c\right\} = 1 - F_{F(n_1-1, n_2-1)}\left(\frac{\sigma_2^2}{\sigma_1^2}c\right), \frac{\sigma_1^2}{\sigma_2^2} \leqslant 1$$

它是 $\dfrac{\sigma_1^2}{\sigma_2^2}$ 的增函数,它在 $\dfrac{\sigma_1^2}{\sigma_2^2} = 1$ 时达到最大,故只要 $\alpha(1) = \alpha$ 便可得水平为 α 的检验的拒绝域. 在 $\dfrac{\sigma_1^2}{\sigma_2^2} = 1$ 时,F 服从 $F(n_1-1, n_2-1)$,故 $c = F_\alpha(n_1-1, n_2-1)$. 从而检验问题(4.27)的水平为 α 的拒绝域为

$$W = \{f \geqslant F_\alpha(n_1-1, n_2-1)\}$$

同理可得检验问题

$$H_0: \sigma_1^2 \geqslant \sigma_2^2, \quad H_1: \sigma_1^2 < \sigma_2^2$$

与

$$H_0: \sigma_1^2 = \sigma_2^2, \quad H_1: \sigma_1^2 \neq \sigma_2^2$$

的水平为 α 的拒绝域分别是

$$W = \{f \leqslant F_{1-\alpha}(n_1-1, n_2-1)\}$$

与

$$W = \{f \leqslant F_{1-\alpha/2}(n_1-1, n_2-1) \text{ 或 } f \geqslant F_{\alpha/2}(n_1-1, n_2-1)\}$$

用式(4.28)作为检验统计量的检验称为 F 检验.

类似可得 μ_1, μ_2 已知的结论. 将两正态总体方差的检验有关结果列于表 4.5 中.

表 4.5　两正态总体方差的检验(显著性水平为 α)

检验法	条件	H_0	H_1	检验统计量	拒绝域
F 检验	μ_1,μ_2 已知	$\sigma_1^2 \leqslant \sigma_2^2$ $\sigma_1^2 \geqslant \sigma_2^2$ $\sigma_1^2 = \sigma_2^2$	$\sigma_1^2 > \sigma_2^2$ $\sigma_1^2 < \sigma_2^2$ $\sigma_1^2 \neq \sigma_2^2$	$F = \dfrac{n_2 \sum\limits_{i=1}^{n_1}(X_i - \mu_1)^2}{n_1 \sum\limits_{i=1}^{n_2}(Y_i - \mu_2)^2}$	$\{f \geqslant F_\alpha(n_1,n_2)\}$ $\{f \leqslant F_{1-\alpha}(n_1,n_2)\}$ $\left\{\begin{array}{l} f \geqslant F_{\alpha/2}(n_1,n_2)\ \text{或}\\ f \leqslant F_{1-\alpha/2}(n_1,n_2)\end{array}\right\}$
F 检验	μ_1,μ_2 未知	$\sigma_1^2 \leqslant \sigma_2^2$ $\sigma_1^2 \geqslant \sigma_2^2$ $\sigma_1^2 = \sigma_2^2$	$\sigma_1^2 > \sigma_2^2$ $\sigma_1^2 < \sigma_2^2$ $\sigma_1^2 \neq \sigma_2^2$	$F = \dfrac{S_1^2}{S_2^2}$	$\{f \geqslant F_\alpha(n_1-1,n_2-1)\}$ $\{f \leqslant F_{1-\alpha}(n_1-1,n_2-1)\}$ $\left\{\begin{array}{l} f \geqslant F_{\alpha/2}(n_1-1,n_2-1)\ \text{或}\\ f \leqslant F_{1-\alpha/2}(n_1-1,n_2-1)\end{array}\right\}$

【例 4.11】　甲、乙两台机床分别加工某种轴,轴的直径分别服从正态分布 $N(\mu_1,\sigma_1^2)$ 与 $N(\mu_2,\sigma_2^2)$,为比较两台机床的加工精度有无显著差异,从各自加工的轴中分别抽取若干根轴测其直径,结果如下(表 4.6)。

表 4.6　直径数据

总体	样本容量	直径(mm)
X(机床甲)	8	20.5　19.8　19.7　20.4　20.1　20.0　19.0　19.9
Y(机床乙)	7	20.7　19.8　19.5　20.8　20.4　19.6　20.2

并进一步检验两台机床加工的轴的平均直径是否一致(取 $\alpha = 0.05$).

解　首先建立假设: $H_0:\sigma_1^2 = \sigma_2^2$, $H_1:\sigma_1^2 \neq \sigma_2^2$,检验统计量为

$$F = \frac{S_1^2/\sigma_1^2}{S_2^2/\sigma_2^2} \overset{H_0}{\sim} F(n_1-1,n_2-1)$$

在 $n_1 = 8, n_2 = 7, \alpha = 0.05$ 时

$$F_{0.975}(7,6) = \frac{1}{F_{0.025}(6,7)} = \frac{1}{5.2} = 0.195, F_{0.025}(7,6) = 5.70$$

故拒绝域为

$$\{f \leqslant 0.195 \ \text{或} \ f \geqslant 5.70\}$$

现由样本求得 $s_1^2 = 0.2164, s_2^2 = 0.2729$,从而 $f = 0.793$,未落入拒绝域,因而在 $\alpha = 0.05$ 水平上可认为两台机床加工精度一致.

经上述的 F 检验已确认其方差相等,即认为甲、乙两台机床加工的直径分别服从 $N(\mu_1,\sigma^2)$ 与 $N(\mu_2,\sigma^2)$. 对第二个问题相当于检验: $H_0:\mu_1 = \mu_2$, $H_1:\mu_1 \neq \mu_2$. 由于两总体方差一致但未知,故用统计量

$$T = \frac{\overline{X} - \overline{Y}}{S_w \sqrt{\dfrac{1}{n_1} + \dfrac{1}{n_2}}}$$

而 $n_1 = 8, n_2 = 7, \alpha = 0.05, t_{0.025}(13) = 2.1604$,从而拒绝域为 $\{|t| \geqslant 2.1604\}$.

现由样本求得 $\bar{x} = 19.295, \bar{y} = 20.143, s_w^2 = 0.2425$，则 $t = -0.8554$，由于 $|t| < 2.1604$，故可认为在 $\alpha = 0.05$ 水平上，两台机床加工的轴的平均直径一致.

4.2.5 检验的 p 值(尾概率)

假设检验的结论通常是：在给定的显著性水平下，不是拒绝原假设，就是保留原假设. 由于显著性水平变小后会导致检验的拒绝域变小，所以有时会出现这样的情况：在一个较大的显著性水平(如 $\alpha = 0.05$)下得到拒绝原假设的结论，而在一个较小的显著性水平(如 $\alpha = 0.01$)下却会得到相反的结论. 这样在应用中会带来一些麻烦：假如这时有一个人主张选择显著性水平 $\alpha = 0.05$，而另一个人主张选择显著性水平 $\alpha = 0.01$，则第一个人的结论是拒绝原假设 H_0，而后一个人的结论是保留 H_0.

【例 4.12】 一支香烟中的尼古丁含量 X 服从正态分布 $N(\mu, 1)$，质量标准规定 μ 不能超过 1.5mg. 现从某厂生产的香烟中随机抽取 20 支，测得其平均每支香烟的尼古丁含量为 $\bar{x} = 1.97$，试问该厂生产的香烟尼古丁含量是否符合质量标准的规定？

解 这是一个检验问题：$H_0: \mu \leq 1.5; H_1: \mu > 1.5$

由于 $\sigma^2 = 1$ 已知，所以检验统计量为

$$U = \frac{\bar{X} - \mu_0}{\sigma/\sqrt{n}} = \frac{\bar{X} - 1.5}{1/\sqrt{20}}$$

H_0 的拒绝域为 $W = \{(x_1, x_2, \cdots, x_n): u \geq u_{1-\alpha}\}$，计算得：

$$u = u(x_1, x_2, \cdots, x_n) = \frac{1.97 - 1.5}{1/\sqrt{20}} \approx 2.10$$

对于不同的显著性水平，表 4.7 列出了相应的拒绝域和经验的结论.

表 4.7 拒绝域和经验结论

显著性水平	拒绝域	结论($u = 2.10$)
$\alpha = 0.05$	$u > 1.645$	拒绝原假设 H_0
$\alpha = 0.025$	$u > 1.96$	拒绝原假设 H_0
$\alpha = 0.001$	$u > 2.33$	保留原假设 H_0
$\alpha = 0.005$	$u > 2.58$	保留原假设 H_0

我们看到对于不同的显著性水平，有不同的结论.

现在换一个角度来看. 当 $\mu = 1.5$ 时，$U = \frac{\bar{X} - 1.5}{1/\sqrt{20}} \sim N(0, 1)$. 此时，可计算得，

$$P_{\mu=1.5}\{U > 2.10\} = 0.0179$$

若以 0.0179 为基准来看上述检验问题,可得:当 $\alpha < 0.0179$ 时,$u_{1-\alpha} > 2.10$,于是 $x_1, x_2, \cdots, x_n$ 就不在 $\{u > u_{1-\alpha}\}$ 中,此时应保留原假设 H_0;而当 $\alpha > 0.0179$ 时,$u_{1-\alpha} \leqslant 2.10$,于是 $x_1, x_2, \cdots, x_n$ 就落入 $\{u > u_{1-\alpha}\}$ 中,此时应拒绝原假设 H_0. 由此可以看出,0.0179 是能用此组样本观测值(检验统计量的值为 2.10)做出"拒绝原假设 H_0"的最小的显著性水平,这就是 p 值.

引进检验的 p 值的优点是:第一,它比较客观,避免了事先确定的显著性水平. 第二,由经验的 p 值与人们心目中的显著性水平进行比较,可以很容易做出检验的结论,即如果 $\alpha \geqslant p$,则在显著性水平 α 下拒绝原假设 H_0;如果 $\alpha < p$,则在显著性水平 α 下保留原假设 H_0.

4.3 计数的卡方检验

前面所介绍的估计与假设检验都是在已知总体分布的条件下,对总体的一些参数,如均值和方差等进行估计或假设检验,而且这类估计和检验一般都要假设总体服从于正态分布、方差相等等条件. 但现实生活中所遇到的统计问题往往并不知总体的分布,我们想要根据一组样本的信息来推断总体是否属于某种理论分布,或者判断某种现象的出现是否是随机的,或者是两种及两种以上的现象之间是否有联系,及联系的紧密程度如何等等. 此外,统计上还有其他一些不是参数的估计和假设检验问题以及无法确定总体服从何种分布的统计问题. 这类问题统称为非参数检验问题. 非参数检验中应用的最广的方法就是计数的卡方检验,即利用 χ^2 分布进行拟合优度检验和变量间的独立性检验.

4.3.1 χ^2 拟合优度检验

在实际中为了利用统计资料做出推断,常常必须选择某种已知的概率分布来近似所研究的频率分布,但是我们需要分析这种近似存在多大程度的误差. χ^2 检验能够检验观察到的频率分布是否服从于某种理论上的分布,或者说检验某一实际的随机变量与某一理论分布之间的差异是否显著. 这样就可以用来确定某种具体的概率分布究竟是否符合某种理论分布,如二项分布、泊松分布或正态分布,以便我们掌握这种分布的特性. 同时,这种检验反过来也就确定了用某种理论分布来研究某一实际问题时的适应性. χ^2 用于这方面的检验时称作拟合优度的检验.

若被检验总体的真实的分布函数为 $F(x)$,但它是未知的,要求根据从这一总体中所随机抽取的一组样本来检验总体是否与某种已知的理论分布 $F^*(x)$ 相一致,则 χ^2 拟合优度检验也就转化为下列假设检验问题:

$$H_0: F(x) = F^*(x), \quad H_1: F(x) \neq F^*(x)$$

假定一个总体可分为 r 类,现从该总体获得了一个样本 —— 这是一批分类数据,现在需要我们从这些分类数据中出发,去判断总体各类出现的概率是否与已知的概率相符. 譬如要检验一颗骰子是否均匀,那么可以将该骰子抛掷若干次,记录每一面出现的次数,从这些数据出发去检验各面出现的概率是否都是 $1/6$,χ^2 拟合优度检验就是用来检验一批分类数据所来自的总体的分布是否与某种理论分布相一致. 在实际问题中常会遇到这种分类数据,下面就讨论这类数据的有关检验问题.

1. 总体可分为有限类,且总体分布不含未知参数

设总体 X 可以分成 r 类,记为 $A_1, A_2, \cdots, A_r$,如今要检验的假设为:

$$H_0: P(A_i) = p_i, \quad i = 1, 2, \cdots, r$$

其中各 p_i 已知,$p_i \geq 0$,$\sum_{i=1}^{r} p_i = 1$. 现对总体作了 n 次观察,各类出现的频数分别为 $n_1, n_2, \cdots, n_r$,且 $\sum_{i=1}^{r} n_i = n$. 若 H_0 为真,则各概率 p_i 与频率 $\frac{n_i}{n}$ 应相差不大,或各观察频数 n_i 与理论频数 np_i 应相差不大. 据此想法,英国统计学家 K. Pearson 提出了一个检验统计量

$$\chi^2 = \sum_{i=1}^{r} \frac{(n_i - np_i)^2}{np_i} \tag{4.29}$$

并指出,当样本容量 n 充分大且 H_0 为真时,χ^2 近似服从自由度为 $r-1$ 的 χ^2 分布.

从 χ^2 统计量(4.29)的结构看,当 H_0 为真时,和式中每一项的分子 $(n_i - np_i)^2$ 都不应太大,从而总和也不会太大. 若 χ^2 过大,人们就会认为原假设 H_0 不真. 基于此想法,检验的拒绝域应有如下形式:$W = \{\chi^2 \geq c\}$. 对于给定的显著性水平 α,由分布 $\chi^2(r-1)$ 可定出 $c = \chi^2_\alpha(r-1)$.

【例 4.13】 某大公司的人事部门希望了解公司职工的病假是否均匀分布在周一到周五,以便合理安排工作. 如今抽取了 100 名病假职工,其病假日分别如下(表 4.8)

表 4.8 病假日频数

工作日	周一	周二	周三	周四	周五
频数	17	27	10	28	18

试问该公司职工病假是否均匀分布在一周五个工作日中($\alpha = 0.05$)?

解 若病假是均匀分布在五个工作日内,则应有 $p_i = \frac{1}{5}$,$i = 1, 2, \cdots, 5$. 以 A_i 表示"病假就在周 i",则要检验假设

$$H_0: P(A_i) = \frac{1}{5}, i = 1, 2, \cdots, 5$$

采用统计量(4.29). 由于 $r = 5$,在 $\alpha = 0.05$ 时,$\chi^2_{0.05}(4) = 9.49$,因而拒绝域为

$$W = \{\chi^2 \geq 9.49\}$$

$$\chi^2 = \frac{\left(17 - 100 \times \frac{1}{5}\right)^2}{100 \times \frac{1}{5}} + \frac{\left(27 - 100 \times \frac{1}{5}\right)^2}{100 \times \frac{1}{5}} + \frac{\left(10 - 100 \times \frac{1}{5}\right)^2}{100 \times \frac{1}{5}} +$$

$$\frac{\left(28 - 100 \times \frac{1}{5}\right)^2}{100 \times \frac{1}{5}} + \frac{\left(18 - 100 \times \frac{1}{5}\right)^2}{100 \times \frac{1}{5}} = 11.30 \geqslant 9.49$$

这表明样本落在拒绝域中,因而在 $\alpha = 0.05$ 水平上拒绝原假设 H_0,认为该公司职工病假在五个工作日中不是均匀分布的.

2. 总体可分为有限类,但总体分布含有未知参数

此处通过一个例子讲解.

【例 4.14】   在某交叉路口记录每 15s 内通过的汽车数量,共观察了 25min,得 100 个记录,经整理得表 4.9.

表 4.9   观察数据

通过的汽车数量	0	1	2	3	4	5	6	7	8	9	10	11
频数	1	5	15	17	26	11	9	8	3	2	2	1

在 $\alpha = 0.05$ 水平上检验如下假设:通过该交叉路口的汽车数量服从泊松分布 $P(\lambda)$.

解   在本例中,要检验总体是否服从泊松分布. 大家知道服从泊松分布的随机变量可取所有的非负整数,尽管它可取可数个值,但取大量值的概率非常小,因而可以忽略不计;另一方面,在对该随机变量进行实际观察时也只能观察到有限个不同值,譬如在本例中,只观察到 $0,1,\cdots,11$ 等 12 个值. 这相当于把总体分成 12 类,每一类出现的概率分别为

$$p_i = \frac{\lambda^i}{i!}e^{-\lambda}, i = 0,1,\cdots,10 ; p_{11} = \sum_{i=11}^{\infty} \frac{\lambda^i}{i!}e^{-\lambda}$$

从而把所要检验的原假设记为:

$$H_0 : P(A_i) = p_i, i = 0,1,\cdots,11$$

其中 A_i 表示 15s 内通过交叉路口的汽车为 i 辆($i = 0,1,2,\cdots,10$),A_{11} 表示 15s 内通过交叉路口的汽车超过 10 辆.

设总体 X 可以分成 r 类,记为 $A_1, A_2, \cdots, A_r$,如今要检验的假设为:

$$H_0 : P(A_i) = p_i, i = 1,2,\cdots,r$$

其中各 p_i 已知,$p_i \geqslant 0, \sum_{i=1}^{r} p_i = 1$.

1924 年英国统计学家 R. A. Fisher 证明了在总体分布中含有 k 个独立的未知参数时,若这 k 个参数用极大似然估计代替,则式(4.29)中的 p_i 用 $\hat{p}_i$ 代替,当样本容量 n 充分大时,

$$\chi^2 = \sum_{i=1}^{r} \frac{(n_i - n\hat{p}_i)^2}{n\hat{p}_i}$$

近似服从自由度为 $r-k-1$ 的 χ^2 分布.

首先此总体分布中含有未知参数 λ,用其极大似然估计 $\bar{x} = 4.28$ 去估计,从而有

$$\hat{p}_i = \frac{4.28^i}{i!} e^{-4.28}, i = 0, 1, \cdots, 10; \hat{p}_{11} = \sum_{i=11}^{\infty} \frac{4.28^i}{i!} e^{-4.28}$$

其次,由于要采用检验统计量(4.29)的近似分布来确定拒绝域,因而要求各 n_i 不能过少,通常要求 $n_i \geqslant 5$. 当某些频数小于5时,通常的做法是将临近若干组合并. 在本例中,$n_0 = 1 < 5$,因而可将 $i = 0$ 与 $i = 1$ 的两组合并;同样,由于 $i \geqslant 8$ 时各组频数亦小于5,因而也将它们合并. 从而这里组数 $r = 8$,未知参数个数 $k = 1$,采用统计量(4.29),在 $\alpha = 0.05$ 时,$\chi^2_{0.05}(8-1-1) = \chi^2_{0.05}(6) = 12.592$,拒绝域为 $W = \{\chi^2 \geqslant 12.592\}$. 计算统计量 χ^2 的值(表 4.10),得 $\chi^2 = 5.7897 < 12.592$,故在 $\alpha = 0.05$ 水平上,可保留 H_0,即认为15s内通过交叉路口的汽车数量服从参数 $\lambda = 4.28$ 的泊松分布.

表 4.10　χ^2 值计算表

i	n_i	$\hat{p}_i$	$n\hat{p}_i$	$\dfrac{(n_i - n\hat{p}_i)^2}{n\hat{p}_i}$
$\leqslant 1$	6	0.0730	7.30	0.2315
2	15	0.1268	12.68	0.4245
3	17	0.1809	18.09	0.0657
4	26	0.1935	19.35	2.2854
5	11	0.1657	16.57	1.6724
6	9	0.1182	11.82	0.6728
7	8	0.0723	7.23	0.0820
$\geqslant 8$	8	0.0696	6.96	0.1554
合计	100			5.7897

3. 总体为连续分布的情况

设样本 $X_1, X_2, \cdots, X_n$ 为来自总体 X 的一个样本,要检验的假设是:

$$H_0: X \text{ 服从分布 } F(x)$$

其中,$F(x)$ 中可以含有 k 个未知参数. 若 $k = 0$,那 $F(x)$ 就完全已知.

在这种情况下检验 H_0 的做法如下:

(1)任意取 $r-1$ 个实数,使得

$$-\infty < a_1 < a_2 < \cdots < a_{r-1} < +\infty$$

把 X 的取值范围分成 r 个互不相交的区间:

$$A_1 = (-\infty, a_1], A_2 = (a_1, a_2], \cdots, A_{r-1} = (a_{r-2}, a_{r-1}], A_r = (a_{r-1}, +\infty)$$

(2)统计样本落入这 r 个区间的频数,以 n_i 表示样本观察值落在区间 A_i 内的个数(一般要求 $r > 5, n_i \geqslant 5$)$(i = 1, 2, \cdots, r)$.

(3) 当 $k \neq 0$ 时,对 k 个未知参数给出其极大似然估计,记

$$p_1 = P\{X \leqslant a_1\} = F(a_1)$$
$$p_i = P\{a_{i-1} < X \leqslant a_i\} = F(a_i) - F(a_{i-1})(i = 2,3,\cdots,r-1)$$
$$p_r = P\{X > a_{r-1}\} = 1 - F(a_{r-1})$$

从而用未知参数的极大似然估计代替后可算得各 $\hat{p}_i(i = 1,2,\cdots,r)$.

(4) 在计算得到 n_i 和 $\hat{p}_i(i = 1,2,\cdots,r)$ 以后,计算统计量 χ^2:

$$\chi^2 = \sum_{i=1}^{r} \frac{(n_i - n\hat{p}_i)^2}{n\hat{p}_i}$$

统计上也已证明这一统计量服从于自由度为 $r-k-1$ 的 χ^2 分布.

对于给定的显著性水平 α,我们查相应的自由度为 $r-k-1$ 的 χ^2 分布表(附录 2),就可得到 $\chi_\alpha^2(r-k-1)$,使得

$$P\{\chi^2 \geqslant \chi_\alpha^2(r-k-1)\} = \alpha$$

若 $\chi^2 \geqslant \chi_\alpha^2(r-k-1)$ 时就拒绝原假设 H_0,我们认为被检验总体的真实的分布函数不为 $F(x)$.

【例 4.15】　为研究混凝土抗压强度的分布,抽取了 200 件混凝土制件测定其抗压强度,经整理得频数分布表,如表 4.11 所列.

表 4.11　频数分布表

抗压强度区间 $(a_{i-1},a_i]$	频数 n_i
(190,200]	10
(200,210]	26
(210,220]	56
(220,230]	64
(230,240]	30
(240,250]	14
合计	200

试在 $\alpha = 0.05$ 水平上检验抗压强度的分布是否为正态分布.

解　若用 $F(x)$ 表示 $N(\mu,\sigma^2)$ 的分布函数,则要检验假设:

$$H_0:抗压强度服从分布 F(x)$$

又由于 $F(x)$ 中含有两个未知参数 μ,σ^2,因而需用它们的极大似然估计去代替.这里仅给出了样本的分组数据,因此只能用组中值(即区间中点)去代替原始数据,然后求 μ,σ^2 的最大似然估计量(MLE).现在 6 个组中值分别为

$$x_1 = 195, x_2 = 205, x_3 = 215, x_4 = 225, x_5 = 235, x_6 = 245$$

于是

$$\hat{\mu} = \bar{x} = \frac{1}{200}\sum_{i=1}^{6} n_i x_i = 221, \hat{\sigma}^2 = s_n^2 = \frac{1}{200}\sum_{i=1}^{6} n_i(x_i - \bar{x})^2 = 152$$

在 $N(221,152)$ 分布下,求出落在区间 $(a_{i-1},a_i]$ 内的概率的估计值:

$$\hat{p}_i = \Phi\left(\frac{a_i - 221}{\sqrt{152}}\right) - \Phi\left(\frac{a_{i-1} - 221}{\sqrt{152}}\right), i = 1, 2, \cdots, r$$

(通常将 a_0 定义为 $-\infty$,将 a_r 定义为 $+\infty$). 本例中 $r=6$,采用 $\chi^2 = \sum_{i=1}^{r} \dfrac{(n_i - n\hat{p}_i)^2}{n\hat{p}_i}$

作为检验统计量. 在 $\alpha = 0.05$ 时,$\chi^2_{0.05}(6-2-1) = \chi^2_{0.05}(3) = 7.815$,因而拒绝域为

$$W = \{\chi^2 \geqslant 7.815\}$$

由样本计算 χ^2 值的过程列于表 4.12 中. 由此可知 $\chi^2 = 1.332 < 7.815$,这表明样本落入接受域,可接受抗压强度服从正态分布的假定.

表 4.12 χ^2 值的计算过程

区间	n_i	$\hat{p}_i$	$n\hat{p}_i$	$\dfrac{(n_i - n\hat{p}_i)^2}{n\hat{p}_i}$
$(-\infty, 200]$	10	0.045	9.0	0.111
$(200, 210]$	26	0.142	28.4	0.203
$(210, 220]$	56	0.281	56.2	0.001
$(220, 230]$	64	0.299	59.8	0.295
$(230, 240]$	30	0.171	34.2	0.516
$(240, +\infty)$	14	0.062	12.4	0.206
合计	200			1.332

由本例可见,当 $F(x)$ 为连续分布时需将取值区间进行分组,从而检验结论依赖于分组,分组不同有可能得出不同的结论,这便是在连续分布场合 χ^2 拟合优度检验的不足之处. 然而在除正态分布外的场合尚缺少专门的检验方法,故不得不用此 χ^2 拟合优度检验.

4.3.2 列联表的独立性检验

1. 问题的提出

【例 4.16】 某公司有 A、B、C 三位业务员在甲、乙、丙三个地区开展营销业务活动. 他们的年销售额如表 4.13 所示.

表 4.13 三位业务员业绩表

	甲	乙	丙	行总数
A	150	140	260	550
B	160	170	290	620
C	110	130	180	420
列总数	420	440	730	1590

现在公司的营销经理需要评价这三个业务员在三个不同地区营销业绩的差异

是否显著.如果差异是显著的,说明对于这三位业务员来说,某个业务员特别适合在某个地区开展业务.如果差异不显著,则把每一位分配在哪一个地区对销售额都不会有影响.这一问题的关键就是要决定这两个因素对营销业绩的影响是独立的?还是相互关联的?统计上经常会遇到这类要求判断两个变量之间是否有联系的问题.如果两个变量之间没有联系则称作是独立的.用 χ^2 分布可以检验两个变量之间的独立性问题.

2. χ^2 独立性检验的原理与步骤

在有些实际问题中,当抽取了一个容量为 n 的样本后,对样本中每一样品可按不同特性进行分类.例如在进行失业人员情况调查时,对抽取的每一位失业人员可按其性别分类,也可按其年龄分类,当然还可按其他特征分类.又如在工厂中调查某产品的质量时,可按该产品的生产小组分类,也可按其是否合格分类等等.当用两特性对样品分类时,记这两个特性分别为 X 与 Y,不妨设 X 有 r 个类别,Y 有 c 个类别,则可把被调查的 n 个样品按其所属类别进行分类,列成如表 4.14 的一个 $r \times c$ 的二维表,这张表也称为(二维)列联表.

表 4.14　列联表

X ＼ Y	B_1	B_2	$\cdots$	B_c	合计
A_1	n_{11}	n_{12}	$\cdots$	n_{1c}	$n_{1\cdot}$
A_2	n_{21}	n_{22}	$\cdots$	n_{2c}	$n_{2\cdot}$
$\vdots$	$\vdots$	$\vdots$	$\vdots$	$\vdots$	$\vdots$
A_r	n_{r1}	n_{r2}	$\cdots$	n_{rc}	$n_{r\cdot}$
合计	$n_{\cdot1}$	$n_{\cdot2}$	$\cdots$	$n_{\cdot c}$	n

其中,n_{ij} 表示特性 X 属 A_i 类、特性 Y 属 B_j 类的样品数,即频数.通常在二维表中还按行、按列分别求出其合计数:

$$n_{i\cdot} = \sum_{j=1}^{c} n_{ij}, i = 1,2,\cdots,r; n_{\cdot j} = \sum_{i=1}^{r} n_{ij}, j = 1,2,\cdots,c; \sum_{i=1}^{r} n_{i\cdot} = \sum_{j=1}^{c} n_{\cdot j} = n$$

在这种列联表中,人们关心的问题是两个特性是否独立?称这类问题为列联表的独立性检验.

首先我们提出假设:H_0:两个变量是独立的,即相互之间没有影响;H_1:两个变量不是独立的,即相互之间有影响.

检验的结果如果接受原假设 H_0,就说明不能推翻两个变量是独立的假设;反之,拒绝 H_0 接受 H_1,就说明它们之间不是独立的.

为明确写出检验问题,记总体为 $\boldsymbol{X}$,它是二维变量 (X,Y),这里 X 被分成 r 类 $A_1,A_2,\cdots,A_r,Y$ 被分成 c 类 $B_1,B_2,\cdots,B_c$.并设其中

$$P\{\boldsymbol{X} \in A_i \bigcap B_j\} = P\{(X \in A_i) \bigcap (Y \in B_j)\}$$

$$= p_{ij}, i = 1, 2, \cdots, r; j = 1, 2, \cdots, c$$

又记

$$p_{i\cdot} = P\{X \in A_i\} = \sum_{j=1}^{c} p_{ij}, i = 1, 2, \cdots, r$$

$$p_{\cdot j} = P\{Y \in B_j\} = \sum_{i=1}^{r} p_{ij}, j = 1, 2, \cdots, c$$

显然，$\sum_{i=1}^{r} p_{i\cdot} = \sum_{j=1}^{c} p_{\cdot j} = 1.$

那么当 X 与 Y 两个特性独立时，应对一切 i, j 有 $p_{ij} = p_{i\cdot} p_{\cdot j}$，因此检验问题为

$$H_0 : p_{ij} = p_{i\cdot} p_{\cdot j}, \forall i, j; \quad H_1 : \exists (i, j) \text{ 使 } p_{ij} \neq p_{i\cdot} p_{\cdot j} \tag{4.30}$$

在 H_0 成立条件下应有 Pearson 统计量：

$$\chi^2 = \sum_{i=1}^{r} \sum_{j=1}^{c} \frac{(n_{ij} - n\hat{p}_{ij})^2}{n\hat{p}_{ij}}$$

$$= \sum_{i=1}^{r} \sum_{j=1}^{c} \frac{(n_{ij} - n\hat{p}_{i\cdot} \times \hat{p}_{\cdot j})^2}{n\hat{p}_{i\cdot} \times \hat{p}_{\cdot j}} \overset{d}{\sim} \chi^2((r-1)(c-1))$$

第一个等式是在式(4.30)中原假设 H_0 为真时导出的，其中有 $r + c$ 个未知参数 $p_{i\cdot}$ 和 $p_{\cdot j}(i = 1, 2, \cdots, r; j = 1, 2, \cdots, c)$ 需要估计. 又由于 $\sum_{i=1}^{r} p_{i\cdot} = \sum_{j=1}^{c} p_{\cdot j} = 1$，因而只有 $r + c - 2$ 个独立参数需要估计. 因为各 $p_{i\cdot}$ 和 $p_{\cdot j}(i = 1, 2, \cdots, r; j = 1, 2, \cdots, c)$ 的极大似然估计分别为

$$\hat{p}_{i\cdot} = n_{i\cdot}/n (i = 1, 2, \cdots, r); \hat{p}_{\cdot j} = n_{\cdot j}/n (j = 1, 2, \cdots, c); \hat{p}_{ij} = \hat{p}_{i\cdot} \hat{p}_{\cdot j}$$

事实上，似然函数为

$$L = \prod_{i=1}^{r} \prod_{j=1}^{c} (p_{i\cdot} p_{\cdot j})^{n_{ij}}$$

且满足 $\sum_{i=1}^{r} p_{i\cdot} = 1, \sum_{j=1}^{c} p_{\cdot j} = 1$，这是一个有约束的极值问题. 令

$$M = \ln L - \lambda_1 (\sum_{i=1}^{r} p_{i\cdot} - 1) - \lambda_2 (\sum_{j=1}^{c} p_{\cdot j} - 1)$$

$$= \sum_{i=1}^{r} \sum_{j=1}^{c} n_{ij} (\ln p_{i\cdot} + \ln p_{\cdot j}) - \lambda_1 (\sum_{i=1}^{r} p_{i\cdot} - 1) - \lambda_2 (\sum_{j=1}^{c} p_{\cdot j} - 1)$$

$$= \sum_{i=1}^{r} n_{i\cdot} \ln p_{i\cdot} + \sum_{j=1}^{c} n_{\cdot j} \ln p_{\cdot j} - \lambda_1 (\sum_{i=1}^{r} p_{i\cdot} - 1) - \lambda_2 (\sum_{j=1}^{c} p_{\cdot j} - 1)$$

由

$$\frac{\partial M}{\partial p_{i\cdot}} = \frac{n_{i\cdot}}{p_{i\cdot}} - \lambda_1 = 0, i = 1, 2, \cdots, r \text{ 和 } \frac{\partial M}{\partial p_{\cdot j}} = \frac{n_{\cdot j}}{p_{\cdot j}} - \lambda_2 = 0, j = 1, 2, \cdots, c$$

得 $n_{i.} = \lambda_1 p_{i.}$，$\sum_{i=1}^{r} n_{i.} = \lambda_1 \sum_{i=1}^{r} p_{i.} = \lambda_1$，即 $\lambda_1 = n$；同理，$\lambda_2 = n$. 于是 $p_{i.}$ 和 $p_{.j}(i = 1, 2, \cdots, r; j = 1, 2, \cdots, c)$ 的极大似然估计分别为

$$\hat{p}_{i.} = n_{i.}/n(i = 1, 2, \cdots, r), \quad \hat{p}_{.j} = n_{.j}/n(j = 1, 2, \cdots, c)$$

因而对检验问题(4.30)，可采用检验统计量

$$\chi = \sum_{i=1}^{r} \sum_{j=1}^{c} \frac{(n_{ij} - n \frac{n_{i.}}{n} \frac{n_{.j}}{n})^2}{n \frac{n_{i.}}{n} \frac{n_{.j}}{n}} = \sum_{i=1}^{r} \sum_{j=1}^{c} \frac{(n_{ij} - n_{i.} n_{.j}/n)^2}{n_{i.} n_{.j}/n} \tag{4.31}$$

在 H_0 为真，n 较大时，χ 近似服从自由度是 $n - (r + c - 2) - 1 = (r-1)(c-1)$ 的 χ 分布. 对给定的显著性水平 α，拒绝域为

$$W = \{\chi^2 \geqslant \chi_\alpha^2((r-1)(c-1))\} \tag{4.32}$$

【例 4.17】　某地调查了 3000 名失业人员，按性别及文化程度分类如下(表 4.15).

表 4.15　失业人员文化程度分类

文化程度 性别	大专以上	中专技校	高中	初中及以下	合计
男	40	138	620	1043	1841
女	20	72	442	625	1159
合计	60	210	1062	1668	3000

试在 $\alpha = 0.05$ 水平上检验失业人员的文化程度与性别是否有关.

解　这是列联表的独立性检验问题. 在本例中 $r = 2, c = 4, \chi_{0.05}^2((r-1)(c-1)) = \chi_{0.05}^2(3) = 7.815$，因而拒绝域为 $W = \{\chi_n^2 \geqslant 7.815\}$. 为了计算统计量式(4.31)，可列成表格(表 4.16)计算 $n_{i.} n_{.j}/n$.

表 4.16　计算值表

$n_{i.} \cdot n_{.j}/n$	大专以上	中专技校	高中	初中及以下
男	36.8	128.9	651.7	1023.6
女	23.2	81.1	410.3	644.4
合计	60	210	1062	1668

从而得

$$\chi^2 = \frac{(40 - 36.8)^2}{36.8} + \frac{(20 - 23.2)^2}{23.2} + \cdots + \frac{(625 - 644.4)^2}{644.4} = 7.236$$

由于 $\chi^2 = 7.326 < 7.815$，样本落入接受域，从而在 $\alpha = 0.05$ 水平上可认为失

业人员的文化程度与性别无关.

4.4 似然比检验

前面几节讨论的有关总体参数的检验方法是针对总体分布的具体类型给出的.本节将给出分布类型已知时构造检验统计量的一般方法,称为似然比方法.

4.4.1 似然比检验

设 $X_1,X_2,\cdots,X_n$ 是来自总体 X 的样本,且样本的联合概率分布(密度函数或分布律)为 $f(x_1,x_2,\cdots,x_n;\theta)(\theta\in\Theta)$,考虑检验问题

$$H_0:\theta=\theta_0;\quad H_1:\theta=\theta_1(\theta_1>\theta_0)$$

一个比较直观且自然的方法是考虑似然比

$$\lambda(\boldsymbol{x})=\frac{f(x_1,x_2,\cdots,x_n;\theta_1)}{f(x_1,x_2,\cdots,x_n;\theta_0)}$$

当 $\lambda(\boldsymbol{x})$ 取值较大时,则拒绝原假设 H_0;否则,接受原假设 H_0.这种检验方法称为似然比检验.为了便于理解,先看一个例子.

【例4.18】 设 $x_1,x_2,\cdots,x_n$ 是来自正态总体 $N(\mu,\sigma^2)$ 的样本,其中 σ^2 已知,试在显著性水平 α 下给出检验问题

$$H_0:\mu=\mu_0;\quad H_1:\mu=\mu_1(\mu_1>\mu_0)$$

的拒绝域.

解 检验的似然比为

$$\lambda(\boldsymbol{x})=\frac{f(x_1,x_2,\cdots,x_n;\mu_1)}{f(x_1,x_2,\cdots,x_n;\mu_0)}=\frac{\left(\dfrac{1}{\sqrt{2\pi}\sigma}\right)^n\exp\left\{-\dfrac{1}{2\sigma^2}\sum\limits_{i=1}^n(x_i-\mu_1)^2\right\}}{\left(\dfrac{1}{\sqrt{2\pi}\sigma}\right)^n\exp\left\{-\dfrac{1}{2\sigma^2}\sum\limits_{i=1}^n(x_i-\mu_0)^2\right\}}$$

$$=\exp\left\{\frac{\sqrt{n}(\mu_1-\mu_0)}{\sigma}\cdot\frac{\overline{x}-\mu_0}{\dfrac{\sigma}{\sqrt{n}}}-\frac{n(\mu_1-\mu_0)^2}{2\sigma^2}\right\}$$

令

$$u=\frac{\overline{x}-\mu_0}{\sigma/\sqrt{n}},U=\frac{\overline{X}-\mu_0}{\sigma/\sqrt{n}}$$

则

$$\lambda(\boldsymbol{x})=\exp\left\{\frac{\sqrt{n}(\mu_1-\mu_0)}{\sigma}u-\frac{n(\mu_1-\mu_0)^2}{2\sigma^2}\right\}$$

由于 μ_0,μ_1,σ^2 均已知,且 $\mu_1 > \mu_0$,所以 $\lambda(\boldsymbol{x})$ 是 u 的单调增函数,故由等式

$$P\{\lambda(\boldsymbol{X}) > c \mid H_0 \text{ 成立}\} = P\{U > c_1 \mid H_0 \text{ 成立}\} = \alpha$$

可得 $c_1 = u_{1-\alpha}$. 这样统计量可取为 $U = \dfrac{\overline{X} - \mu_0}{\sigma/\sqrt{n}}$,在显著性水平 α 下,所考虑检验问

题的拒绝域为 $W = \{U : U > u_{1-\alpha}\}$,这是通常的单边 u 检验.

对一般的假设检验问题

$$H_0 : \theta \in \Theta_0, \quad H_1 : \theta \in \Theta_1 = \Theta \backslash \Theta_0 \tag{4.33}$$

定义似然比检验统计量为

$$\lambda(\boldsymbol{x}) = \frac{\sup\limits_{\theta \in \Theta}\{f(x_1, x_2, \cdots, x_n; \theta)\}}{\sup\limits_{\theta \in \Theta_0}\{f(x_1, x_2, \cdots, x_n; \theta)\}} \tag{4.34}$$

显然,它是样本的函数,不依赖于未知参数 θ. 由于 $\Theta_0 \subset \Theta$,所以有 $\lambda(\boldsymbol{x}) \geqslant 1$.

类似于极大似然原理,如果 $\lambda(\boldsymbol{x})$ 取值较大,说明当 H_0 成立时观察到样本点 $\boldsymbol{x}$ 的概率要比 H_0 不成立时观察到样本点 $\boldsymbol{x}$ 的概率要小得多,此时我们有理由怀疑原假设 H_0 不成立. 因此,从似然比出发检验问题 (4.33) 是当 $\lambda(\boldsymbol{x}) > c$ 时拒绝原假设 H_0,即拒绝域为

$$W = \{\boldsymbol{x} : \lambda(\boldsymbol{x}) > c\} \tag{4.35}$$

其中临界值 c 可由等式

$$P\{\lambda(\boldsymbol{X}) > c \mid H_0 \text{ 成立}\} \leqslant \alpha \tag{4.36}$$

确定.

【例 4.19】 设 $X_1, X_2, \cdots, X_n$ 是来自正态总体 $N(\mu, \sigma^2)$ 的样本,其中 μ, σ^2 未知,试在显著性水平 α 下给出检验问题

$$H_0 : \mu = \mu_0; \quad H_1 : \mu \neq \mu_0$$

的拒绝域.

解 似然比为

$$\lambda(\boldsymbol{x}) = \frac{\sup\limits_{\theta \in \Theta}\{f(x_1, x_2, \cdots, x_n; \theta)\}}{\sup\limits_{\theta \in \Theta_0}\{f(x_1, x_2, \cdots, x_n; \theta)\}}$$

其中 $\Theta = \{(\mu, \sigma^2), -\infty < \mu < \infty, \sigma^2 > 0\}, \Theta_0 = \{(\mu_0, \sigma^2), \sigma^2 > 0\}$.

当 μ, σ^2 未知时,其极大似然估计分别为 $\hat{\mu} = \overline{x}, \hat{\sigma}^2 = \dfrac{1}{n} \sum\limits_{i=1}^{n}(x_i - \overline{x})^2$. 而当 $\mu = \mu_0$ 已知时,σ^2 的极大似然估计为 $\hat{\sigma}_0^2 = \dfrac{1}{n} \sum\limits_{i=1}^{n}(x_i - \mu_0)^2$,所以似然比为

$$\lambda(\boldsymbol{x}) = \frac{\left(\dfrac{1}{\sqrt{2\pi}\hat{\sigma}}\right)^n \exp\left\{-\dfrac{1}{2\hat{\sigma}^2} \sum\limits_{i=1}^{n}(x_i - \overline{x})^2\right\}}{\left(\dfrac{1}{\sqrt{2\pi}\hat{\sigma}_0}\right)^n \exp\left\{-\dfrac{1}{2\hat{\sigma}_0^2} \sum\limits_{i=1}^{n}(x_i - \mu_0)^2\right\}}$$

$$= \left(\frac{\hat{\sigma}_0^2}{\hat{\sigma}^2}\right)^{\frac{n}{2}} = \left[1 + \frac{n(\overline{x} - \mu_0)^2}{(n-1)s^2}\right]^{\frac{n}{2}}$$

若令 $T = \dfrac{\overline{X} - \mu_0}{S/\sqrt{n}}$，$t = \dfrac{\overline{x} - \mu_0}{s/\sqrt{n}}$，则有

$$\lambda(\boldsymbol{x}) = \left(1 + \frac{t^2}{n-1}\right)^{\frac{n}{2}}$$

由于 $\lambda(\boldsymbol{x})$ 是 $|t|$ 的单调增函数，所以不等式 $\lambda(\boldsymbol{x}) > c$ 与 $|t| > c_1$ 等价，因而

$$P\{\lambda(\boldsymbol{X}) > c \mid H_0 \text{ 成立}\} = P\{|T| > c_1 \mid H_0 \text{ 成立}\} = \alpha$$

又因为当 H_0 成立时,有

$$T = \frac{\overline{X} - \mu_0}{S/\sqrt{n}} \sim t(n-1)$$

所以可得临界值 $c_1 = t_{1-\frac{\alpha}{2}}(n-1)$. 这样可取检验统计量 $T = \dfrac{\overline{X} - \mu_0}{S/\sqrt{n}}$，在显著性水平 α 下拒绝域为 $W_1 = \{T : |T| > t_{1-\frac{\alpha}{2}}(n-1)\}$，这就是通常的 t 检验.

在上述过程中,若令 $f = \dfrac{(\overline{x} - \mu_0)^2}{s^2/n}$，则有

$$\lambda(\boldsymbol{x}) = \left(1 + \frac{f}{n-1}\right)^{\frac{n}{2}}$$

由于 $\lambda(\boldsymbol{x})$ 是 f 单调增函数,且当 H_0 成立时 $F = \dfrac{(\overline{X} - \mu_0)^2}{S^2/n} \sim F(1, n-1)$，所以由

$$P\{\lambda(\boldsymbol{x}) > c \mid H_0 \text{ 成立}\} = P\{F > c_2 \mid H_0 \text{ 成立}\} = \alpha$$

可得临界值 $c_2 = F_{1-\alpha}(1, n-1)$. 因而对给定的检验问题有检验统计量为 $F = \dfrac{(\overline{X} - \mu_0)^2}{S^2/n}$，在显著性水平 α 下的拒绝域为 $W_2 = \{F : F > F_{1-\alpha}(1, n-1)\}$.

由 t 分布和 F 分布的构造可知上述两个检验法等价.

从上述两个例子可得求似然比检验的一般步骤:

(1) 在 Θ 内求参数 θ 的极大似然估计 $\hat{\theta}$，在 Θ_0 内求参数 θ 的极大似然估计 $\hat{\theta}_0$.

(2) 计算并化简

$$\lambda(\boldsymbol{x}) = \frac{f(x_1, x_2, \cdots, x_n; \hat{\theta})}{f(x_1, x_2, \cdots, x_n; \hat{\theta}_0)}$$

变成形式 $\lambda(\boldsymbol{x}) = h(T(\boldsymbol{x}))$，满足两个要求. 其一: $\lambda(\boldsymbol{x})$ 是 $T(\boldsymbol{x})$ 的单调增函数或单调减函数; 其二: 当 H_0 成立时, $T(\boldsymbol{x})$ 的分布完全已知.

(3) $\lambda(\boldsymbol{x})$ 为 $T(\boldsymbol{x})$ 的增函数时,由 $P\{T > c_1 \mid H_0 \text{ 成立}\} = \alpha$ 求临界值; $\lambda(\boldsymbol{x})$ 为 $T(\boldsymbol{x})$ 的减函数时,由 $P\{T < c_1 \mid H_0 \text{ 成立}\} = \alpha$ 求临界值.

(4) 检验统计量取为 $T(\boldsymbol{X})$. 增函数时,拒绝域为 $W = \{T : T > c_1\}$; 减函数时, 拒绝域为 $W = \{T : T < c_1\}$.

值得指出的是:

(1) 正态总体下参数的检验基本都是似然比检验;

(2) 似然比检验可用于检验样本来自两个不同类型分布之一;

(3) 似然比检验适应面广,正态总体和非正态总体均可以构造,且构造的检验常具有一些优良性质,如在某种意义下具有最优性;

(4) 一般情形下,似然比统计量的精确分布很难获得,因此临界值的求法有两种.其一,利用 Monte-Carlo 模拟计算;其二,当样本容量 n 很大时,利用似然比统计量的极限分布近似给出.

4.4.2   大样本似然比检验

为了构造检验水平为 α 的似然比检验,我们要求临界值 c,使得

$$P_\theta\{\lambda(X_1,X_2,\cdots,X_n)\geqslant c\}\leqslant \alpha$$

这就需要知道似然比检验统计量 $\lambda(X_1,X_2,\cdots,X_n)$ 的分布.通常很难得到它的精确分布.但对于 $\lambda(X_1,X_2,\cdots,X_n)$ 的大样本分布,我们有如下定理.

> **定理 4.1**   设总体 X 的概率分布为 $f(x;\theta)$,且 $f(x;\theta)$ 满足适当的正则条件;$X_1,X_2,\cdots,X_n$ 为来自总体的样本.设 $\hat\theta$ 为 θ 的极大似然估计,考虑假设检验问题:
> $$H_0:\theta=\theta_0;\quad H_1:\theta\neq\theta_0$$
> 则当 H_0 属真时,$2\ln\lambda(X_1,X_2,\cdots,X_n)\overset{d}{\sim}\chi^2(1)$.

> **定理 4.2**   设总体 X 的概率分布为 $f(x;\theta)$,$\theta\in\Theta$,且 $f(x;\theta)$ 满足适当的正则条件;$X_1,X_2,\cdots,X_n$ 为来自总体的样本.考虑假设检验问题:
> $$H_0:\theta\in\Theta_0;\quad H_1:\theta\in\Theta_1=\Theta\backslash\Theta_0$$
> 则当 H_0 属真时,$2\ln\lambda(X_1,X_2,\cdots,X_n)\overset{d}{\sim}\chi^2(k)$.其中
> $k=$ 参数空间 Θ 的自由参数的个数 $-$ 用来表示 Θ_0 的自由参数的个数

习   题   4

1. 在正态总体 $N(\mu,1)$ 中取 100 个样品,计算得样本的均值 $\overline{x}=5.32$.

   (1) 试检验假设 $H_0:\mu=5$;$H_1:\mu\neq 5$ 是否成立?($\alpha=0.05$);

   (2) 计算上述检验在 $H_1:\mu=4.8$ 下犯第 Ⅱ 类错误的概率.

2. $(-0.2,-0.9,-0.6,0.1)^{\mathrm{T}}$ 是来自总体 $X\sim N(\mu,1)$ 的一个样本,试检验假设 $H_0:\mu\leqslant 0$;$H_1:\mu>0$(若给定检验水平 $\alpha=0.05$).

3. 某车间用一台包装机包装葡萄糖,额定标准为每袋净重 0.5kg,设用包装机称得的糖重服从正态分布,且根据长期的经验知其标准差为 $\sigma = 0.015$kg. 某天开工后,为检验包装机工作是否正常,随机抽取它所包装的糖 9 袋,算得 $\overline{x} = 0.511$kg,问这天包装机工作是否正常($\alpha = 0.05$)?

4. 零件长度服从正态分布,过去的均值为 20.0cm,现换了新材料从产品中随机抽取了 8 个样品,测得长度为(单位:cm)20.0,20.2,20.1,20.0,20.2,20.3,19.8,20.2,问用新材料做的零件平均长度是否起了变化($\alpha = 0.05$)?

5. 打包机装糖入包,每包标准重为 100 斤,每天开工后,要检验所装糖包的总体期望值是否合乎标准(100 斤). 某日开工后,测得 9 包糖重如下(单位:斤):99.3,98.7,100.5,101.2,98.3,99.7,99.5,102.1,100.5,打包机装糖的包重服从正态分布,问该天打包机工作是否正常($\alpha = 0.05$)?

6. 由累积资料知道甲、乙两煤矿的含灰率分别服从 $N(\mu_1, 7.5)$,$N(\mu_2, 2.6)$. 现从两矿各抽 n 个试件,分析其含灰率(%),并列于表 4.17 中.

表 4.17　含灰率

甲矿	24.3	20.8	23.7	21.3	17.4
乙矿	18.2	16.9	20.2	16.7	

问甲、乙两矿所采煤的含灰率的数学期望 μ_1, μ_2 有无显著差异($\alpha = 0.05$)?

7. 某种羊毛在处理前后,各抽取样本测得含脂率(%)如下表 4.18 所示.

表 4.18　含脂率

处理前	19	18	21	30	66	42	8	12	30	27
处理后	15	13	7	24	19	4	8	20		

羊毛含脂率按正态分布,问处理后含脂率有无显著差异($\alpha = 0.05$)?

8. 使用 A 与 B 两种方法来研究冰的潜热,样本都是 $-0.72℃$ 的冰. 表 4.19 中所列数据是每克冰从 $-0.72℃$ 变为 $0℃$ 的水的过程中的热量变化(cal/g).

表 4.19　热量变化

方法一	79.98　80.04　80.02　80.04　80.03　80.03　80.04　79.97　80.05　80.03 80.02　80.00　80.02
方法二	80.02　79.97　79.98　79.97　79.94　80.03　79.95　79.97

假定用每种方法测得的数据都服从正态分布,并且它们的方差相等,在显著性水平为 $\alpha = 0.05$ 下可否认为两种方法测得的结果一致?

9. 两台车床生产同一种滚珠(滚珠直径服从正态分布,见表 4.20),从中分别抽取 8 个和 9 个产品,比较两台车床生产的滚珠直径的方差是否相等($\alpha = 0.05$).

表 4.20　滚珠直径(mm)

甲床	15.0　14.5　15.2　15.5　14.8　15.1　15.2　14.8
乙床	15.2　15.0　14.8　15.2　15.0　15.0　14.8　15.1　14.9

10. 从某锌矿的东、西两支矿脉中,各抽取样本容量分别为 9 与 8 的样本分析后,算得其样本含锌量(%)平均值及方差如下:

$$东支:\bar{x}_1 = 0.230, s_{n1}^2 = 0.1337, n_1 = 9$$
$$西支:\bar{x}_2 = 0.269, s_{n2}^2 = 0.1736, n_2 = 8$$

若东、西两支矿脉含锌量都服从正态分布且方差相等,在 $\alpha = 0.05$ 的条件下问东、西两支矿脉含锌量的平均值是否可看作一样?

11. 砖瓦厂有两座砖窑,某日从甲窑中抽取 7 块,从乙窑中抽取 6 块,测得抗折强度如下(单位:kg)

$$甲窑:20.51,25.56,20.78,37.27,36.26,25.97,24.62$$
$$乙窑:32.56,26.66,25.64,33.00,34.87,31.03$$

设抗折强度服从正态分布,若给定 $\alpha = 0.10$,试问两砖窑生产的砖的抗折强度的方差有无显著差异?

12. 同一型号的两台车床加工同一规格的零件,在生产过程中分别抽取 $n = 6$ 个零件和 $m = 9$ 个零件,测得各零件的质量指标数值分别为 $x_1, x_2, \cdots, x_6$ 及 $y_1, y_2, \cdots, y_9$,并计算得到下列数据:

$$\sum_{i=1}^{6} x_i = 204.6, \sum_{i=1}^{6} x_i^2 = 6978.93, \sum_{i=1}^{9} y_i = 370.8, \sum_{i=1}^{9} y_i^2 = 15280.17$$

假定零件的质量指标服从正态分布,给定显著性水平 $\alpha = 0.05$,试问两台车床加工的精度有无显著差异?

13. 64 只某种杂交的几内亚猪后代,34 只红的,10 只黑的,20 只白的. 根据遗传模型,它们之间的比例应为 9:3:4,问以上数据在 $\alpha = 0.05$ 的水平与模型是否相吻合?

14. 某种配偶的后代按体格的属性分为三类,各类的数目是:10,53,46. 按照某种遗传模型其频率比为 $p^2 : 2p(1-p) : (1-p)^2$,问数据与模型是否相符($\alpha = 0.05$)?

15. 在 π 的前 800 位小数的数字中,$0,1,\cdots,9$ 分别出现了 74,92,83,79,80,73,77,75,76,91 次,能否断定这 10 个数字在 π 的小数中是均匀出现的($\alpha = 0.05$)?

16. 试用 χ^2 检验法检验尺寸偏差是否服从正态分布($\alpha = 0.05$). 数据如表 4.21 所列.

表 4.21　尺寸数据

组号	1	2	3	4	5	6	7	8	9	10
组限	$-20\sim-15$	$-15\sim-10$	$-10\sim-5$	$-5\sim0$	$0\sim5$	$5\sim10$	$10\sim15$	$15\sim20$	$20\sim25$	$25\sim30$
n_i	7	11	15	24	49	41	26	17	7	3

17. 为了研究患慢性支气管炎与吸烟量的关系,调查了 272 个人,结果如表 4.22 所列.

表 4.22　调查数据

	吸烟量(支／日)			求和
	0～9	10～19	20 以上	
患者数	22	98	25	145
非患者数	22	89	16	127
求和	44	187	41	272

试问患慢性支气管炎是否与吸烟量相互独立(显著水平 $\alpha = 0.05$)?

18. 为了了解某种药品对某种疾病的治疗是否与患者的年龄有关,共抽查了300名患者,将疗效分成"显著","一般","较差"三个等级,将年龄分成"儿童","中青年","老年"三个等级,得到数据如表 4.23 所示.在显著性水平 $\alpha = 0.05$ 下检验假设"疗效与年龄相互独立".

表 4.23　疗效数据

效果 \ 年龄	儿童	中青年	老年	合计
显著	58	38	32	128
一般	28	44	45	117
较差	23	18	14	55
合计	109	100	91	300

19. 对某项提案进行了社会调查,结果如表 4.24 所列.在显著性水平 $\alpha = 0.05$ 下,问公民对这项提案的态度与性别是否相互独立?

表 4.24　社会调查结果

性别 \ 态度	赞成	反对	弃权	合计
男性	1154	5475	243	6872
女性	1083	442	362	1887
合计	2237	5917	605	8759

第5章 贝叶斯统计及决策理论

5.1 引 言

  T. Bayes(1702—1761) 是英国的一位牧师,在 18 世纪 20 年代,他开始从事概率理论的研究工作,正是他的《论关于机遇问题的求解》的论文开创了贝叶斯统计推断的新纪元.

  在建立现实世界统计模型问题中,贝叶斯方法变得越来越流行. 近年来,贝叶斯统计方法已经越来越多地被应用于从考古到计算机等领域. 贝叶斯推断是一个结合样本数据信息以及先验分布信息的分析方法. 贝叶斯和古典(频率学派)方法在统计推断上有本质的不同. 在贝叶斯方法中,我们结合新的已有的先验信息作为统计推断的基础. 到目前为止我们所学的最经典的统计方法只是基于简单随机抽样,也就是说,如果概率分布依据一组参数 θ,经典方法对 θ 的估计仅仅依赖于样本 $X_1, X_2, \cdots, X_n$. 这种估计方法是基于抽样分布的概念. 为了用传统估计方法进行正确估计,充分了解抽样分布的概念是非常有必要的. 在这种方法中,我们只分析一组样本值. 然而,我们必须设想,如果我们从总体中提取大量的随机样本会怎么样. 例如,考虑一个方差已知的正态随机样本,我们可以看到总体均值 μ 的 95% 的置信区间为 $(X - 1.96\sigma/\sqrt{n}, X + 1.96\sigma/\sqrt{n})$. 这意味着从总体中重复抽样的时候,95% 的随机区间包含真正的平均值 μ. 经典估计方法未使用任何我们可能作为结论的先验信息,比如说我们熟悉的问题或者早期研究的信息. 科学家和工程学家经常遇到这样的问题,就是在通常只有单一数据集,但是他们要确定收集数据时参数的值. 现在基本问题是:"当一个参数可以从它的先验信息中得出时,其最有效的估计是什么?"除了用样本信息去估计总体参数之外,还使用先验信息(可能是主观的)的统计方法称为**贝叶斯估计**.

  贝叶斯估计提供了一个更新的方法,修正了样本的不确定性,仍然假定数据来自已知参数的分布族. 然而,贝叶斯估计是基于概率在主观解释上的. 主观概率是我们对随机事件有效性的信念的一种表现形式. 接下来的例子将说明这个想法. 假设我们研究某些大学的一部分大学生,他们在校外每周至少工作 20h. 假设随机抽取 50 个来自这所大学的学生,其中包括那些在校外每周工作超过 20h 的学生,假定

样本比例为 $30/50 = 0.6$. 在概率论的方法中, 所有的估计方法, 比如点估计、区间估计、假设检验等都是基于样本分布的, 也就是说, 即使我们只分析一个数据集, 去计算均值、标准差以及总体的抽样分布, 然后再去解释经典统计推断过程是很有必要的. 在主观概率解释下, 将在校外每周至少工作 20h 的大学生这个总体视为未知的随机变量. 一个概率分布就是所谓的先验分布, 代表了所收集的数据被使用之前对这个总体的了解程度. 例如, 大学就业中心基于以前的经验已经对这个总体有了观点. 经典统计方法忽略了其先验信息, 而贝叶斯方法结合了这部分信息以及当前观测到的数据, 以修正总体的值. 那就是在数据收集之后我们对总体的观点可能会改变, 运用贝叶斯规则, 我们将基于先验概率以及样本来计算后验概率分布. 我们对参数的估计是基于对后验分布适当统计量的分布.

　　贝叶斯方法通过两个方面来寻求最优联合分布:① 已知的先验分布形式;② 包含在样本数据的似然函数中的信息. 基本上, 先验分布代表我们最初的理解, 而样本信息是包含在似然函数中的. 结合先验信息和似然函数我们可以得到后验分布. 这表示我们调整了样本数据的不确定性. 贝叶斯方法和经典统计之间的主要区别是对模型参数的认知, 在贝叶斯估计中参数被视为随机变量, 而在经典统计中这个参数是固定但是未知的. 把参数看成是随机的, 这在某种意义上, 我们可以给它分配一个主观概率, 这个概率是基于我们对参数真实值的估计.

　　使用贝叶斯方法的原因: 很多贝叶斯估计的结论是观测数据的条件期望, 与传统方法不同的是, 我们不需要考虑除已观测数据集之外的数据, 使用贝叶斯方法没有必要讨论抽样分布. 从贝叶斯方法的角度看, 我们说落入某个区间(比如(0.2, 0.6))的概率, 或者说一个假设为真的概率为多少是合理的. 传统方法的参数估计经常是错误的. 比如, 如果从样本所计算的一个参数的置信区间为(0.2,0.6), 通常大家会错误地表述为总体参数以 0.9 的概率落入区间(0.2,0.6). 贝叶斯方法为完善科学方法提出了一个方便的模型. 先验概率分布可以被用来说明总体的初始信息, 有关样本数据收集之后, 后验概率分布反映的是在新的数据下总体参数的新的信息. 通过对适当的后验分布的计算得到参数的估计. 由于计算机的发展, 贝叶斯分析也在不断地前进, 贝叶斯方法也越来越受到欢迎. 目前, 马尔科夫链蒙特卡洛(MCMC)方法已经变成了非常流行的贝叶斯计算方法. 一方面是由于它处理非常复杂的问题的效率较高, 另一方面也是因为它的编程方法相对容易.

5.2   贝叶斯点估计

5.2.1   先验分布与后验分布

贝叶斯统计方法的基础是贝叶斯原理. 它改进了我们在获取样本后对于参数的概率陈述. 在得到样本数据后, 参数的条件分布称为后验分布. 后验分布综合了参数的先验信息和样本信息. 假设有两个离散随机变量 X 和 Y, 则它们的联合密度函数可以写成 $p(x,y) = p(x \mid y)p_Y(y)$, X 边际密度函数可以写为 $p_X(x) = \sum_y p(x,y) = \sum_y p(x \mid y)p_Y(y)$. 对于条件概率的贝叶斯公式为

$$p(y \mid x) = \frac{p(x,y)}{p_X(x)} = \frac{p(x \mid y)p_Y(y)}{p_X(x)} = \frac{p(x \mid y)p_Y(y)}{\sum_y p(x \mid y)p_Y(y)}$$

表达式中的分母是一个固定的正则化因子, 且上式满足 $\sum_y p(y \mid x) = 1$. 如果 Y 是连续型随机变量, 贝叶斯公式可以写为

$$p(y \mid x) = \frac{p(x \mid y)p_Y(y)}{\int p(x \mid y)p_Y(y)\mathrm{d}y}$$

上式中的积分是对 y 的整个取值范围积分.

这两个方程是随机变量的贝叶斯公式.

在贝叶斯理论中, $p_Y(y)$ 代表先验信念, $p(x \mid y)$ 是在给定 y 的先验信念下数据 x 的概率, 也叫数据 x 发生的可能性. 改进的概率是后验概率 $p(y \mid x)$. 因为 $p_X(x)$ 是在 y 的所有先验值下产生的可能性, 与变量 y 无关, y 的后验概率分布正比于 x 和 y 的联合分布, 可以表示为

$$p(y \mid x) \propto p(x \mid y)p(y)$$

我们使用 $f(x \mid \theta)$ 来代表总体参数 θ 为随机变量的概率分布, 现在的问题是我们要找到这个总体参数 θ(也可能是向量) 的点估计. 假设 θ 的先验分布是 $\pi(\theta)$, 反映了实验者关于 θ 的先验信念. 在具体情况下 θ 可能是标量, 也可能是向量, 这里我们将不作区分. 假设我们有来自总体 $f(x \mid \theta)$ 的样本容量为 n 的随机样本, 那么总体参数 θ 的后验分布可以写为

$$f(\theta \mid X_1 X_2 \cdots X_n) = \frac{f(\theta, X_1 X_2 \cdots X_n)}{f(X_1 X_2 \cdots X_n)} = \frac{L(X_1 X_2 \cdots X_n \mid \theta)\pi(\theta)}{f(X_1 X_2 \cdots X_n)}$$

其中 $L(X_1 X_2 \cdots X_n \mid \theta)$ 是似然函数. 记 $C = \dfrac{1}{f(X_1 X_2 \cdots X_n)}$, 它代表与 θ 无关的常数,

则有
$$f(\theta \mid X_1 X_2 \cdots X_n) = CL(X_1 X_2 \cdots X_n \mid \theta)\pi(\theta)$$

对于具体的样本取值 $X_1 = x_1, X_2 = x_2, \cdots, X_n = x_n$,上述方程可以写为一个简洁的形式
$$f(\theta \mid \boldsymbol{x}) \propto f(\boldsymbol{x} \mid \theta)\pi(\theta), \quad \boldsymbol{x} = (x_1, x_2, \cdots, x_n)$$

这也可以被表达为:后验概率密度 $\propto$ 先验概率密度 $\times$ 似然函数. 完整的结果包括正则化系数,可以写为:

后验概率密度 $=$(先验概率密度 $\times$ 似然函数)$/\sum$(先验概率密度 $\times$ 似然函数)

表达式中的分母是通过似然函数对 θ 所有先验求和得到的固定的正则化因子,现在我们可以给出一个正式的定义.

定义 5.1 在给定样本数据 $x_1, x_2, \cdots, x_n$ 后,θ 的分布叫做后验分布,记为
$$\pi(\theta \mid \boldsymbol{x}) = \frac{f(\boldsymbol{x} \mid \theta)\pi(\theta)}{g(x)}$$

$g(x)$ 为样本 X 的边际概率密度. θ 的贝叶斯估计是后验均值,边际概率密度 $g(x)$ 可以通过以下的公式计算
$$g(x) = \begin{cases} \sum_\theta f(\boldsymbol{x} \mid \theta)\pi(\theta), & \theta \text{ 为离散型随机变量} \\ \int_{-\infty}^{+\infty} f(\boldsymbol{x} \mid \theta)\pi(\theta)\mathrm{d}\theta, & \theta \text{ 为连续型随机变量} \end{cases}$$

以上 $\pi(\theta)$ 为 θ 的先验分布. 这里 $g(x)$ 也可以叫做 X 的预测分布,因为它代表了我们在考虑到 θ 取值的未知性以及在 θ 未知时 X 取值的不确定性后对 X 的预测.

在贝叶斯统计学中,样本中关于 θ 的信息以及 θ 的先验信息都被包含在 θ 的后验分布 $\pi(\theta \mid \boldsymbol{x})$ 中. 在几乎所有的实际情况中,我们都在结合样本信息和先验信息对 θ 作估计,因此利用后验分布对 θ 可作更精确的估计. 所有基于贝叶斯方法关于总体参数 θ 的统计推断都是基于后验分布,根据后面的解释,我们采用后验均值作为 θ 的贝叶斯估计.

此外,我们考虑当 θ 为总体的比例参数时的贝叶斯统计推断问题. 在伯努利试验中,总体包括两种类型"成功"和"失败",成功的概率记为 θ. 在 n 次独立重复试验中我们观察到了 s 次成功和 f 次失败. 我们的目的是根据这些样本数据估计 θ.

在这种情况下,总体的比例参数 θ 可以代表这个模型. 我们并不知道它的取值,在第 3 章中使用极大似然估计法来估计 θ,没有使用 θ 的任何先验信息. 在贝叶斯背景下,用 θ 的先验概率分布来代表对 θ 分布的先验信息. 我们引入基于 θ 的离散先验分布下关于 θ 的推断. 我们可以列出 θ 的所有可能取值以及相应的概率来反映我们对 θ 的了解. 于是就可以利用贝叶斯公式计算出 θ 的后验概率. 下面的例子阐释了这个概念.

【例 5.1】   一般认为,杂交受精植物后代的产量比自体受精植物后代的产量高.为了获得杂交受精植物后代的产量较高的比例 θ 的估计,实验者观察了年龄完全一样的 15 对植物,每一对都是在相同条件下生长,但是其中一些是杂交受精,另一些是自体受精.根据以往的经验,实验者相信以下数据是 θ 的可能取值以及每个取值对应的先验概率.

$$\theta:\qquad 0.80\quad 0.82\quad 0.84\quad 0.86\quad 0.88\quad 0.90$$
$$\pi(\theta):\quad 0.13\quad 0.15\quad 0.22\quad 0.25\quad 0.15\quad 0.10$$

从实验中,我们观察到在 15 对样本中有 13 对杂交受精植物后代的产量高于自体受精植物后代的产量.列出表 5.1,其中以先验概率 $\pi(\theta)$、对 θ 的不同取值样本的似然概率、先验概率乘以似然概率以及 θ 的后验概率为列.

样本的似然函数可以用二项分布表示为 $C_{15}^{13}\theta^{13}(1-\theta)^2$,例如,如果 θ 值是 0.80,则样本的似然函数可以写为

$$f(x\mid\theta)=C_{15}^{13}0.8^{13}(1-0.8)^2=0.2309$$

表 5.1   例 5.1 计算数据

θ 的先验取值	先验概率 $\pi(\theta)$	样本似然概率	先验概率乘以似然概率	θ 的后验概率
0.80	0.13	0.2309	0.030017	0.11029
0.82	0.15	0.2578	0.03867	0.14208
0.84	0.22	0.2787	0.061314	0.22528
0.86	0.25	0.2897	0.072425	0.2661
0.88	0.15	0.2870	0.04305	0.15817
0.90	0.10	0.2669	0.02669	0.098065
总和			0.27217	0.9999 约为 1

从表 5.1 中我们得到 $\sum$(先验概率 × 似然概率) = 0.27217.因此,$\theta=0.8$ 的后验概率值为 $0.030017/0.27217 = 0.11029$.现在可以得到表 5.1 中 θ 的后验分布.当我们将其代入贝叶斯公式,正则化因子 C_{15}^{13} 可以被取消.因此,在计算似然函数时,可以仅仅使用分布的核(即去掉与参数无关的常数项)$\theta^{13}(1-\theta)^2$ 而不用表达式 $C_{15}^{13}\theta^{13}(1-\theta)^2$,所以,$\theta$ 的贝叶斯估计为

$$E(\theta)=0.8\times0.11029+0.82\times0.14028+0.84\times0.22528+$$
$$0.86\times0.2661+0.88\times0.15817+0.9\times0.098065$$
$$=0.84879\approx0.85$$

而 θ 的极大似然估计为 $13/15 = 0.867$.

在例 5.1 中,先验也叫先验信息,因为它偏向于 θ 的某些取值.例如,$\theta=0.86$ 的先验概率为 0.25,比其他取值时的先验概率均高.如果没有信息或没有强烈事先

意见,那么我们可以选择一个无信息先验分布,将 θ 取每一个可能值的先验概率设为 $\frac{1}{6}$.

【例 5.2】 采用例 5.1 中使用的无信息先验分布,对于每个给定的 θ 值,使 $\pi(\theta) = 1/6$.

解 这里对每个 θ 值,$\pi(\theta) = 1/6$,结果见表 5.2 所列.

表 5.2 例 5.2 计算数据

θ 的先验取值	先验概率 $\pi(\theta)$	样本似然概率	先验概率乘以似然概率	θ 的后验概率
0.80	1/6	0.2309	0.038483	0.14333
0.82	1/6	0.2578	0.042967	0.16003
0.84	1/6	0.2787	0.04645	0.173
0.86	1/6	0.2897	0.048283	0.17982
0.88	1/6	0.2870	0.047833	0.17815
0.90	1/6	0.2669	0.044483	0.16567
总和			0.2685	1.0

基于无信息先验分布的贝叶斯估计是

$$E(\theta) = 0.8 \times 0.14333 + 0.82 \times 0.16003 + 0.84 \times 0.173 +$$
$$0.86 \times 0.17982 + 0.88 \times 0.17815 + 0.9 \times 0.16567$$
$$= 0.85173$$

应当指出的是,由于例 5.1 的选择先验只是轻度信息,贝叶斯估计的值没有太大的区别.一般情况下,难以构造可接受的先验分布,因为多数情况下往往需根据主观经验.因此,使用一个"无信息"先验分布相对来说较为简单方便.例如,如果我们对于比例 θ 不知道任何信息,那么一种类型的标准的"无信息"先验分布是取比例 θ 的一个等距值 $0, 0.1, 0.2, \cdots, 0.9, 1$. 我们可以分配给每个 θ 值相同的概率,$\pi(\theta) = 1/11$.当我们没有很多先验数据时选取这种先验分布是很方便可行的.当我们有很多先验信息时,可以利用统计估计方法对先验分布作出估计.

后验分布为我们提供了在给定样本数据下,有关的 θ 可能取值的似然概率.接下来的问题是如何使用此信息来估计 θ,而不必明确概率,它的先验分布可以是一个假设的概率分布.我们通过下面的例子说明关于寻找后验分布的具体计算步骤.

【例 5.3】 X 是服从参数为 n, p 的二项分布,假设 p 的先验分布为 $[0,1]$ 上的均匀分布,找出 p 的后验分布 $f(p \mid x)$.

解 因为 X 是二项分布,似然函数可写为

$$f(x \mid p) = \binom{n}{x} p^x (1-p)^{n-x}$$

因为 p 是 $[0,1]$ 上的均匀分布，$\pi(p) = 1, 0 \leqslant p \leqslant 1$. 于是后验分布可表示为

$$f(p \mid x) \propto f(x \mid p)\pi(p) = \binom{n}{x} p^x (1-p)^{n-x}, x = 0, 1, \cdots, n$$

与似然函数一样.

这个例子说明，如果先验分布是无信息先验（均匀分布），那么后验分布本质上就是似然函数. 如果先验分布和后验分布具有相同的分布函数形式，我们称它为共轭先验分布. 当先验密度函数与似然函数具有相同的函数形式（这种情况是共轭先验），贝叶斯推断将变得简单.

下面的举例说明了寻求连续型随机变量的后验分布的方法.

【例 5.4】   假设 X 是一个均值为 μ、方差为 σ^2 的正态随机变量，σ^2 已知，μ 未知，假设 μ 的先验分布为 $N(\mu_p, \sigma_p^2)$，两参数都是已知的. 试找到 μ 的后验分布 $f(\mu \mid x)$.

解   利用贝叶斯公式，我们有

$$f(\mu \mid x) = \frac{f(x \mid \mu)\pi(\mu)}{\int f(x \mid \mu)\pi(\mu)\mathrm{d}\mu}$$

$$= \frac{\dfrac{1}{\sqrt{2\pi}\sigma} \mathrm{e}^{-(x-\mu)^2/(2\sigma^2)} \dfrac{1}{\sqrt{2\pi}\sigma_p} \mathrm{e}^{-(x-\mu_p)^2/(2\sigma_p^2)}}{\displaystyle\int \dfrac{1}{\sqrt{2\pi}\sigma} \mathrm{e}^{-(x-\mu)^2/(2\sigma^2)} \dfrac{1}{\sqrt{2\pi}\sigma_p} \mathrm{e}^{-(x-\mu_p)^2/(2\sigma_p^2)} \mathrm{d}\mu}$$

$$= \frac{1}{2\pi\sigma\sigma_p} \mathrm{e}^{-\left[\frac{(x-\mu)^2}{2\sigma^2} + \frac{(\mu-\mu_p)^2}{2\sigma_p^2}\right]}$$

对上述结果的指数部分变形得：

$$\frac{(x-\mu)^2}{2\sigma^2} + \frac{(\mu-\mu_p)^2}{2\sigma_p^2} = \frac{1}{2}\left[\frac{(x-\mu)^2}{\sigma^2} + \frac{(\mu-\mu_p)^2}{\sigma_p^2}\right]$$

$$= \frac{1}{2}\left[\left(\frac{1}{\sigma^2} + \frac{1}{\sigma_p^2}\right)\mu^2 - 2\left(\frac{\mu_p}{\sigma_p^2} + \frac{x}{\sigma^2}\right)\mu + \left(\frac{x^2}{\sigma^2} + \frac{\mu_p^2}{\sigma_p^2}\right)\right]$$

$$= \frac{1}{2}\left[\frac{\sigma_p^2 + \sigma^2}{\sigma^2\sigma_p^2}\mu^2 - 2\left(\frac{\mu_p}{\sigma_p^2} + \frac{x}{\sigma^2}\right)\mu + \left(\frac{x^2}{\sigma^2} + \frac{\mu_p^2}{\sigma_p^2}\right)\right]$$

$$= \frac{1}{2}\frac{\sigma_p^2 + \sigma^2}{\sigma^2\sigma_p^2}\left[\mu^2 - 2\frac{\sigma^2\sigma_p^2}{\sigma_p^2 + \sigma^2}\left(\frac{x}{\sigma^2} + \frac{\mu_p}{\sigma_p^2}\right)\mu + \frac{\sigma^2\sigma_p^2}{\sigma_p^2 + \sigma^2}\left(\frac{x^2}{\sigma^2} + \frac{\mu_p^2}{\sigma_p^2}\right)\right]$$

$$= \frac{1}{2}\frac{\sigma_p^2 + \sigma^2}{\sigma^2\sigma_p^2}\left[\mu^2 - 2\left(\frac{\sigma^2}{\sigma_p^2 + \sigma^2}\mu_p + \frac{\sigma_p^2}{\sigma_p^2 + \sigma^2}x\right)\mu + \left(\frac{\sigma^2}{\sigma_p^2 + \sigma^2}\mu_p + \frac{\sigma_p^2}{\sigma_p^2 + \sigma^2}x\right)^2\right] +$$

$$\frac{1}{2}\frac{\sigma_p^2 + \sigma^2}{\sigma^2\sigma_p^2}\left[\frac{x^2}{\sigma^2} + \frac{\mu_p^2}{\sigma_p^2} - \left(\frac{\sigma^2}{\sigma_p^2 + \sigma^2}x + \frac{\sigma_p^2}{\sigma_p^2 + \sigma^2}\mu_p\right)^2\right]$$

$$= \frac{1}{2}\frac{\sigma_p^2 + \sigma^2}{\sigma^2\sigma_p^2}\left[\mu - \left(\frac{\sigma^2}{\sigma_p^2 + \sigma^2}\mu_p + \frac{\sigma_p^2}{\sigma_p^2 + \sigma^2}x\right)^2\right] + \bar{K}$$

其中

$$\overline{K} = \frac{1}{2} \frac{\sigma_p^{\ 2} + \sigma^2}{\sigma^2 \sigma_p^2} \left[\frac{x^2}{\sigma^2} + \frac{\mu_p^2}{\sigma_p^2} - \left(\frac{\sigma^2}{\sigma_p^2 + \sigma^2} \mu_p + \frac{\sigma_p^2}{\sigma_p^2 + \sigma^2} x \right)^2 \right]$$

于是,我们得到

$$f(\mu \mid x) = K e^{-\frac{1}{2} \frac{\sigma_p^2 + \sigma^2}{\sigma^2 \sigma_p^2} \left[\mu - \left(\frac{\sigma^2}{\sigma_p^2 + \sigma^2} \mu_p + \frac{\sigma_p^2}{\sigma_p^2 + \sigma^2} x \right) \right]^2}$$

这里 $K = \mathrm{e}^{-\overline{K}}$ 是与 μ 无关的常量,即 μ 的后验分布是

$$N\left(\frac{\sigma^2}{\sigma_p^2 + \sigma^2} \mu_p + \frac{\sigma_p^2}{\sigma_p^2 + \sigma^2} x, \frac{\sigma^2 \sigma_p^2}{\sigma_p^2 + \sigma^2} \right)$$

取 $\tau_p = \frac{1}{\sigma_p^2}$ 和 $\tau = \frac{1}{\sigma^2}$,则后验分布可以改写为 $N\left(\frac{1}{\tau_p + \tau}(\tau_p \mu_p + \tau x), \frac{1}{\tau_p + \tau} \right)$.

5.2.2　先验分布选取原则

利用各种先验信息合理地确定先验分布,在有些情况是容易解决的,但在多数情况下还是相当困难的.先验分布 $\pi(\theta)$ 的确定目前还没有统一的构造方法,一般 $\pi(\theta)$ 的确定有以下几种常见方法.

1. 贝叶斯假设

从贝叶斯统计诞生之日开始就伴着一个"没有先验信息可利用的情况下,如何确定先验分布"的问题.所谓参数 θ 的无信息先验分布是指除参数 θ 的取值范围 Θ 和 θ 在总体分布中的地位之外,再也不包含 θ 的任何信息的先验分布.因此可以将 θ 的取值范围上的"均匀"分布作为 θ 的先验分布,即

$$\pi(\theta) = \begin{cases} c, & \theta \in \Theta \\ 0, & \theta \notin \Theta \end{cases}$$

其中,Θ 是 θ 的取值范围,c 为一个容易确定的常数.这一看法通常被称为贝叶斯假设.使用贝叶斯假设也会遇到一些麻烦,当 θ 为无限区间时,比如为 $(0, +\infty)$ 或 $(-\infty, +\infty)$,在 Θ 上无法定义一个正常的均匀分布;而贝叶斯假设不满足变换下的不变性.

2. 共轭先验分布法

若样本 $\boldsymbol{x} = (x_1, x_2, \cdots, x_n)$ 对参数 θ 的条件分布为 $p(x \mid \theta)$,如果 $\pi(\theta)$ 决定的后验分布密度函数 $h(\theta \mid x)$ 与 $\pi(\theta)$ 是同一个类型的,则先验分布 $\pi(\theta)$ 称为 $p(x \mid \theta)$ 的共轭分布,$\pi(\theta)$ 是 θ 的共轭先验分布.共轭分布的统计意义在于:后验分布既反应了过去提供的经验即参数 θ 的先验分布,又反映了样本 $\boldsymbol{x} = (x_1, x_2, \cdots, x_n)$ 提供的信息,而共轭分布法要求先验分布与后验分布属于同一个类型,就是要求经验的知识和现在的样本信息有某种同一性;共轭分布推导出的估计量往往使参数的统计意义更明显,更方便地将试验结果进行合理的解释.常用共轭先验分布如表 5.3 所列.

表 5.3 常用共轭先验分布

总体分布	参数	共轭先验分布
二项分布	成功概率	贝塔分布 $\beta(\alpha,\beta)$
泊松分布	均值	伽玛分布 $Ga(\alpha,\lambda)$
指数分布	均值的倒数	伽玛分布 $Ga(\alpha,\lambda)$
正态分布(方差已知)	均值	正态分布 $N(\mu,\tau^2)$
正态分布(均值已知)	方差	倒伽玛分布 $IGa(\alpha,\lambda)$

3.Jeffreys 原则

贝叶斯假设中的一个矛盾是:贝叶斯假设不满足变换下的不变性.Jeffreys 提出不变原理——Jeffreys 原则,他认为一个合理的决定先验分布的准则应具有不变性:按准则决定 θ 的先验分布 $\pi(\theta)$,对于 θ 的函数 $g(\theta)$ 作为参数,按同一个准则决定 $\eta=g(\theta)$ 的先验分布为 $\pi_g(\eta)$,就有关系式:

$$\pi(\theta)=\pi_g(g(\theta))\mid g'(\theta)\mid$$

Jeffreys 巧妙地利用了 Fisher 信息阵的一个不变性质,找到符合上述要求的 $\pi(\theta)$,即 $\pi(\theta)\propto\mid I(\theta)\mid^{\frac{1}{2}}$,其中 $I(\theta)=E\left(\frac{\partial\ln(x;\theta)}{\partial\theta}\right)^2$ 为参数 θ 的信息量.

4.最大熵原则

对连续的随机变量 x,若 $x\sim p(x)$,且积分 $-\int p(x)\ln p(x)dx$ 有意义,则称它是 x 的熵,记为 $H(x)$.两个随机变量具有相同的分布时,它们的熵就相等,熵只与分布有关.贝叶斯假设提出的均匀分布是有一定根据的."无信息"若意味着是不确定性最大,那么无信息先验分布应是最大熵所对应的分布,从这个意义上说,贝叶斯假设相当于选最大熵对应的分布作为无信息先验分布,最大熵原则可概括为:无信息先验分布应取参数 θ 的变化范围内熵最大的分布.但最大熵的分布,在无限意义上产生了各种新的问题.

5.2.3 贝叶斯参数点估计

在贝叶斯方法的参数估计中,我们同时使用先验信息和样本观察数据,这就可以在后验分布的基础上推导出一个估计策略.但是我们如何来评判这个已经获得的参数估计是否是好的呢?为了评价参数的估计效果,我们使用一个损失函数 $L(\theta,\alpha)$ 来衡量由于使用 α 作为参数 θ 的估计值带来的损失.这里的 θ 是被估计的参数,在现实问题中它是未知的,并且 α 是参数 θ 的估计.那么最佳的估计 $\alpha=\hat{\theta}$ 就使得损失函数的期望值 $E[L(\theta,\hat{\theta})]$ 最小,这里的 θ 是根据后验分布 $f(\theta\mid x)$ 来的.下面我们讲述平方损失函数和绝对损失函数这两种常用的损失函数以及他们各自的估计结果.

1. 平方损失函数形式:$L(\theta,\alpha) = (\alpha - \theta)^2$

在这种情况下,

$$E[L(\theta,\alpha)] = \int L(\theta,\alpha) f(\theta \mid x_1,x_2,\cdots,x_n) \mathrm{d}\theta = \int (\alpha - \theta)^2 f(\theta \mid x_1,x_2,\cdots,x_n) \mathrm{d}\theta$$

对 α 求导并令其等于 0,得

$$2\int (\alpha - \theta) f(\theta \mid x_1,x_2,\cdots,x_n) \mathrm{d}\theta = 0$$

即等价于

$$\int \theta f(\theta \mid x_1,x_2,\cdots,x_n) \mathrm{d}\theta = \alpha$$

这就是 θ 的后验均值 $E(\theta \mid x_1,x_2,\cdots,x_n)$(条件期望值),平均损失在参数 θ 取后验均值 $\hat{\theta}$ 时达到最小.

2. 绝对损失函数形式:$L(\theta,\alpha) = |\alpha - \theta|$

在这种情况下,

$$E[L(\theta,\alpha)] = \int L(\theta,\alpha) f(\theta \mid x_1,x_2,\cdots,x_n) \mathrm{d}\theta$$

$$= \int_{\theta=-\infty}^{\alpha} (\alpha - \theta) f(\theta \mid x_1,x_2,\cdots,x_n) \mathrm{d}\theta + \int_{\theta=\alpha}^{+\infty} (\alpha - \theta) f(\theta \mid x_1,x_2,\cdots,x_n) \mathrm{d}\theta$$

对 α 求导并令其等于 0,得

$$\int_{\theta=-\infty}^{\alpha} f(\theta \mid x_1,x_2,\cdots,x_n) \mathrm{d}\theta - \int_{\theta=\alpha}^{+\infty} f(\theta \mid x_1,x_2,\cdots,x_n) \mathrm{d}\theta = 0$$

即当这两个积分的取值都等于 $1/2$ 时,此平均损失取最小值.

下面给出贝叶斯参数点估计的一般步骤:

① 假设位置参数 θ 是一个随机变量;

② 使用先验概率分布来描述 θ 的不确定性;

③ 使用贝叶斯理论更新参数 θ 的分布,$P(\theta \mid Data) \propto P(\theta) P(Data \mid \theta)$;

④ θ 的贝叶斯估计就是 θ 的后验分布 $P(\theta \mid Data)$ 在平方损失函数下的期望值;

⑤ θ 的贝叶斯估计就是 θ 的后验分布 $P(\theta \mid Data)$ 在绝对损失函数下的期望值.

图 5.1 所示为贝叶斯参数估计步骤的流程图.

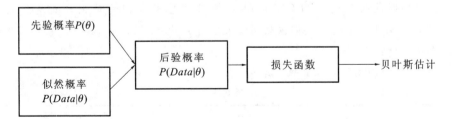

图 5.1　贝叶斯参数估计步骤

【例 5.5】 令 $X_1, X_2, \cdots, X_n$ 服从几何分布,参数是 $p, 0 \leqslant p \leqslant 1$,假设 p 服从 $\beta(4,4)$.

(1) 求 p 的后验分布;

(2) 求在平方损失函数下的贝叶斯估计.

解 (1) 因为 p 服从 $\beta(4,4)$,所以先验概率密度为

$$\frac{\Gamma(8)}{\Gamma(4)\Gamma(4)} p^3 (1-p)^3 = 140 p^3 (1-p)^3$$

因为随机变量 X_i 服从几何分布,所以可得似然函数

$$L(X_1, X_2, \cdots, X_n \mid \theta) = \prod_{i=1}^{n} p (1-p)^{x_i-1} = p^n (1-p)^{\sum\limits_{i=1}^{n} x_i - n}$$

先验分布和似然函数的乘积为

$$p^n (1-p)^{\sum\limits_{i=1}^{n} x_i - n} [140 p^3 (1-p)^3] = 140 p^{n+3} (1-p)^{\sum\limits_{i=1}^{n} x_i - n + 3}$$

因为 p 的后验分布 $\propto p$ 的先验分布与似然函数的乘积,于是此时的后验分布是

$$\beta(n+4, \sum_{i=1}^{n} x_i - n + 4) \ (因为 \ \alpha - 1 = n + 3, \beta - 1 = \sum_{i=1}^{n} x_i - n + 3)$$

(2) 对于一个服从 $\beta(\alpha, \beta)$ 的随机变量,它的均值为 $\dfrac{\alpha}{\alpha+\beta}$,因此贝叶斯估计即为后验分布的均值:

$$\beta(n+4, \sum_{i=1}^{n} x_i - n + 4) = \frac{n+4}{(\sum\limits_{i=1}^{n} x_i - n + 4) + (n+4)} = \frac{n+4}{\sum\limits_{i=1}^{n} x_i + 8}$$

当 n 很大时,p 的贝叶斯估计近似于 $\dfrac{n}{\sum\limits_{i=1}^{n} x_i}$,这就是 p 的最大似然估计量 (MLE).一般来说,对于以成功概率为 $p, p \in [0,1]$ 的伯努利实验,它的共轭先验分布是 β 分布.

【例 5.6】 假设过去的百万年间,我们一直在预测明天的太阳是否会升起.每个晚上我们假设明天的太阳会升起($\hat{R}$),而且这些天我们的预测一直是正确的(R).假设在第 10^6 个晚上我们预测明天太阳将会升起.那么第 $10^6 + 1$ 天太阳升起的概率是多少?

解 这个问题可以用下面的表格(表 5.4)表示.

表 5.4

1	2	$\cdots$	10^6	$10^6 + 1$
$\hat{R}$	$\hat{R}$	$\cdots$	$\hat{R}$	$\hat{R}$
R	R	$\cdots$	R	?

如果我们用频率估计法去估计(例如最大似然估计),则 $P(R \mid \hat{R}) = 1$. 现在我们考虑贝叶斯方法. 假设先验分布服从 $[0,1]$ 均匀分布,即

$$\pi(p) = \begin{cases} 1, & 0 \leqslant p \leqslant 1 \\ 0, & \text{其他} \end{cases}$$

假设我们预测了 n 次,成功预测 x 次,得

$$f(x \mid p) = \binom{n}{x} p^x (1-p)^{n-x}$$

联合分布为

$$f(x,p) = f(x \mid p)\pi(p)$$

$$= \binom{n}{x} p^x (1-p)^{n-x}, x = 0,1,\cdots,n; 0 \leqslant p \leqslant 1$$

由贝叶斯定理得,其后验分布 $\pi(p \mid x)$ 为

$$\pi(p \mid x) = \frac{f(x \mid p)\pi(p)}{\int_0^1 f(x \mid p)\pi(p)\mathrm{d}p}$$

$$= K(n,x) p^x (1-p)^{n-x}, x = 0,1,\cdots,n; 0 \leqslant p \leqslant 1$$

这是一个贝塔分布. 贝塔分布密度为

$$f(y) = \frac{1}{\beta(\alpha,\beta)} y^{\alpha-1} (1-y)^{\beta-1}$$

均值 $E(Y) = \dfrac{\alpha}{\alpha+\beta}$,因此

$$E[\pi(p \mid x)] = \frac{x+1}{(x+1)+(n-x)+1} = \frac{x+1}{n+2}$$

在这个例子中,$x = 10^6$,$n = 10^6$,于是后验均值为 $\dfrac{10^6+1}{10^6+2} \approx 1$.

【例 5.7】 随机变量 $X_1, X_2, \cdots, X_n$ 服从正态分布 $N(\mu, \sigma^2)$,参数 μ 的先验分布 $\pi(\mu)$ 服从正态分布 $N(\mu_0, \sigma_0^2)$,其中 σ^2 已知.

(1) 计算 μ 的后验分布;

(2) 由过去经验得知,如果结合适当的锻炼与适度饮食,那么体重的减少将服从均值为 10 磅,标准差为 2 磅的正态分布. 随机抽取 5 人让他们按照上述计划进行一个月后,体重减少的数目分别为(单位:磅):14,8,11,7,11. 假定 $\sigma^2 = 4$,计算均值 μ 的估计值.

解 (1) 因为

$$\pi(\mu) \sim N(\mu_0, \sigma_0^2), \quad \pi(\mu) \propto \exp\{(\mu-\mu_0)^2/\sigma_0^2 y\}$$

由样本 $\boldsymbol{x} = (x_1, x_2, \cdots, x_n)$,计算极大似然函数为

$$L(x_1, x_2, \cdots, x_n \mid \mu) = f(\boldsymbol{x} \mid \mu) \propto \prod_{i=1}^n \exp\left\{-\frac{(x_i-\mu)^2}{2\sigma^2}\right\}$$

$$= \exp\{- \sum_{i=1}^{n} [(x_i - \mu)^2/(2\sigma^2)]\}$$

其中 μ 由后验分布决定.

$$f(\mu \mid \boldsymbol{x}) \propto \pi(\mu) f(\boldsymbol{x} \mid \mu) \propto \exp\{-(\mu - \mu_1)^2/(2\sigma_1^2)\}$$

其中

$$\mu_1 = \frac{\dfrac{n}{\sigma^2}\overline{x} + \dfrac{1}{\sigma_0^2}\mu_0}{\dfrac{n}{\sigma^2} + \dfrac{1}{\sigma_0^2}}, \sigma_1^2 = \frac{1}{\dfrac{n}{\sigma^2} + \dfrac{1}{\sigma_0^2}}$$

所以,μ 的后验分布为 $N(\mu_1, \sigma_1^2)$.

(2) 由题意可以得知样本均值 $\overline{x} = 10.2$,样本标准差 $s = 2.77$,由(1)得知

$$\mu_1 = \frac{\dfrac{n}{\sigma^2}\overline{x} + \dfrac{1}{\sigma_0^2}\mu_0}{\dfrac{n}{\sigma^2} + \dfrac{1}{\sigma_0^2}} = \frac{\dfrac{5}{2^2} \times 10.2 + \dfrac{1}{2^2} \times 10}{\dfrac{5}{2^2} + \dfrac{1}{2^2}} = 10.167$$

$$\sigma_1^2 = \frac{1}{\dfrac{n}{\sigma^2} + \dfrac{1}{\sigma_0^2}} = \frac{1}{\dfrac{5}{2^2} + \dfrac{1}{2^2}} = 0.66667$$

5.3　贝叶斯置信区间或可信区间

在本节中我们要研究的问题是:"我们能否构造一个区间使得这个区间能够包含未知的真值 θ?" 我们知道在很多情况下,对于总体参数 θ 而言,可以用它的一个区间估计代替点估计. 这种区间在古典统计学中被称为置信区间. 我们可以将区间估计的概念扩展到贝叶斯统计中. 贝叶斯中这种类似的可信区间就称为置信区间,定义如下.

> **定义 5.2**　给定概率 $(1-\alpha)100\%$,对参数 θ 要找一个区间 (a,b),使得
> $$P\{a \leqslant \theta \leqslant b \mid x_1, x_2, \cdots, x_n\} \geqslant (1-\alpha)100\%$$
> 其中,$0 \leqslant \theta \leqslant 1$,$x_1, x_2, \cdots, x_n$ 为样本值.

在这个定义中,我们需要注意的是,给定一个样本,可以保证至少有 $(1-\alpha)100\%$ 的可能性使得真值 θ 落在区间 (a,b) 内.

在经典统计学情况下,我们说"区间以 $(1-\alpha)100\%$ 的概率包含参数 θ 的真实值". 但是在贝叶斯统计情况下,我们应该说至少有 $(1-\alpha)100\%$ 的可能性使得真值 θ 包含在区间 (a,b) 内.

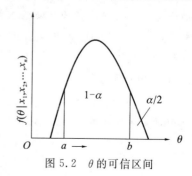

图 5.2　θ 的可信区间

在经典情况下,这是置信区间中长度最小的区间,统计学必须选择密度函数 $f(\theta \mid x_1, x_2, \cdots, x_n)$ 的最大值,如图 5.2 所示.

> **定义 5.3**　θ 的 $(1-\alpha)100\%$ 的置信区间为 (a, b),使得
>
> (1) $\int_a^b f(\theta \mid x_1, x_2, \cdots, x_n) \mathrm{d}\theta \geqslant 1-\alpha$,如果 θ 是连续的,并且后验概率密度为 $f(\theta \mid x_1, x_2, \cdots, x_n)$.
>
> (2) $\sum_a^b f(\theta \mid x_1, x_2, \cdots, x_n) \geqslant 1-\alpha$,如果 θ 是离散的.

下面我们举一些计算置信区间的例子.

【例 5.8】　假设 $x_1, x_2, \cdots, x_n$ 是来自正态分布 $N(\mu, \sigma^2)$ 的随机样本,其中 $\sigma^2 = 4$. 参数 μ 的先验分布为 $N(0, 1)$,即 $\pi(\mu) \sim N(0, 1)$. 试求 μ 的 95% 可信区间.

解　由例 5.7 可以得到 μ 的后验分布,要找到 μ 的 95% 可信区间,我们必须找到 a 和 b 这两个数,使得

$$P\{a \leqslant X \leqslant b\} = 0.95$$

其中

$$X \sim N\left(\mu = \frac{\bar{x}}{1+\frac{4}{n}}, \sigma^2 = \frac{1}{1+\frac{n}{4}}\right)$$

用 z 分位数,我们可以得到(X 是连续的),

$$P\left\{-z_{\alpha/2} < \frac{\mu - \frac{1}{1+\frac{4}{n}}\bar{x}}{\sqrt{\frac{1}{1+\frac{n}{4}}}} < z_{\alpha/2}\right\} = 1-\alpha$$

可以化为

$$P\left\{\frac{1}{1+\frac{4}{n}}\bar{x} - \frac{1}{\sqrt{1+\frac{n}{4}}}z_{\alpha/2} < \mu < \frac{1}{1+\frac{4}{n}}\bar{x} + \frac{1}{\sqrt{1+\frac{n}{4}}}z_{\alpha/2}\right\} = 1-\alpha$$

因此,μ 的 95% 置信区间为

$$\left(\frac{1}{1+\frac{4}{n}}\bar{x} - \frac{1}{\sqrt{1+\frac{n}{4}}}z_{\alpha/2}, \frac{1}{1+\frac{4}{n}}\bar{x} + \frac{1}{\sqrt{1+\frac{n}{4}}}z_{\alpha/2}\right)$$

为了方便,我们将此过程总结为下面几步.

贝叶斯可信区间的求解步骤:

① 考虑随机变量 θ 的先验分布 $\pi(\theta)$;

② 依据贝叶斯定理更新先验分布 $\pi(\theta)$,即找到 θ 的后验分布 $\pi(\theta\mid data)$;

③ 求出 a 和 b 这两个数,使得

$$\int_a^b \pi(\theta\mid data)\,\mathrm{d}\theta \geqslant 1-\alpha,\text{连续型};$$

$$\sum_{\theta=a}^b \pi(\theta\mid data) \geqslant 1-\alpha,\text{离散型}.$$

注:a 和 b 满足

$$\int_{-\infty}^a \pi(\theta\mid data)\,\mathrm{d}\theta = \alpha/2,\text{连续型};$$

$$\sum_{\theta\leqslant a} \pi(\theta\mid data) = \alpha/2,\text{离散型}.$$

并且

$$\int_b^{+\infty} \pi(\theta\mid data)\,\mathrm{d}\theta = \alpha/2,\text{连续型};$$

$$\sum_{\theta\geqslant b} \pi(\theta\mid data) = \alpha/2,\text{离散型}.$$

④ θ 的 $(1-\alpha)100\%$ 的置信区间为 (a,b).

在离散的情况下,找到最小置信区间的一个简单方法是,按 θ 的值从最大可能到最小可能进行排列(即后验概率大小的顺序),然后将 θ 的值放入区间,直到积累的后验概率达到 $(1-\alpha)100\%$.这样一个区间被称为最大后验密度(HPD)区间.可以证明,HPD 区间总是存在,并且它是唯一的.只要整个区间的概率为 $(1-\alpha)$,区间中 θ 值的后验密度是从来不会一致的.

【例 5.9】   用例 5.1 的数据,试求 θ 的 90% 置信区间.

解   按 θ 的值从最大可能到最小可能进行排列,列出表 5.5.在"积累概率"列,我们看到 θ 在集合 $\{0.86,0.84,0.88,0.82,0.80\}$ 中的概率为 0.90192.因此,这个集合是 θ 的 90% 置信(或者可信)区间.

表 5.5

θ 初始值	后验概率	积累概率
0.86	0.2661	0.2661
0.84	0.22528	0.49138
0.88	0.15817	0.64955
0.82	0.14208	0.79163
0.80	0.11029	0.90192
0.90	0.098064	0.99984

5.4　贝叶斯假设检验

贝叶斯简单假设检验的方法是直截了当的. 在不同的假设条件下, 可以计算出一系列给定数据 x 对应的后验概率. 如果含义明确的损失函数已知, 那么贝叶斯准则就是选择在后验分布下最小的损失函数的期望值. 由于损失函数未知, 贝叶斯学家对讨论第一类和第二类错误概率毫无兴趣.

在古典概率假设检验中, 我们检验对应备择假设 H_1 下的原假设 H_0. 这个检验过程是基于控制犯两类错误的概率. 进行古典概率假设检验的人在限制犯第一类错误 α 的同时, 使犯第二类错误的概率最小. 如果犯第二类错误的概率很大以至于不能被接受, 那么我们需要增加样本容量来使之减少.

在贝叶斯方法中, 解决原假设和备择假设问题的做法是相当直接的. 考虑如下假设检验问题:
$$H_0 : \theta \in \Theta_0 ; \quad H_1 : \theta \in \Theta_1$$
其中 Θ_0 和 Θ_1 是参数空间的子集. $X_1, X_2, \cdots, X_n$ 是关于人口的样本, 它们的密度函数为 $f_\theta(x)$.

通过贝叶斯假设检验方法, 我们计算得到后验概率:
$$\alpha_0 = P\{\theta \in \Theta_0 \mid x_1, x_2, \cdots, x_n\}, \quad \alpha_1 = P\{\theta \in \Theta_1 \mid x_1, x_2, \cdots, x_n\}$$

如果 $\alpha_0 > \alpha_1$, 我们接受原假设; 如果 $\alpha_0 < \alpha_1$, 我们拒绝原假设. 现在我们描述贝叶斯假设检验的过程. 记
$$\pi_0 = P\{\theta \in \Theta_0\}$$
$$\pi_1 = P\{\theta \in \Theta_1\}$$
则在贝叶斯统计理论中, 我们称 π_0 / π_1 是先验概率比, α_0 / α_1 是后验概率比.

后验概率比是指对应原假设和备择假设的后验概率比, 后验概率比被用来检验假设, 进行判断. 通过贝叶斯理论我们计算出 α_0 和 α_1 如下:
$$\alpha_0 = P\{\theta \in \Theta_0 \mid x_1, x_2, \cdots, x_n\}$$
$$= \begin{cases} \displaystyle\int_{\Theta_0} f(\theta \mid x_1, x_2, \cdots, x_n) \, \mathrm{d}\theta, \text{连续型} \\ \displaystyle\sum_{\theta \in \Theta_0} f(\theta \mid x_1, x_2, \cdots, x_n), \text{离散型} \end{cases}$$

同理,
$$\alpha_1 = P\{\theta \in \Theta_1 \mid x_1, x_2, \cdots, x_n\}$$
$$= \begin{cases} \displaystyle\int_{\Theta_1} f(\theta \mid x_1, x_2, \cdots, x_n) \, \mathrm{d}\theta, \text{连续型} \\ \displaystyle\sum_{\theta \in \Theta_1} f(\theta \mid x_1, x_2, \cdots, x_n), \text{离散型} \end{cases}$$

如果 $\alpha_0/\alpha_1 < 1$，拒绝 H_0；如果 $\alpha_0/\alpha_1 > 1$，接受 H_0.

这种假设检验方法被称为 Jeffreys 假设检验准则. 一般而言如果后验概率比大于 1，接受原假设；否则，拒绝原假设而接受备择假设.

【例 5.10】　一个学生参加一场标准测验，如果他的分数超过 100（比如 150），他将被认为是有天赋的，否则被认为不是很有天赋. 假设分数的先验分布是均值为 100、标准差为 15 的正态分布. 一般认为该生每次考试的分数都是变化的，这些可能的分数可以用均值为 μ、方差为 100 的正态分布表示. 假定该生在一次考试中得到 115 分，检验该生是具有天赋的假设.

解　假设检验问题可以表述为

$$H_0 : \theta < 100; \quad H_1 : \theta \geqslant 100$$

参考例 5.7，可以知道后验分布 $f(\theta \mid x)$ 是均值为 110.4、方差为 69.2 的正态分布. 因为先验分布服从 $N(100, 225)$，于是我们得到 $\pi_0 = P\{\theta < 100\} = 1/2$ 和 $\pi_1 = P\{\theta \geqslant 100\} = 1/2$. 从而可得

$$\begin{aligned}
\alpha_0 &= P\{\theta < 100 \mid x = 115\} \\
&= P\left\{\frac{\theta - 110.4}{\sqrt{69.2}} < \frac{100 - 110.4}{\sqrt{69.2}}\right\} \\
&= P\left\{z \leqslant -\frac{10.4}{\sqrt{69.2}}\right\} = 0.106
\end{aligned}$$

和

$$\begin{aligned}
\alpha_1 &= P\{\theta \geqslant 100 \mid x = 115\} \\
&= 1 - P\{\theta < 100 \mid x = 115\} \\
&= 1 - 0.106 = 0.894
\end{aligned}$$

所以 $\alpha_0/\alpha_1 = 0.106/0.894 = 0.119 < 1$，我们拒绝 H_0.

下面简单介绍贝叶斯假设检验过程.

为了检验 $H_0 : \theta \in \Theta_0$；$H_1 : \theta \in \Theta_1$（$\Theta_0$ 和 Θ_1 是给定的子集）：

① 假设 θ 是服从先验分布 $\pi(\theta)$ 的随机变量.

② 通过贝叶斯理论，计算对应 $x_1, x_2, \cdots, x_n$ 的 θ 的后验分布 $f(\theta \mid x_1, x_2, \cdots, x_n)$.

③ 通过下列公式计算 α_0 和 α_1：

$$\begin{aligned}
\alpha_0 &= P\{\theta \in \Theta_0 \mid x_1, x_2, \cdots, x_n\} \\
&= \begin{cases}
\displaystyle\int\!\!\!\int_{\Theta_0} f(\theta \mid x_1, x_2, \cdots, x_n) \mathrm{d}\theta, & \text{连续型} \\[2mm]
\displaystyle\sum_{\theta \in \Theta_0} f(\theta \mid x_1, x_2, \cdots, x_n), & \text{离散型}
\end{cases}
\end{aligned}$$

和

$$\alpha_1 = P\{\theta \in \Theta_1 \mid x_1, x_2, \cdots, x_n\}$$

$$= \begin{cases} \displaystyle\int_{\Theta_1} f(\theta \mid x_1, x_2, \cdots, x_n)\mathrm{d}\theta, \text{连续型} \\[4mm] \displaystyle\sum_{\theta \in \Theta_1} f(\theta \mid x_1, x_2, \cdots, x_n), \text{离散型} \end{cases}$$

④ 如果后验概率比 $\alpha_0/\alpha_1 < 1$，则拒绝 H_0，否则接受 H_0.

在上述过程中，我们假设 $P\{\theta \in \Theta_0\}$ 和 $P\{\theta \in \Theta_1\}$ 都是大于零的.

5.5　贝叶斯决策理论

5.5.1　经典统计决策问题的三个要素

经典统计决策问题的三个要素是：样本空间和样本分布族、决策（行动）空间、损失函数.

1.样本空间和样本分布族

设总体 X 的分布函数为 $F(x;\theta)$，θ 是未知参数，$\theta \in \Theta$，Θ 称为参数空间. 若 X_1，$X_2, \cdots, X_n$ 为来自总体 X 的样本，则样本所有可能取值组成的集合称为**样本空间**，记为 $\mathscr{X}$. 由于 X_i 的分布函数为 $F(x_i;\theta)$ $(i = 1, 2, \cdots, n)$，则 $X_1, X_2, \cdots, X_n$ 的联合分布函数为

$$F(x_1, x_2, \cdots, x_n; \theta) = \prod_{i=1}^{n} F(x_i; \theta), \quad \theta \in \Theta$$

若记 $F^* = \left\{ \prod\limits_{i=1}^{n} F(x_i; \theta) : \theta \in \Theta \right\}$，则 F^* 称为样本 $X_1, X_2, \cdots, X_n$ 的概率分布族，简称**样本分布族**.

所谓给定了一个参数统计模型，实质上是指给定了样本空间和样本分布族.

【例 5.11】　设总体 $X \sim N(\mu, 1)$，$X_1, X_2, \cdots, X_n$ 是来自总体的样本，求其样本空间和样本分布族.

解　样本空间是集合
$$\mathscr{X} = \{(x_1, x_2, \cdots, x_n) : x_i \in R, i = 1, 2, \cdots, n\}$$
样本分布族为
$$\left\{ \left(\frac{1}{\sqrt{2\pi}}\right)^n \mathrm{e}^{-\frac{1}{2}\sum_{i=1}^{n}(x_i - \mu)^2} : -\infty < \mu < +\infty \right\}$$

2.决策空间

对于一个统计问题，如参数的点估计、区间估计以及参数的假设检验问题，常常要给予适当的回答. 对参数的点估计，一个具体的估计值就是一个回答. 在假设

检验中,它是一个决定,即是接受还是拒绝原假设.在统计决策中,每个具体的回答称为一个**决策**(或行动),一个统计问题中可能选取的全部决策组成的集合称为**决策空间**,记为 $\mathscr{A}$. 一个决策空间 $\mathscr{A}$ 至少应含有两个决策. 假如 $\mathscr{A}$ 中只含有一个决策,那么人们就无需选择,从而也形成不了一个统计决策问题.

【例 5.12】　设总体 $X \sim N(\mu,1)$, $X_1, X_2, \cdots, X_n$ 是来自总体的样本.

(1) 未知参数 μ 的点估计常用 $\overline{X}$. 这意味着对样本空间 $\mathscr{X}$ 中任一点 $(x_1, x_2, \cdots, x_n)$,可以用 R 中的一个元素 $\overline{x}$ 作为的 μ 估计值. 于是,此统计问题——点估计的决策空间为

$$\mathscr{A} = \Theta$$

(2) 未知参数 μ 的区间估计常用

$$\left[\overline{X} - u_{\frac{\alpha}{2}} \frac{1}{\sqrt{n}}, \overline{X} + u_{\frac{\alpha}{2}} \frac{1}{\sqrt{n}} \right]$$

这意味着对样本空间 $\mathscr{X}$ 中任一点 $(x_1, x_2, \cdots, x_n)$,可以用区间组成的集合 $\{[d_1, d_2]: -\infty < d_1 < d_2 < +\infty\}$ 中的一个元素 $[d_1, d_2] = \left[\overline{x} - u_{\frac{\alpha}{2}} \frac{1}{\sqrt{n}}, \overline{x} + u_{\frac{\alpha}{2}} \frac{1}{\sqrt{n}} \right]$ 去估计 μ 所在的范围. 于是此统计问题——区间估计的决策空间为

$$\mathscr{A} = \{[d_1, d_2]: -\infty < d_1 < d_2 < +\infty\}$$

(3) 要检验假设:$H_0: \mu = \mu_0$, $H_1: \mu \neq \mu_0$. 我们可以通过给出一个拒绝域

$$W = \left\{ (x_1, x_2, \cdots, x_n): |\overline{x} - \mu_0| > u_{\frac{\alpha}{2}} \frac{1}{\sqrt{n}} \right\}$$

来确定一个检验. 这意味着对样本空间 $\mathscr{X}$ 中任一点 $(x_1, x_2, \cdots, x_n)$,根据 $(x_1, x_2, \cdots, x_n)$ 是否属于 W 来决定是拒绝 H_0 还是接受 H_0,记

$$d_0 = \{拒绝 \ H_0\}, d_1 = \{接受 \ H_0\}$$

于是此统计问题——假设检验的决策空间为

$$\mathscr{A} = \{d_0, d_1\}.$$

3.常见的损失函数

统计决策的一个基本观点是假设:每采取一个决策,必然有一定的后果,所采取的决策不同,后果就不同.这种后果必须以某种方式通过损失函数的形式表示出来.这样,每一决策有优劣之分.统计决策的一个基本思想就是把决策的优劣性以数量的形式表现出来,其方法是引入一个依赖参数值 $\theta \in \Theta$ 和决策 $d \in \mathscr{A}$ 的二元实值非负函数 $L(\theta,d)$,称之为**损失函数**.它表示当参数真值为 θ 而采取决策 d 时所造成的损失,决策越正确,损失就越小.由于在统计问题中人们总是利用样本对总体进行推断,所以误差是不可避免的,因而总会带来损失,这就是损失函数定义为非负函数的原因.

对于不同的统计问题,可以选取不同的损失函数,对于参数的点估计问题常见的损失函数有如下几种:

（1）线性损失函数

$$L(\theta,d) = \begin{cases} k_0(\theta-d), & \theta \geqslant d \\ k_1(d-\theta), & \theta < d \end{cases}$$

其中，k_0 和 k_1 是两个非负常数，它们的选择常反映决策 d 低于参数 θ 和高于参数 θ 的相对重要性. 当 $k_1 = k_0 = 1$ 时就得到绝对值损失函数

$$L(\theta,d) = |\theta-d|$$

（2）平方损失函数

$$L(\theta,d) = (\theta-d)^2$$

在估计理论中占有特殊重要的地位.

（3）凸损失函数

$$L(\theta,d) = \lambda(\theta)w(|\theta-d|)$$

其中，$\lambda(\theta) > 0$ 是 θ 的已知函数，且有限，$w(t) > 0$ 是 $t > 0$ 上的单调不减函数且 $w(0) = 0$.

对于参数的区间估计问题，设决策空间为：

$$\mathscr{A} = \{[d_1,d_2]: -\infty < d_1 < d_2 < +\infty\}$$

如果只考虑区间估计的精度，可以定义损失函数：

$$L_1(\theta,d) = d_2 - d_1, \ \theta \in \Theta, d = [d_1,d_2] \in \mathscr{A}$$

它表示以区间估计的长度来度量采取决策 $d = [d_1,d_2]$ 所带来的损失. 如果只考虑区间估计的可靠性，则可以定义损失函数：

$$L_2(\theta,d) = \begin{cases} 0, & 当 d_1 \leqslant \theta \leqslant d_2 \\ 1, & 其他 \end{cases}$$

即

$$L_2(\theta,d) = 1 - I_{[d_1 \leqslant \theta \leqslant d_2]}$$

这个损失函数表示当决策正确时，也即区间 $[d_1,d_2]$ 包含未知参数 θ 时无损失，反之损失为 1. 在区间估计问题中，应兼顾区间估计的精确性和可靠性两个方面. 因而 L_1 或 L_2 若单独使用就显得不甚合理，较合理的损失函数是 L_1 和 L_2 的线性组合：

$$L(\theta,d) = \lambda_1 L_1(\theta,d) + \lambda_2 L_2(\theta,d), \theta \in \Theta, d \in \mathscr{A}$$

其中，$\lambda_1 > 0, \lambda_2 > 0$. 或者可取

$$L(\theta,d) = |\theta-d_1| + |\theta-d_2|, \theta \in \Theta, d \in \mathscr{A}$$

对于参数的假设检验问题，设假设为：

$$H_0:\theta \in \Theta_0; \quad H_1:\theta \in \Theta_1$$

其中 $\Theta_0 \bigcap \Theta_1 = \varnothing$，记 $d_0 = \{拒绝\ H_0\}, d_1 = \{接受\ H_0\}$，则常取损失函数为：

$$L(\theta,d) = \begin{cases} 0, & 当 \theta \in \Theta_0\ 且\ d = d_1, 或 \theta \in \Theta_1\ 且\ d = d_0 \\ 1, & 当 \theta \in \Theta_0\ 且\ d = d_0, 或 \theta \in \Theta_1\ 且\ d = d_1 \end{cases}$$

此损失函数称为 0-1 损失函数. 它表示当决策正确时, 没有损失; 当决策错误时, 损失为 1. 更一般地, 损失函数可取为:

$$L(\theta, d) = \begin{cases} 0, & \text{当 } \theta \in \Theta_0 \text{ 且 } d = d_1, \text{或 } \theta \in \Theta_1 \text{ 且 } d = d_0 \\ l_0(\theta), & \text{当 } \theta \in \Theta_0 \text{ 且 } d = d_0 \\ l_1(\theta), & \text{当 } \theta \in \Theta_1 \text{ 且 } d = d_1 \end{cases}$$

其中 $l_0(\theta) > 0, l_1(\theta) > 0$ 为 θ 的已知函数; 当 $l_0(\theta) = l_1(\theta) = 1$ 时即为上述的 0-1 损失函数. 通常可取 $l_0(\theta) \equiv l_0$ 且 $l_1(\theta) \equiv l_1$.

归纳起来, 我们有:

> **定义 5.4**　统计决策问题的三个要素为:
>
> (1) 样本空间及其样本分布族　给定参数统计模型
>
> $$F^* = \Big\{ \prod_{i=1}^{n} F(x_i; \theta) : (x_1, x_2, \cdots, x_n) \in \mathscr{X}, \theta \in \Theta \Big\}$$
>
> 其中 $\mathscr{X}$ 为样本空间, Θ 为参数空间;
>
> (2) 决策空间　对于某类统计问题, 给定全体决策 d 组成的集合 $\mathscr{A}, \mathscr{A}$ 称为决策空间;
>
> (3) 损失函数　对于某类统计问题, 给定定义在 $\Theta \times \mathscr{A}$ 上的二元非负函数 $L(\theta, d), \forall \theta \in \Theta, d \in \mathscr{A}$, 称为该类决策问题的损失函数.

5.5.2　统计决策函数及其风险函数

1. 统计决策函数

设给定了一统计决策问题的三要素: 样本空间 $\mathscr{X}$ 和样本分布族、决策空间 $\mathscr{A}$ 及损失函数 $L(\theta, d)$. 我们的问题是对每一样本观测值 $\boldsymbol{x} = (x_1, x_2, \cdots, x_n)$, 即对每一 $\boldsymbol{x} \in \mathscr{X}$, 有一个确定的法则, 在 $\mathscr{A}$ 中选取一个决策 d. 这样一个对应关系是定义在样本空间 $\mathscr{X}$ 上, 取值于决策空间 $\mathscr{A}$ 的一个函数 (即由 $\mathscr{X}$ 到 $\mathscr{A}$ 的一个映射)$d(\boldsymbol{x})$.

> **定义 5.5**　定义在样本空间 $\mathscr{X}$ 上, 取值于决策空间 $\mathscr{A}$ 内的函数 $d(\boldsymbol{x})$, 称为统计决策函数, 简称决策函数.

易见, 决策函数 $d(\boldsymbol{x})$ 就是一个"行动方案". 当有了样本观测值 $\boldsymbol{x}$ 后, 按既定的方案采取行动 (决策)$d(\boldsymbol{x})$; 因此, $d(\boldsymbol{X}) = d(X_1, X_2, \cdots, X_n)$ 是一个统计量. 决策函数 $d(\boldsymbol{x})$ 就是所给定的统计决策问题的一个解.

【例 5.13】　设总体 $X \sim N(\mu, \sigma^2), \sigma^2$ 已知, $X_1, X_2, \cdots, X_n$ 是来自总体的样本, $x_1, x_2, \cdots, x_n$ 为样本观测值, 记 $\bar{x} = \dfrac{1}{n} \sum_{i=1}^{n} x_i$. 当用 $\bar{x}$ 作为 μ 的点估计时, $d(\boldsymbol{x}) = \bar{x}$ 就是一个决策函数; 在区间估计中, $\left[\bar{x} - u_{\frac{\alpha}{2}} \dfrac{\sigma}{\sqrt{n}}, \bar{x} + u_{\frac{\alpha}{2}} \dfrac{\sigma}{\sqrt{n}} \right]$ 就是一个决策函数; 如

果要对 μ 进行假设检验,记拒绝域为

$$W = \left\{ (x_1, x_2, \cdots, x_n) : |\overline{x} - \mu_0| > u_{\frac{\alpha}{2}} \frac{\sigma}{\sqrt{n}} \right\}$$

则决策函数为

$$d(\boldsymbol{x}) = \begin{cases} 0, & \text{当 } \boldsymbol{x} \notin W \\ 1, & \text{当 } \boldsymbol{x} \in W \end{cases}$$

此即为检验函数.

说明:这里 $d_0 = \{$拒绝 $H_0\}$ 对应数 1,$d_1 = \{$接受 $H_0\}$ 对应数 0,若直接取

$$d(\boldsymbol{x}) = \begin{cases} d_1, & \text{当 } \boldsymbol{x} \notin W \\ d_0, & \text{当 } \boldsymbol{x} \in W \end{cases}$$

它是一个由 $\mathscr{X}$ 到 $\mathscr{A} = \{d_0, d_1\}$ 的一个映射,是广义的"函数".

2. 风险函数

给定一个统计决策问题,若使用决策函数 $d(\boldsymbol{x})$,则采取此决策所带来的损失为 $L(\theta, d(\boldsymbol{x}))$. 然而样本 $\boldsymbol{X} = (X_1, X_2, \cdots, X_n)$ 是随机的,从而 $d(\boldsymbol{X})$ 也是随机的. 因此,$L(\theta, d(\boldsymbol{X}))$ 是一随机变量,它是样本 $\boldsymbol{X}$ 的函数,$L(\theta, d(\boldsymbol{X}))$ 关于样本分布的数学期望代表了取决策函数 $d(\boldsymbol{x})$ 时,在概率意义下的平均损失,这就是统计决策理论中非常重要的风险函数的概念.

定义 5.6　设样本空间和样本分布族分别为 $\mathscr{X}$ 和 $\{F(\boldsymbol{x}; \theta) : \theta \in \Theta\}$,决策空间为 $\mathscr{A}$,损失函数为 $L(\theta, d)(\theta \in \Theta, d \in \mathscr{A})$,则统计决策函数 $d(\boldsymbol{x})$ 的风险函数定义为

$$R(\theta, d) = E_\theta[L(\theta, d(\boldsymbol{X}))] = \int_{\mathscr{X}} L(\theta, d(\boldsymbol{x})) \mathrm{d}F(\boldsymbol{x}; \theta)$$

$R(\theta, d)$ 是 θ 的函数 $(\theta \in \Theta)$,当 θ 取定值时,$R(\theta, d)$ 称为决策函数 $d(\boldsymbol{x})$ 在参数值 θ 时的风险函数.

说明:当样本 $\boldsymbol{X} = (X_1, X_2, \cdots, X_n)$ 的分布族为密度族 $\{f(\boldsymbol{x}; \theta) : \theta \in \Theta\}$ 时,则

$$R(\theta, d) = E_\theta[L(\theta, d(\boldsymbol{X}))] = \int_{\mathscr{X}} L(\theta, d(\boldsymbol{x})) f(\boldsymbol{x}; \theta) \mathrm{d}\boldsymbol{x}$$

风险函数 $R(\theta, d)$ 是统计决策问题当采取决策函数 d 时统计意义下的平均损失. 风险函数是 Wald 统计决策理论的基本概念. 评价一个决策函数 d 的依据就是其风险函数.

下面,我们将讨论各类统计问题在各种损失函数下的风险.

(1) 点估计

设决策函数为 $d(\boldsymbol{x}) = \hat{\theta}(\boldsymbol{x})$(即 θ 的点估计),则对应平方损失函数的风险函数:

$$E_\theta[(\theta - \hat{\theta}(\boldsymbol{X}))^2]$$

即为估计量 $\hat{\theta}$ 的均方误差;

对应绝对值损失函数的风险函数：

$$E_\theta\big[\,|\theta-\hat\theta(\boldsymbol{X})|\,\big]$$

即为估计量 $\hat\theta$ 的平均绝对误差.

(2) 区间估计

设参数 θ 的区间估计为 $d(\boldsymbol{x})=[\underline\theta(\boldsymbol{x}),\overline\theta(\boldsymbol{x})]$，则对应于损失函数 $L_1(\theta,d)=\overline\theta(\boldsymbol{x})-\underline\theta(\boldsymbol{x})$，$d$ 的风险函数为

$$E_\theta\big[\overline\theta(\boldsymbol{X})-\underline\theta(\boldsymbol{X})\big]$$

对应于损失函数 $L_2(\theta,d)=\begin{cases}0,&\text{当 }\underline\theta(X)<\theta<\overline\theta(X)\\1,&\text{其他}\end{cases}$，$d$ 的风险函数为

$$P_\theta\{\theta\notin[\underline\theta(\boldsymbol{X}),\overline\theta(\boldsymbol{X})]\}=1-P_\theta\{\underline\theta(\boldsymbol{X})\leqslant\theta\leqslant\overline\theta(\boldsymbol{X})\}$$

对应于损失函数 $L(\theta,d)=\lambda_1 L_1(\theta,d)+\lambda_2 L_2(\theta,d)$，$d$ 的风险函数为

$$\lambda_1 E_\theta\big[\overline\theta(\boldsymbol{X})-\underline\theta(\boldsymbol{X})\big]+\lambda_2 P_\theta\{\theta\notin[\underline\theta(\boldsymbol{X}),\overline\theta(\boldsymbol{X})]\}$$

(3) 假设检验

对于假设检验问题：$H_0:\theta\in\Theta_0$；$H_1:\theta\in\Theta_1$. 其中 $\Theta_0\cap\Theta_1=\varnothing$，记 $d_0=\{\text{拒绝 }H_0\}$，$d_1=\{\text{接受 }H_0\}$，当决策函数 $d(\boldsymbol{x})=\begin{cases}0,&\text{当 }\boldsymbol{x}\notin W\\1,&\text{当 }\boldsymbol{x}\in W\end{cases}$，即 $d(\boldsymbol{x})=\delta(\boldsymbol{x})$

$=\begin{cases}0,&\boldsymbol{x}\notin W\\1,&\boldsymbol{x}\in W\end{cases}$（函数 $\delta(\boldsymbol{x})$ 为以 W 为拒绝域的检验函数）；则对应于损失函数

$$L(\theta,d)=\begin{cases}0,&\text{当 }\theta\in\Theta_0\text{ 且 }d=d_1,\text{或 }\theta\in\Theta_1\text{ 且 }d=d_0\\1,&\text{当 }\theta\in\Theta_0\text{ 且 }d=d_0,\text{或 }\theta\in\Theta_1\text{ 且 }d=d_1\end{cases}$$

的风险函数为

$$R(\theta,d)=EL(\theta,d)=\begin{cases}g(\theta),&\theta\in\Theta_0\\1-g(\theta),&\theta\in\Theta_1\end{cases}$$

其中，函数 $g(\theta)=E_\theta\delta(\boldsymbol{X})$ 为检验 $\delta(\boldsymbol{x})$ 的功效函数. 因此，Neyman-Pearson 假设检验理论（N-P 理论）的基本思想，可以用统计决策的语言表达：对某 $\alpha,0<\alpha<1$，使风险函数 $R(\theta,d)$ 的值在 Θ_0 上不超过 α，且使风险函数 $R(\theta,d)$ 在 Θ_1 上尽可能地小. 由此可见，N-P 理论体现了 Wald 决策函数理论的一些概念.

Wald 理论引进统计决策函数及其风险函数，将各类统计推断问题用统一的观点与方法处理. 若要论及统计推断方法的优良性，必须考虑统计推断所采取决策的损失，即要考虑风险函数. 按照 Wald 的理论，风险函数越小，决策函数就越优良. 但是对于给定的决策函数，风险函数仍是参数 θ 的函数. 所以，两个决策函数风险大

小的比较,情况比较复杂,因此就产生了种种优良性准则.

> **定义 5.7** 设 d_1 和 d_2 是某个统计决策问题中的两个决策函数,若其风险函数满足不等式
>
> $$R(\theta,d_1) \leqslant R(\theta,d_2), \quad \forall \theta \in \Theta$$
>
> 且至少存在一 $\theta_0 \in \Theta$ 使得
>
> $$R(\theta_0,d_1) < R(\theta_0,d_2)$$
>
> 成立,则称决策函数 d_1 一致优于 d_2. 假如关系式
>
> $$R(\theta,d_1) = R(\theta,d_2), \quad \forall \theta \in \Theta$$
>
> 成立,则称决策函数 d_1 与 d_2 等价.

> **定义 5.8** 设 $D = \{d(x)\}$ 是一切定义在样本空间上取值于决策空间 $\mathscr{A}$ 上决策函数的全体,若存在一个决策函数 $d^* \in D$,使对任意一个 $d \in D$,都有
>
> $$R(\theta,d^*) \leqslant R(\theta,d), \quad \forall \theta \in \Theta$$
>
> 则 d^* 称为(该决策函数类 D 的)一致最小风险决策函数,或称为一致最优决策函数.

【例 5.14】 设总体 $X \sim N(\mu,\sigma^2)$,σ^2 已知,$\mu \in (-\infty, +\infty)$,$X_1,X_2,\cdots,X_n$ 是来自总体的样本,现在我们要对参数 μ 进行估计,选取损失函数为平方损失函数

$$L(\mu,d) = (\mu - d)^2$$

则对 μ 的任一估计 $d(X)$,风险函数为

$$R(\mu,d) = E_\mu[L(\mu,d(X))] = E_\mu(\mu - d(X))^2$$

若进一步要求 $d(X)$ 是无偏估计,即 $E_\mu[d(X)] = \mu$,则风险函数是

$$R(\mu,d) = E_\mu[d(X) - E_\mu d(X)]^2 = D_\mu(d(X))$$

即风险函数为估计量的 $d(X)$ 方差.

5.5.3 贝叶斯决策问题

1.贝叶斯决策的基本思想

贝叶斯理论总的来说更关心问题的决策而不是问题的统计推断. 在决策问题中,统计决策理论关心的是不确定条件或者只有一部分不确定的统计条件已知的情况下的最优决策. 不确定性可能是关于正确决策的,也可能是关于决策的实际状态的. Abraham Wald(1902—1950)奠定了统计决策理论的基础. 最初考虑到决策理论的工作出现在博弈论中,之后很多书籍和文章都涉及决策理论的各个方面. 在 1954 年,Leonard Jimmie Savage 引入了决策问题的贝叶斯方法. 在这个部分,我们介绍决策理论的主要观点. 这里会涉及决策理论的分析过程,还将涉及多种行动中最优行动的选择. 通过量化不同决策产生的成本和概率,贝叶斯决策理论可以权衡不同的决策.

在一个统计决策问题中,可供选择的决策函数往往很多,人们自然希望找到使风险最小的决策函数,然而在这种意义下的最优决策函数往往是不存在的.这是因为风险函数 $R(\theta, d)$ 是一个既依赖于参数 θ 又依赖于决策函数 d 的二元函数,它往往会使得在某些 θ 处决策函数 d_1 的风险值较小,而在另一些 θ 处决策函数 d_2 的风险值较小.要解决这个问题,就要建立一个整体指标的比较准则.贝叶斯方法通过引进先验分布把两个风险函数的点值比较转化为用一个整体指标的比较来代替,从而可以决定优劣.

考虑一个例子,某公司要决定是否向市场推出一种具有美白效果的新品牌牙膏.显然,很多因素将会影响到决定(例如,使用新牙膏的人口比例,或者其他竞争公司推出相同的牙膏).这些因素一般都是未知的,但是估计这些因素可以通过统计调查.

古典统计方法只依赖于统计调查得到的数据,忽略其他相关信息,例如公司过去生产相似产品的经历.统计决策理论则是通过结合其他相关信息和样本信息来确定最终决策.因此,贝叶斯做法似乎更适合决策理论.决策理论考虑的一部分相关信息就是决策可能的结果.这些结果经常是被量化的.一项决策的损失或者效用是两个决策者所选择的决定或行动和现实世界发生的事件或状态交互作用的结果.古典统计学不会明确使用损失函数或者效用函数.

决策理论利用的第二种信息资源是先验信息.先验信息可能是基于过去相同状况的经验或者专家意见.我们使用下列解释过程来作为决策的概述.

一般决策理论的过程:

① 确定决策过程的目标.

② 确定行动集和状态集.

③ 分配每一种状态发生的概率(先验概率).如果更多的观察值已知,可以计算每一种状态对应的后验概率.

④ 对于每一个可能的事件,分配数值给每一种行动带来的预期收益(损失).

⑤ 计算收益(效用或损失)的期望值.如果没有观测值,可以使用先验概率或者直接使用后验概率计算得到.

⑥ 在最大化期望收益的可供选择的行动中,挑选最优决策.

现在我们考虑一个例子来阐述统计决策的观点.

【例 5.15】　假设你在跳蚤市场上拥有一个只在周末开放的小摊位.如果天气好,你将赚 200 美元;如果天气差,你得关闭摊位,并且得不到任何利润.然而,你有从保险公司购买的价值 75 美元天气保险的权利.如果天气差,保险公司将支付你 210 美元.假定你认为在某一周末好天气的概率为 p.计算你投保或不投保的期望收益.什么是最优行动?形成一个决策.

解　从问题中的信息,我们可以得到基于我们投保或不投保决策的收益表表 5.6.假定我们建立将天气好坏视为随机变量的模型如下:

$$\theta = \begin{cases} 1, & \text{天气好} \\ 0, & \text{天气坏} \end{cases}$$

表 5.6 收益表

行动空间 / 参数空间	好天气 (θ_1)	坏天气 (θ_2)
投保 (d_1)	\$125	\$135
不投保 (d_2)	\$200	\$0

假定对于此例,我们认为在一个特定的周末 $P\{\theta=1\}=p$ 和 $P\{\theta=0\}=1-p$. 这个可以视为先验信息. Θ 的不同取值代表不同的状态. 我们通过对状态集构造一个概率结构来定义先验分布 $\pi(\theta)$. 现在我们可以计算投保或不投保的期望收益.

使用表 5.6 中的数据,

$$\text{投保的期望收益} = 125p + 135(1-p)$$
$$= 135 - 10p$$
$$\text{不投保的期望收益} = 200p + 0(1-p)$$
$$= 200p$$

因此,如果

$$135 - 10p > 200p$$

即

$$p < \frac{135}{210} = 0.643$$

投保更可取.

也就是说,如果我们认为天气好的概率小于 0.643,就应该选择投保.

总而言之,状态集可以用 $\theta_1, \theta_2, \cdots, \theta_n$ 表示,可能的行动集可以用 $d_1, d_2, \cdots, d_m$. 当状态为 θ_i、行动为 d_j 时,用 $U(d_j, \theta_i)$ 表示净收益. 然后我们可以建立一个效用矩阵.

在贝叶斯决策理论中,我们假设状态集的概率分布为先验分布. 使用概率分布,我们可以找到最大化期望效益的决策. 也就是说,让服从概率分布 $\pi(\theta)$(比如 $P\{\theta \in \theta_i\} = \pi(\theta_i), i = 1, 2, \cdots, n$)的 θ 作为随机变量建立最初模型. 用 U 定义效用. 然后决策 d_j 的期望效用如下:

$$E(\boldsymbol{U} \mid d_j) = \sum_{i=1}^{n} U(d_j, \theta_i) \pi(\theta_i)$$

$$\boldsymbol{U} = \begin{pmatrix} (d_1, \theta_1) & \cdots & (d_1, \theta_i) & \cdots & (d_1, \theta_n) \\ \vdots & & \vdots & & \vdots \\ (d_j, \theta_1) & \cdots & (d_j, \theta_i) & \cdots & (d_j, \theta_n) \\ \vdots & & \vdots & & \vdots \\ (d_m, \theta_1) & \cdots & (d_m, \theta_i) & \cdots & (d_m, \theta_n) \end{pmatrix}$$

最大化期望效益的最优决策被称为贝叶斯决策,用 d^* 定义. 也就是说,d^* 满足下列等式:

$$\max \sum_{i=1}^{n} U(d_j, \theta_i)\pi(\theta_i) = \sum_{i=1}^{n} U(d^*, \theta_i)\pi(\theta_i)$$

这个过程被称为对应先验 $\pi(\theta_i), i = 1, 2, \cdots, n$ 的贝叶斯假设检验过程.

寻求最优决策的过程如下:

① 对每个行动 d_j,计算 $\sum_{i=1}^{n} U(d_j, \theta_i)\pi(\theta_i)$.

② 在状态集中找到第一步中求和值最大的行动 d^*,这个就是贝叶斯决策.

2. 贝叶斯风险与贝叶斯解

通常一个统计决策问题的一致最优解是不存在的,我们需引进较弱的优良性准则. 这里我们将引进所谓的贝叶斯准则,在这一准则下,"最优解"通常是存在的.

> **定义 5.9**   对于给定的统计决策问题,设 $d(\pmb{x})$ 为该统计问题的决策函数,又设 $d(\pmb{x})$ 的风险函数为 $R(\theta, d)(\theta \in \Theta)$. 设参数 θ 的先验密度函数为 $\pi(\theta)(\theta \in \Theta)$.
>
> (1) 令
> $$B(d) = E_\pi[R(\theta, d)]$$
> 则称 $B(d)$ 为决策函数 $d(\pmb{x})$ 在先验分布 $\pi(\theta)$ 下的贝叶斯(Bayes)风险. 其中 $E_\pi(\cdot)$ 表示在先验分布 $\pi(\theta)$ 下的数学期望.
>
> (2) 若对决策函数 $d^*(\pmb{x})$ 与任意一个决策函数 $d(\pmb{x})$,都有
> $$B(d^*) \leqslant B(d)$$
> 则称 $d^*(\pmb{x})$ 是统计决策问题在先验分布 $\pi(\theta)$ 下的贝叶斯解或贝叶斯决策.

当总体 X 和 θ 都是连续型随机变量时,设 X 的概率密度函数为 $f(\pmb{x}; \theta)$,θ 的先验概率密度函数为 $\pi(\theta)$,记 $q(\pmb{x} \mid \theta) = \prod_{i=1}^{n} f(x_i; \theta)$(此即为样本密度),则

$$
\begin{aligned}
B(d) &= E_\pi[R(\theta, d)] \\
&= \int_\Theta R(\theta, d)\pi(\theta)\mathrm{d}\theta \\
&= \iint_{\Theta\mathscr{X}} L(\theta, d(\pmb{x}))q(\pmb{x} \mid \theta)\pi(\theta)\mathrm{d}\pmb{x}\mathrm{d}\theta \\
d &= \iint_{\Theta\mathscr{X}} L(\theta, d(\pmb{x}))f_{\pmb{x}}(\pmb{x})h(\theta \mid \pmb{x})\mathrm{d}\pmb{x}\mathrm{d}\theta \\
&= \int_{\mathscr{X}} f_{\pmb{x}}(\pmb{x})\int L(\theta, d(\pmb{x}))h(\theta \mid \pmb{x})\mathrm{d}\theta\mathrm{d}\pmb{x}
\end{aligned}
$$

其中,$f_{\pmb{x}}(\pmb{x}) = \int_\Theta q(\pmb{x} \mid \theta)\pi(\theta)\mathrm{d}\theta$ 为 $(\pmb{X}, \theta)$ 关于 $\pmb{X}$ 的边缘联合密度函数.

由上式可见,贝叶斯风险可以看做是随机损失函数 $L(\theta, d(\boldsymbol{X}))$ 求两次数学期望而得到的.第一次先对 θ 的后验分布求数学期望,第二次是关于样本的边缘分布求数学期望.

定义 5.10 设 $L(\theta, d)(\theta \in \Theta, d \in \mathscr{A})$ 为某一统计决策问题的损失函数,则称

$$R(d \mid \boldsymbol{x}) = \int_{\Theta} L(\theta, d(\boldsymbol{x})) h(\theta \mid \boldsymbol{x}) \mathrm{d}\theta$$

为样本观测值为 $\boldsymbol{x}$ 时决策 d 的后验风险.

定理 5.1 任给 $\boldsymbol{x} \in \mathscr{X}$,若对任一 $d \in \mathscr{A}, R(d \mid \boldsymbol{x}) < +\infty$,又存在决策函数 $d_{\mathscr{X}}$,使得后验风险达到最小,即

$$R(d_{\mathscr{X}} \mid \boldsymbol{x}) = \min_{d \in \mathscr{A}} R(d \mid \boldsymbol{x})$$

则由下式定义的决策函数

$$d^*(\boldsymbol{x}) = d_{\mathscr{X}}, \quad \boldsymbol{x} \in \mathscr{X}$$

是贝叶斯决策函数.

证明 设样本的分布为 $\{q(\boldsymbol{x} \mid \theta): \theta \in \Theta\}$,参数 θ 的先验密度为 $\pi(\theta), d(\boldsymbol{x})$ 为一决策函数,则 $d(\boldsymbol{x})$ 的贝叶斯风险为

$$\begin{aligned}
B(d) &= E_\pi[R(\theta, d)] = \int_{\Theta} R(\theta, d) \pi(\theta) \mathrm{d}\theta \\
&= \int_{\mathscr{X}} f_{\boldsymbol{X}}(\boldsymbol{x}) \int_{\Theta} L(\theta, d(\boldsymbol{x})) h(\theta \mid \boldsymbol{x}) \mathrm{d}\theta \mathrm{d}\boldsymbol{x} \\
&= \int_{\mathscr{X}} R(d \mid \boldsymbol{x}) f_{\boldsymbol{X}}(\boldsymbol{x}) \mathrm{d}\boldsymbol{x}
\end{aligned}$$

由于,对任意的 $\boldsymbol{x} \in X$,有

$$R(d^*(\boldsymbol{x}) \mid \boldsymbol{x}) = \min_{d \in \mathscr{A}} R(d \mid \boldsymbol{x}) \leqslant R(d(\boldsymbol{x}) \mid \boldsymbol{x})$$

从而有

$$B(d^*) = \int_{\mathscr{X}} R(d^*(\boldsymbol{x}) \mid \boldsymbol{x}) f_{\boldsymbol{X}}(\boldsymbol{x}) \mathrm{d}\boldsymbol{x} \leqslant \int_{\mathscr{X}} R(d(\boldsymbol{x}) \mid \boldsymbol{x}) f_{\boldsymbol{X}}(\boldsymbol{x}) \mathrm{d}\boldsymbol{x} = B(d)$$

即 d^* 为贝叶斯决策函数.

3. 常用损失函数下的贝叶斯估计

(1) 平方损失函数下的贝叶斯估计

定理 5.2　若给定 θ 的先验分布 $\pi(\theta)$ 和平方损失函数

$$L(\theta,d) = (\theta-d)^2$$

则 θ 的贝叶斯估计（解）为

$$d(\boldsymbol{x}) = E[\theta \mid \boldsymbol{X}=\boldsymbol{x}] = \int_{\theta}\theta h(\theta \mid \boldsymbol{x})\mathrm{d}\theta$$

其中，$h(\theta \mid \boldsymbol{x})$ 为参数 θ 的后验概率密度函数.

用后验分布的期望去估计参数，得到参数的条件期望估计.

定义 5.11　设 θ 的后验密度为 $h(\theta \mid \boldsymbol{x})$，则后验分布的期望

$$\hat{\theta} = E(\theta \mid \boldsymbol{x}) = \int \theta \cdot h(\theta \mid \boldsymbol{x})\mathrm{d}\theta$$

称为 θ 的条件期望估计.

【例 5.16】　假设总体 $X \sim N(\mu,\sigma^2)$（σ^2 已知），$X_1,X_2,\cdots,X_n$ 为来自总体 X 的样本，假定 μ 的先验分布为正态分布

$$\pi(\mu) = \frac{1}{\sqrt{2\pi\sigma_\mu^2}}\exp\left[-\frac{1}{2\sigma_\mu^2}(\mu-\mu_0)^2\right]\qquad (\sigma_\mu^2 \text{ 已知})$$

样本分布为

$$q(\boldsymbol{x}\mid\mu) = \frac{1}{\sigma^n(2\pi)^{\frac{n}{2}}}\exp\left[-\frac{1}{2\sigma^2}\sum_{i=1}^{n}(x_i-\mu)^2\right]$$

于是 μ 的后验分布：

$$h(\mu \mid \boldsymbol{x}) = \frac{1}{\sqrt{2\pi\eta^2}}\exp\left[-\frac{(\mu-t)^2}{2\eta^2}\right]$$

其中

$$t = \frac{\frac{n}{\sigma^2}\bar{x}+\frac{1}{\sigma_\mu^2}\mu_0}{\frac{n}{\sigma^2}+\frac{1}{\sigma_\mu^2}},\quad \eta^2 = \frac{1}{\frac{n}{\sigma^2}+\frac{1}{\sigma_\mu^2}}$$

因此，μ 的条件期望估计（贝叶斯解）为

$$\hat{\mu} = E(\mu \mid \boldsymbol{x}) = t = \frac{\frac{n}{\sigma^2}\bar{x}+\frac{1}{\sigma_\mu^2}\mu_0}{\frac{n}{\sigma^2}+\frac{1}{\sigma_\mu^2}}$$

整理得，$\hat{\mu}=t=\alpha\bar{x}+(1-\alpha)\mu_0$，其中 $\alpha=\frac{\sigma_\mu^2}{\sigma_\mu^2+\sigma^2/n}$. 当数据较少时，$\sigma_\mu^2 \ll \sigma^2/n$，有 $\alpha \approx 0$，这时 $\hat{\mu} \approx \mu_0$；当数据较多时，$\sigma_\mu^2 \gg \sigma^2/n$，有 $\alpha \approx 1$，这时 $\hat{\mu} \approx \bar{x}$.

更进一步地，若 $\sigma^2=1,\mu_0=0$，则 μ 的贝叶斯解 $\hat{\mu}=\frac{n\bar{x}}{n+\frac{1}{\sigma_\mu^2}}=\frac{n\sigma_\mu^2\bar{x}}{n\sigma_\mu^2+1}$ 的风险

函数为

$$R(\mu,\hat{\mu}) = E_\mu\left[\left(\frac{n\sigma_\mu^2\overline{X}}{n\sigma_\mu^2+1}-\mu\right)^2\right] = \frac{n\sigma_\mu^4+\mu^2}{(n\sigma_\mu^2+1)^2}$$

而贝叶斯风险为

$$B(\hat{\mu}) = \int_\Theta R(\mu,\hat{\mu})\pi(\mu)\mathrm{d}\mu$$

$$= \int_{-\infty}^{+\infty}\frac{n\sigma_\mu^4+\mu^2}{(n\sigma_\mu^2+1)^2}\frac{1}{\sqrt{2\pi}\sigma_\mu}\mathrm{e}^{-\frac{\mu^2}{2\sigma_\mu^2}}\mathrm{d}\mu = \frac{n\sigma_\mu^4+\sigma_\mu^2}{(n\sigma_\mu^2+1)^2}$$

$$= \frac{\sigma_\mu^2}{n\sigma_\mu^2+1}$$

【例 5.17】   设总体 X 服从伯努利分布 $B(1,p)$，其中参数 p 未知且服从均匀分布 $U(0,1)$，$X_1,X_2,\cdots,X_n$ 是来自总体 X 的样本. 假定损失函数是二次损失函数 $L(p,d) = (p-d)^2$，试求参数 p 的贝叶斯估计及贝叶斯风险.

解   由于对给定的 p，X 的条件概率为 $f(x\mid p) = p^x(1-p)^{1-x}(x=0,1)$，所以 $(X_1,X_2,\cdots,X_n)$ 的条件概率密度为

$$q(\boldsymbol{x}\mid p) = \prod_{i=1}^n p^{x_i}(1-p)^{1-x_i} = p^{n\bar{x}}(1-p)^{n-n\bar{x}}$$

而 p 的先验密度为

$$\pi(p) = \begin{cases} 1, & 0<p<1 \\ 0, & \text{其他} \end{cases}$$

所以 $(X_1,X_2,\cdots,X_n,p)$ 的联合密度为

$$g(\boldsymbol{x},p) = p^{n\bar{x}}(1-p)^{n-n\bar{x}} \quad (0<p<1,x_i=0,1;i=1,2,\cdots,n)$$

$(X_1,X_2,\cdots,X_n)$ 的边缘概率密度为

$$f_{\boldsymbol{x}}(\boldsymbol{x}) = \int_0^1 p^{n\bar{x}}(1-p)^{n-n\bar{x}}\mathrm{d}p = \frac{\Gamma(n\bar{x}+1)\Gamma(n-n\bar{x}+1)}{\Gamma(n+2)}$$

$$= \frac{(n\bar{x})!(n-n\bar{x})!}{(n+1)!}(\because \int_0^1 \frac{\Gamma(a+b)}{\Gamma(a)\Gamma(b)}x^{a-1}(1-x)^{b-1}\mathrm{d}x = 1,$$

$$\Gamma(n+1) = n!)$$

所以 p 的后验分布为

$$h(p\mid \boldsymbol{x}) = \frac{(n+1)!}{(n\bar{x})!(n-n\bar{x})!}p^{n\bar{x}}(1-p)^{n-n\bar{x}}$$

即给定 $\boldsymbol{X} = \boldsymbol{x}$，$p$ 的条件分布为 $B(n\bar{x}+1,n-n\bar{x}+1)$，因此 p 的贝叶斯估计为

$$\hat{p} = E(p\mid x) = \frac{n\bar{x}+1}{n+2}(\because \text{ 若 } X\sim B(a,b)，则 EX = \frac{a}{a+b})$$

这个估计的风险函数为

$$R(p,\hat{p}) = E_p\left[\left(\frac{n\overline{X}+1}{n+2}-p\right)^2\right] = \frac{np(1-p)+(1-2p)^2}{(n+2)^2}$$

$$(\because n\overline{X} = \sum_{i=1}^{n} X_i \sim B(n,p))$$

于是这个估计的贝叶斯风险为

$$B(\hat{p}) = \int_{\Theta} R(p,\hat{p})\pi(p)\mathrm{d}p$$

$$= \int_0^1 \frac{np(1-p)+(1-2p)^2}{(n+2)^2}\mathrm{d}p = \frac{1}{6(n+2)}$$

由极大似然估计法知,p 的极大似然估计为 $\hat{p}_L = \overline{X}$,其贝叶斯风险为

$$B(\hat{p}_L) = \int_0^1 E_p\big[(\overline{X}-p)^2\big]\mathrm{d}p = \int_0^1 \frac{p(1-p)}{n}\mathrm{d}p = \frac{1}{6n} > \frac{1}{6(n+2)}$$

(2)线性损失函数下的贝叶斯估计

定理 5.3   在线性损失函数

$$L(\theta,d) = \begin{cases} k_0(\theta-d), & \theta \geqslant d \\ k_1(d-\theta), & \theta < d \end{cases}$$

下,θ 的贝叶斯估计 $d^*(\boldsymbol{x})$ 是后验分布 $h(\theta \mid \boldsymbol{x})$ 的 $\dfrac{k_1}{k_0+k_1}$ 上侧分位数.

证明   设 $d(\boldsymbol{x})$ 为任一决策函数,则其后验风险为

$$R(d \mid \boldsymbol{x}) = \int_{-\infty}^{+\infty} L(\theta,d)h(\theta \mid \boldsymbol{x})\mathrm{d}\theta$$

$$= k_1 \int_{-\infty}^{d} (d-\theta)h(\theta \mid \boldsymbol{x})\mathrm{d}\theta + k_0 \int_{d}^{+\infty} (\theta-d)h(\theta \mid \boldsymbol{x})\mathrm{d}\theta$$

$$= k_1 \int_{-\infty}^{d} (d-\theta)h(\theta \mid \boldsymbol{x})\mathrm{d}\theta + k_0 \int_{d}^{+\infty} (\theta-d)h(\theta \mid \boldsymbol{x})\mathrm{d}\theta +$$

$$k_0 \int_{-\infty}^{d} (d-\theta)h(\theta \mid \boldsymbol{x})\mathrm{d}\theta + k_0 \int_{-\infty}^{d} (\theta-d)h(\theta \mid \boldsymbol{x})\mathrm{d}\theta$$

$$= (k_0+k_1)\int_{-\infty}^{d} (d-\theta)h(\theta \mid \boldsymbol{x})\mathrm{d}\theta + k_0\big[E(\theta \mid \boldsymbol{x})-d\big]$$

利用积分号下求微分的法则,可得如下方程

$$\frac{\partial R(d \mid \boldsymbol{x})}{\partial d} = (k_0+k_1)\int_{-\infty}^{d} h(\theta \mid \boldsymbol{x})\mathrm{d}\theta - k_0 = 0$$

即

$$\int_{-\infty}^{d} h(\theta \mid \boldsymbol{x})\mathrm{d}\theta = \frac{k_0}{k_0+k_1}$$

也即

$$\int_{d}^{+\infty} h(\theta \mid \boldsymbol{x})\mathrm{d}\theta = 1 - \int_{-\infty}^{d} h(\theta \mid \boldsymbol{x})\mathrm{d}\theta = \frac{k_1}{k_0+k_1}$$

这表明,d 是后验分布的上侧分位数.

推论   若损失函数为绝对值损失函数 $L(\theta,d) = \mid \theta - d \mid$,则 θ 的贝叶斯估计

$d^*(x)$ 是后验分布 $h(\theta \mid x)$ 的中分位数.

【例 5.18】 设总体 X 服从均匀分布 $U(0,\theta)$，$X_1,X_2,\cdots,X_n$ 是来自总体 X 的样本，又设参数 θ 的先验分布为帕累托分布(Pareto,记作 $\theta \sim Pa(\alpha,\theta_0)$)，即 θ 的先验密度函数为

$$\pi(\theta) = \begin{cases} \alpha\, \dfrac{\theta_0^\alpha}{\theta^{\alpha+1}}, & \theta \geqslant \theta_0 \\ 0, & \text{其他} \end{cases} \quad (0 < \alpha < 1, \theta_0 > 0 \text{ 为已知})$$

假定损失函数是绝对值损失函数 $L(\theta,d) = \mid \theta - d \mid$，试求参数 θ 的贝叶斯估计.

解 由于对给定的 θ，X 的条件概率为 $f(x \mid \theta) = \dfrac{1}{\theta}(0 < x < \theta)$，所以 $(X_1,X_2,\cdots,X_n)$ 的条件概率密度为

$$q(x \mid p) = \begin{cases} \dfrac{1}{\theta^n}, & 0 < x_1,x_2,\cdots,x_n < \theta \\ 0, & \text{其他} \end{cases}$$

而 θ 的先验密度为

$$\pi(\theta) = \begin{cases} \alpha\, \dfrac{\theta_0^\alpha}{\theta^{\alpha+1}}, & \theta \geqslant \theta_0 \\ 0, & \text{其他} \end{cases}$$

所以 $(X_1,X_2,\cdots,X_n,\theta)$ 的联合密度为

$$g(x,\theta) = \begin{cases} \dfrac{\alpha\theta_0^\alpha}{\theta^{n+\alpha+1}}, & 0 < x_1,x_2,\cdots,x_n < \theta, \theta \geqslant \theta_0 \\ 0, & \text{其他} \end{cases}$$

记 $\theta_1 = \max\{x_1,x_2,\cdots,x_n,\theta_0\}$，则 $(X_1,X_2,\cdots,X_n)$ 的边缘概率密度为

$$f_X(x) = \int_{\theta_1}^{+\infty} \frac{\alpha\theta_0^\alpha}{\theta^{n+\alpha+1}}\mathrm{d}\theta = \frac{\alpha\theta_0^\alpha}{(\alpha+n)\theta_1^{n+\alpha}}, \ 0 < x_1,x_2,\cdots,x_n < \theta_1$$

所以，θ 的后验分布为

$$h(\theta \mid x) = \frac{g(x,\theta)}{f_X(x)} = \begin{cases} \dfrac{(\alpha+n)\theta_1^{\alpha+n}}{\theta^{\alpha+n+1}}, & \theta > \theta_1 \\ 0, & \text{其他} \end{cases}$$

即 $\theta \mid X = x \sim Pa(\alpha+n,\theta_1)$. 在绝对值损失函数下，$\theta$ 的贝叶斯估计 θ^* 是后验分布的中分位数，因为 θ 的后验分布函数为

$$F(\theta \mid x) = 1 - \left(\frac{\theta_1}{\theta}\right)^{\alpha+n} \quad (\theta > \theta_1)$$

求解方程

$$1 - \left(\frac{\theta_1}{\theta}\right)^{\alpha+n} = \frac{1}{2}$$

得 θ 的贝叶斯估计为

$$\theta^* = 2^{\frac{1}{a+n}}\theta_1 = 2^{\frac{1}{a+n}}\max\{x_1, x_2, \cdots, x_n, \theta_0\}$$

（3）其他损失函数下的贝叶斯估计

定理 5.4　设 θ 的先验分布为 $\pi(\theta)$，损失函数为加权平方损失函数
$$L(\theta, d) = \lambda(\theta)(\theta - d)^2$$
其中，$\lambda(\theta) > 0$ 为 θ 的已知函数. 则 θ 的贝叶斯估计为
$$d^*(\boldsymbol{x}) = \frac{E(\lambda(\theta) \cdot \theta \mid \boldsymbol{x})}{E(\lambda(\theta) \mid \boldsymbol{x})}$$

【例 5.19】　设总体 X 服从分布 $\Gamma(r, \theta)$，其中 r 已知，其数学期望 $EX = \dfrac{r}{\theta}$ 与 θ^{-1} 成正比. 通常人们对 θ^{-1} 有兴趣，现求 θ^{-1} 的估计.

解　设 $X_1, X_2, \cdots, X_n$ 为来自总体 X 的样本，θ 的先验分布为 $\Gamma(\alpha, \beta)$，因为 $(X_1, X_2, \cdots, X_n)$ 的条件概率密度为

$$q(\boldsymbol{x} \mid \theta) = \begin{cases} \left(\dfrac{\theta^r}{\Gamma(r)}\right)^n (x_1 x_2 \cdots x_n)^{r-1} \mathrm{e}^{-\theta \sum\limits_{i=1}^{n} x_i}, & x_1, x_2, \cdots, x_n > 0 \\ 0, & \text{其他} \end{cases}$$

而 θ 的先验密度为

$$\pi(\theta) \propto \theta^{\alpha-1} \mathrm{e}^{-\beta\theta}$$

所以 θ 的后验分布为

$$h(\theta \mid \boldsymbol{x}) \propto \theta^{nr+\alpha-1} \mathrm{e}^{-\theta\left(\sum\limits_{i=1}^{n} x_i + \beta\right)}$$

即

$$\theta \mid \boldsymbol{X} = \boldsymbol{x} \sim \Gamma\left(nr + \alpha, \sum_{i=1}^{n} x_i + \beta\right)$$

（1）若在平方损失函数

$$L(\theta, d) = (d - \theta^{-1})^2$$

下，则 θ^{-1} 的贝叶斯估计为

$$\hat{\theta}_B^{-1} = E(\theta^{-1} \mid \boldsymbol{x})$$

$$= \int_0^{+\infty} \frac{1}{\theta} \frac{\left(\sum\limits_{i=1}^{n} x_i + \beta\right)^{\alpha+nr}}{\Gamma(\alpha + nr)} \theta^{nr+\alpha-1} \mathrm{e}^{-\theta\left(\sum\limits_{i=1}^{n} x_i + \beta\right)} \, \mathrm{d}\theta$$

$$= \frac{\sum\limits_{i=1}^{n} x_i + \beta}{\alpha + nr - 1}$$

（2）若在损失函数

$$L(\theta, d) = \theta^2 (d - \theta^{-1})^2$$

下，则 θ^{-1} 的贝叶斯估计为

$$\hat{\theta}_B^1 = \frac{E(\theta^2 \cdot \theta^{-1} \mid \boldsymbol{x})}{E(\theta^2 \mid \boldsymbol{x})} = \frac{\dfrac{nr+\alpha}{\displaystyle\sum_{i=1}^{n} x_i + \beta}}{\dfrac{(nr+\alpha)(nr+\alpha+1)}{\left(\displaystyle\sum_{i=1}^{n} x_i + \beta\right)^2}} = \frac{\displaystyle\sum_{i=1}^{n} x_i + \beta}{nr+\alpha+1}$$

【例 5.20】 设总体 X 服从正态分布 $N(0,\theta)$，$X_1,X_2,\cdots,X_n$ 是来自总体 X 的样本，又设参数 θ 的先验分布为逆伽玛分布（记作 $\theta \sim I\Gamma(\alpha,\lambda)$），即 θ 的先验密度函数为

$$I\Gamma(\theta,\alpha,\lambda) = \begin{cases} \dfrac{\lambda^\alpha}{\Gamma(\alpha)}\left(\dfrac{1}{\theta}\right)^{\alpha+1} e^{-\frac{\lambda}{\theta}}, & \theta > 0 \\ 0, & \text{其他} \end{cases} \quad (\alpha,\lambda > 0 \text{ 为已知})$$

（易证明：① 若 $X \sim \Gamma(\alpha,\beta)$，则 $X^{-1} \sim I\Gamma(\alpha,\beta)$；② $X \sim I\Gamma(\alpha,\beta)$，则 $EX^k = \dfrac{\Gamma(\alpha-k)\beta^k}{\Gamma(\alpha)}$，特别地，$EX = \dfrac{\beta}{\alpha-1}$，$EX^2 = \dfrac{\beta^2}{(\alpha-1)(\alpha-2)}$ ）

假定损失函数是 $L(\theta,d) = \dfrac{(d-\theta)^2}{\theta^2}$，试求参数 θ 的贝叶斯估计.

解 因为 $(X_1,X_2,\cdots,X_n)$ 的条件概率密度为

$$q(\boldsymbol{x} \mid \theta) \propto \theta^{-\frac{n}{2}} e^{-\frac{\sum_{i=1}^{n} x_i^2}{2\theta}}$$

而 θ 的先验密度为

$$\pi(\theta) \propto \theta^{-(\alpha+1)} e^{-\frac{\lambda}{\theta}}$$

所以 θ 的后验分布为

$$h(\theta \mid \boldsymbol{x}) \propto \left(\frac{1}{\theta}\right)^{\frac{n}{2}+\alpha+1} e^{-\frac{\frac{1}{2}\sum_{i=1}^{n} x_i^2 + \lambda}{\theta}}$$

即

$$\theta \mid \boldsymbol{X} = \boldsymbol{x} \sim I\Gamma\left(\frac{n}{2}+\alpha, \frac{\sum_{i=1}^{n} x_i^2}{2} + \lambda\right)$$

在损失函数

$$L(\theta,d) = \frac{(d-\theta)^2}{\theta^2}$$

下，θ 的贝叶斯估计为

$$\hat{\theta}_B = \frac{E(\theta^{-2} \cdot \theta \mid \boldsymbol{x})}{E(\theta^{-2} \mid \boldsymbol{x})} = \frac{\dfrac{\Gamma\left(\frac{n}{2}+\alpha+1\right)\left(\frac{1}{2}\sum_{i=1}^{n} x_i^2 + \lambda\right)^{-1}}{\Gamma\left(\frac{n}{2}+\alpha\right)}}{\dfrac{\Gamma\left(\frac{n}{2}+\alpha+2\right)\left(\frac{1}{2}\sum_{i=1}^{n} x_i^2 + \lambda\right)^{-2}}{\Gamma\left(\frac{n}{2}+\alpha\right)}} = \frac{\dfrac{1}{2}\sum_{i=1}^{n} x_i^2 + \lambda}{\dfrac{n}{2}+\alpha+1}$$

（4）最大后验密度估计

> **定义 5.12**   设 θ 的后验密度函数为 $h(\theta \mid \boldsymbol{x})$，若 $\hat{\theta} = \hat{\theta}(x_1, x_2, \cdots, x_n)$ 使得
> $$h(\hat{\theta} \mid \boldsymbol{x}) = \max_{\theta \in \Theta} h(\theta \mid \boldsymbol{x})$$

则称 $\hat{\theta}$ 为 θ 最大后验密度估计.

【例 5.21】   假设总体 $X \sim N(\mu, \sigma^2)(\sigma^2$ 已知$)$，$X_1, X_2, \cdots, X_n$ 为来自总体 X 的样本，假定 μ 的先验分布为正态分布

$$\pi(\mu) = \frac{1}{\sqrt{2\pi\sigma_\mu^2}} \exp\left[-\frac{1}{2\sigma_\mu^2}(\mu - \mu_0)^2\right] \qquad (\sigma_\mu^2 \text{ 已知})$$

且

$$h(\mu \mid \boldsymbol{x}) = \frac{1}{\sqrt{2\pi\eta^2}} \exp\left[-\frac{(\mu - t)^2}{2\eta^2}\right]$$

其中

$$t = \frac{\dfrac{n}{\sigma^2}\bar{x} + \dfrac{1}{\sigma_\mu^2}\mu_0}{\dfrac{n}{\sigma^2} + \dfrac{1}{\sigma_\mu^2}}, \quad \eta^2 = \frac{1}{\dfrac{n}{\sigma^2} + \dfrac{1}{\sigma_\mu^2}}$$

显然，当 $\hat{\mu} = t$ 时，$h(\theta \mid \boldsymbol{x})$ 达到最大，因此 μ 最大后验估计量为：

$$\hat{\mu} = t = \alpha\overline{X} + (1 - \alpha)\mu_0, \text{其中 } \alpha = \frac{\sigma_\mu^2}{\sigma_\mu^2 + \dfrac{\sigma^2}{n}}$$

【例 5.22】   设总体 $X \sim E(\theta)$，$X_1, X_2, \cdots, X_n$ 为来自总体 X 的样本，θ 的先验分布为指数分布 $E(\lambda)(\lambda$ 已知$)$，求 θ 的最大后验估计.

解   因为先验概率密度函数为

$$\pi(\theta) = \begin{cases} \lambda e^{-\lambda\theta}, & \theta > 0 \\ 0, & \theta \leqslant 0 \end{cases}$$

样本 $(X_1, X_2, \cdots, X_n)$ 的联合概率密度为

$$q(\boldsymbol{x} \mid \theta) = \prod_{i=1}^{n} f(x_i \mid \theta) = \begin{cases} \theta^n e^{-\theta\sum\limits_{i=1}^{n} x_i}, & x_1, x_2, \cdots, x_n > 0 \\ 0, & \text{其他} \end{cases}$$

所以 θ 的后验分布密度

$$h(\theta \mid \boldsymbol{x}) \propto \theta^n e^{-(\lambda + \sum\limits_{i=1}^{n} x_i)\theta}$$

$$\ln h(\theta \mid \boldsymbol{x}) = n\ln\theta - \left(\lambda + \sum_{i=1}^{n} x_i\right)\theta + \ln c(\boldsymbol{x})$$

令

$$\frac{\partial \ln h(\theta \mid \boldsymbol{x})}{\partial \theta} = \frac{n}{\theta} - \left(\lambda + \sum_{i=1}^{n} x_i\right) = 0$$

求得,θ 的最大后验估计为 $\hat{\theta}=\dfrac{1}{\bar{x}+\lambda/n}$. 当 $n\to\infty$ 时,$\hat{\theta}\to\dfrac{1}{\bar{x}}$,与传统意义下的极大似然估计是一致的.

4. 区间估计的贝叶斯解

在贝叶斯统计决策中,后验分布占有重要的地位,当求得参数 θ 的后验分布 $h(\theta\mid\boldsymbol{x})$ 以后,我们可以计算 θ 落在某区间 $[a,b]$ 内的后验概率 $P\{a\leqslant\theta\leqslant b\mid\boldsymbol{x}\}$. 当 θ 为连续型随机变量,且其后验概率为 $1-\alpha(0<\alpha<1)$ 时,我们有等式
$$P\{a\leqslant\theta\leqslant b\mid\boldsymbol{x}\}=1-\alpha$$
反之,若给定 $\alpha(0<\alpha<1)$,要找到一个区间 $[a,b]$,使得 $P\{a\leqslant\theta\leqslant b\mid\boldsymbol{x}\}=1-\alpha$ 成立,这样求得的区间称为参数 θ 的贝叶斯区间估计,又称为贝叶斯置信区间.

当 θ 为离散型随机变量,对给定的 $1-\alpha(0<\alpha<1)$,满足等式
$$P\{a\leqslant\theta\leqslant b\mid\boldsymbol{x}\}=1-\alpha$$
的区间不一定存在,可找到一个区间 $[a,b]$,使得 $P\{a\leqslant\theta\leqslant b\mid\boldsymbol{x}\}\geqslant1-\alpha$ 成立,这样的区间称为参数 θ 的贝叶斯区间估计.

定义 5.13　设参数 θ 的后验分布为 $h(\theta\mid\boldsymbol{x})$,对给定的样本 $X_1,X_2,\cdots,X_n$ 和实数 $1-\alpha(0<\alpha<1)$,若存在两个统计量 $\hat{\theta}_L=\hat{\theta}_L(X_1,X_2,\cdots,X_n)$ 和 $\hat{\theta}_U=\hat{\theta}_U(X_1,X_2,\cdots,X_n)$,使得
$$P\{\hat{\theta}_L\leqslant\theta\leqslant\hat{\theta}_U\mid\boldsymbol{x}\}\geqslant1-\alpha$$
则称区间 $[\hat{\theta}_L,\hat{\theta}_U]$ 为参数 θ 的置信度为 $1-\alpha$ 的贝叶斯置信区间;而满足 $P\{\theta\geqslant\hat{\theta}_L\mid\boldsymbol{x}\}\geqslant1-\alpha$ 的 $\hat{\theta}_L$ 称为 θ 的置信度为 $1-\alpha$ 的贝叶斯(单侧)置信下限,满足 $P\{\theta\leqslant\hat{\theta}_U\mid\boldsymbol{x}\}\geqslant1-\alpha$ 的 $\hat{\theta}_U$ 称为 θ 的置信度为 $1-\alpha$ 的贝叶斯(单侧)置信上限.

【例 5.23】　设总体 X 服从正态分布 $N(\theta,\sigma^2)$,其中 σ^2 已知,参数 θ 的先验分布为正态分布 $N(\mu,\tau^2)$,其中 μ 与 τ^2 已知,于是后验密度函数为
$$h(\theta\mid\boldsymbol{x})=\frac{q(\boldsymbol{x}\mid\theta)\cdot\pi(\theta)}{f_{\boldsymbol{x}}(\boldsymbol{x})}=\frac{q(\boldsymbol{x}\mid\theta)\cdot\pi(\theta)}{\int_{-\infty}^{+\infty}q(\boldsymbol{x}\mid\theta)\cdot\pi(\theta)\mathrm{d}\theta}$$
$$\propto\exp\left[-\frac{1}{2\sigma^2}\sum_{i=1}^n(x_i-\theta)^2\right]\cdot\exp\left[-\frac{1}{2\tau^2}(\theta-\mu)^2\right]$$
化简得
$$h(\theta\mid\boldsymbol{x})\propto\exp\left[-\frac{(\theta-t)^2}{2\eta^2}\right]$$
其中
$$t=\frac{\frac{n}{\sigma^2}\bar{x}+\frac{1}{\tau^2}\mu}{\frac{n}{\sigma^2}+\frac{1}{\tau^2}}=\frac{n\tau^2\bar{x}+\mu\sigma^2}{n\tau^2+\sigma^2},\quad\eta^2=\frac{1}{\frac{n}{\sigma^2}+\frac{1}{\tau^2}}=\frac{\tau^2\sigma^2}{n\tau^2+\sigma^2}$$

于是 $\theta \mid \boldsymbol{x} \sim N(t,\eta^2)$，即 $\dfrac{\theta-t}{\eta} \mid \boldsymbol{x} \sim N(0,1)$，于是可得

$$P\left\{ \left| \frac{\theta-t}{\eta} \right| \leqslant u_{\alpha/2} \right\} = 1-\alpha$$

即
$$P\{t - \eta u_{\alpha/2} \leqslant \theta \leqslant t + \eta u_{\alpha/2}\} = 1-\alpha$$

其中，$\alpha/2$ 为标准正态分布的上侧 $\alpha/2$ 分位数. 从而，θ 的置信度为 $1-\alpha$ 的贝叶斯置信区间为

$$[t - \eta u_{\alpha/2}, t + \eta u_{\alpha/2}]$$

5. 参数假设检验的贝叶斯解

对于假设检验问题

$$H_0: \theta \in \Theta_0; H_1: \theta \in \Theta_1 \quad (\Theta_0 \cap \Theta_1 = \varnothing) \tag{5.1}$$

$\mathscr{A} = \{d_0, d_1\}, d_0 = \{\text{拒绝 } H_0\}, d_1 = \{\text{接受 } H_0\}$，有如下定理：

定理 5.5   对于假设检验问题(5.1)，设损失函数为

$$L(\theta,d) = \begin{cases} 0, & \text{当 } \theta \in \Theta_0 \text{ 且 } d = d_1, \text{或 } \theta \in \Theta_1 \text{ 且 } d = d_0 \\ 1, & \text{当 } \theta \in \Theta_0 \text{ 且 } d = d_0, \text{或 } \theta \in \Theta_1 \text{ 且 } d = d_1 \end{cases}$$

设样本分布族为 $\{q(\boldsymbol{x} \mid \theta): \theta \in \Theta\}$，先验密度为 $\{\pi(\theta): \theta \in \Theta\}$，则检验问题(5.1)的贝叶斯解为

$$d_H(\boldsymbol{x}) = \begin{cases} d_1, & \text{当 } \int_{\Theta_1} q(\boldsymbol{x} \mid \theta)\pi(\theta)\mathrm{d}\theta < \int_{\Theta_0} q(\boldsymbol{x} \mid \theta)\pi(\theta)\mathrm{d}\theta \\ d_0 \text{ 或 } d_1, & \text{当 } \int_{\Theta_1} q(\boldsymbol{x} \mid \theta)\pi(\theta)\mathrm{d}\theta = \int_{\Theta_0} q(\boldsymbol{x} \mid \theta)\pi(\theta)\mathrm{d}\theta \\ d_0, & \text{当 } \int_{\Theta_1} q(\boldsymbol{x} \mid \theta)\pi(\theta)\mathrm{d}\theta > \int_{\Theta_0} q(\boldsymbol{x} \mid \theta)\pi(\theta)\mathrm{d}\theta \end{cases} \tag{5.2}$$

且 d_H 的贝叶斯风险为

$$B_\pi(d_H) = \int_{\Theta_0} g(\theta)\pi(\theta)\mathrm{d}\theta + \int_{\Theta_1} (1-g(\theta))\pi(\theta)\mathrm{d}\theta$$

其中，函数 $g(\theta) = E_\theta \delta(\boldsymbol{X}), \delta(\boldsymbol{x}) = \begin{cases} 1, & \boldsymbol{x} \in W \\ 0, & \boldsymbol{x} \notin W \end{cases}$ 为检验的功效函数（函数 $\delta(\boldsymbol{x})$ 为以 W 为拒绝域的检验函数）.

证明   决策函数的后验风险为

$$R(d \mid \boldsymbol{x}) = E[L(d,\theta) \mid \boldsymbol{x}] = \int_\Theta L(d,\theta)h(\theta \mid \boldsymbol{x})\mathrm{d}\theta$$

$$= \begin{cases} \int_{\Theta_1} \dfrac{q(\boldsymbol{x} \mid \theta)\pi(\theta)}{g(\boldsymbol{x})}\mathrm{d}\theta, & d = d_1 \\[2ex] \int_{\Theta_0} \dfrac{q(\boldsymbol{x} \mid \theta)\pi(\theta)}{g(\boldsymbol{x})}\mathrm{d}\theta, & d = d_0 \end{cases}$$

根据最小后验风险原则,检验问题(5.1)的贝叶斯解为

$$d_H(\boldsymbol{x}) = \begin{cases} d_0, & \text{当 } R(d_0 \mid \boldsymbol{x}) < R(d_1 \mid \boldsymbol{x}) \\ d_0 \text{ 或 } d_1, & \text{当 } R(d_0 \mid \boldsymbol{x}) = R(d_1 \mid \boldsymbol{x}) \\ d_1, & \text{当 } R(d_0 \mid \boldsymbol{x}) > R(d_1 \mid \boldsymbol{x}) \end{cases} \tag{5.3}$$

而式(5.3)与式(5.2)等价.

检验问题(5.1)的风险函数为

$$R(\theta,d) = E_\theta[L(\theta,d(\boldsymbol{X}))] = \int_{\mathscr{X}} L(\theta,d(\boldsymbol{x}))q(\boldsymbol{x} \mid \theta)\mathrm{d}\boldsymbol{x}$$

$$= \begin{cases} \int_W q(\boldsymbol{x} \mid \theta)\mathrm{d}\boldsymbol{x} = g(\theta), & \theta \in \Theta_0 \\[2ex] \int_{\overline{W}} q(\boldsymbol{x} \mid \theta)\mathrm{d}\boldsymbol{x} = 1 - g(\theta), & \theta \in \Theta_1 \end{cases}$$

因此 d_H 的贝叶斯风险为

$$B(d_H) = E_\pi[R(\theta,d_H)] = \int_{\Theta_0} g(\theta)\pi(\theta)\mathrm{d}\theta + \int_{\Theta_1} (1 - g(\theta))\pi(\theta)\mathrm{d}\theta$$

【例 5.24】 设总体 X 服从正态分布 $N(\mu,\sigma^2)$,其中 σ^2 已知,$X_1,X_2,\cdots,X_n$ 为来自总体 X 的样本,参数 μ 的先验分布为正态分布 $N(\mu_0,\tau^2)$,其中 μ_0 与 τ^2 已知,考虑检验问题

$$H_0: \mu \geqslant \mu_1; \quad H_1: \mu < \mu_1$$

设损失函数为

$$L(\theta,d) = \begin{cases} 0, & \text{当 } \mu \geqslant \mu_1 \text{ 且 } d = d_1, \text{或 } \mu < \mu_1 \text{ 且 } d = d_0 \\ 1, & \text{当 } \mu \geqslant \mu_1 \text{ 且 } d = d_0, \text{或 } \mu < \mu_1 \text{ 且 } d = d_1 \end{cases}$$

其中,$d_0 = \{$拒绝 $H_0\}$,$d_1 = \{$接受 $H_0\}$.试求此检验问题的贝叶斯解.

解 μ 的后验密度函数为

$$h(\mu \mid \boldsymbol{x}) = \frac{q(\boldsymbol{x} \mid \mu) \cdot \pi(\mu)}{f_X(\boldsymbol{x})} = \frac{q(\boldsymbol{x} \mid \mu) \cdot \pi(\mu)}{\int_{-\infty}^{+\infty} q(\boldsymbol{x} \mid \mu) \cdot \pi(\mu)\mathrm{d}\theta}$$

$$\propto \exp\left[-\frac{1}{2\sigma^2}\sum_{i=1}^{n}(x_i-\mu)^2\right] \cdot \exp\left[-\frac{1}{2\tau^2}(\mu-\mu_0)^2\right]$$

化简得

$$h(\mu \mid \boldsymbol{x}) \propto \exp\left[-\frac{[\mu - \hat{\mu}(\boldsymbol{x})]^2}{2\eta^2}\right]$$

其中

$$\hat{\mu}(\boldsymbol{x}) = \frac{n\tau^2 \bar{x} + \mu_0 \sigma^2}{n\tau^2 + \sigma^2}, \quad \eta^2 = \frac{\tau^2 \sigma^2}{n\tau^2 + \sigma^2}$$

由定理 5.5 知,检验问题的贝叶斯解的拒绝域为

$$\begin{aligned}
W &= \left\{\boldsymbol{x}: \int_{\Theta_1} q(\boldsymbol{x} \mid \theta)\pi(\theta)\mathrm{d}\theta > \int_{\Theta_0} q(\boldsymbol{x} \mid \theta)\pi(\theta)\mathrm{d}\theta\right\} \\
&= \left\{\boldsymbol{x}: \int_{\Theta_1} h(\theta \mid \boldsymbol{x})\mathrm{d}\theta > \int_{\Theta_0} h(\theta \mid \boldsymbol{x})\mathrm{d}\theta\right\} \\
&= \left\{\boldsymbol{x}: \int_{-\infty}^{\mu_1} h(\theta \mid \boldsymbol{x})\mathrm{d}\theta > \frac{1}{2}\right\} \\
&= \left\{\boldsymbol{x}: \Phi\left(\frac{\mu - \hat{\mu}}{\eta}\right) > \frac{1}{2}\right\} \\
&= \left\{\boldsymbol{x}: \bar{x} < \mu_1 + \frac{\sigma^2}{n\tau^2}(\mu_1 - \mu_0)\right\}
\end{aligned}$$

习 题 5

1. 某厂打算根据各年度市场的销售量来决定下一年度应该扩大生产还是缩减生产,还是维持原状.如果已知本年度市场的销售量服从指数分布 $E(\lambda)$,其中 λ 未知$(\lambda > 0)$,试写出样本空间及样本分布族.

2. 在一个参数统计模型中,如果要求未知参数 θ 的单侧区间估计$(-\infty, \bar{\theta}(X_1, X_2, \cdots, X_n)]$,试写出决策空间,并给出适当的损失函数.

3. 设$(X_1, X_2, \cdots, X_n)$是来自正态总体 $N(0, \sigma^2)$ 的样本,其中 σ^2 未知,现给出 σ^2 的 5 种估计量:

$$\hat{\sigma}_1^2 = \frac{1}{n-1}\sum_{i=1}^{n}(X_i - \bar{X})^2, \hat{\sigma}_2^2 = \frac{1}{n}\sum_{i=1}^{n}(X_i - \bar{X})^2, \hat{\sigma}_3^2 = \frac{1}{n+1}\sum_{i=1}^{n}(X_i - \bar{X})^2,$$

$$\hat{\sigma}_4^2 = \frac{1}{n}\sum_{i=1}^{n}X_i^2, \hat{\sigma}_5^2 = \frac{1}{n+2}\sum_{i=1}^{n}X_i^2$$

试在平方损失函数 $L(\sigma^2, d) = (\sigma^2 - d)^2$ 下,求出它们的风险函数,并比较风险函数值的大小.

4. 设$(X_1, X_2, \cdots, X_n)$是来自正态总体 $N(\mu, \sigma^2)$ 的样本,其中 μ, σ^2 未知,$-\infty < \mu < +\infty, \sigma^2 > 0$,现给出 σ^2 的 3 种估计量:

$$\hat{\sigma}_1^2 = \frac{1}{n-1}\sum_{i=1}^{n}(X_i - \bar{X})^2, \hat{\sigma}_2^2 = \frac{1}{n}\sum_{i=1}^{n}(X_i - \bar{X})^2,$$

$$\hat{\sigma}_3^2 = \frac{1}{n+1} \sum_{i=1}^{n} (X_i - \overline{X})^2$$

试求 $\hat{\sigma}_1^2, \hat{\sigma}_2^2, \hat{\sigma}_3^2$ 在平方损失函数 $L(\sigma^2, d) = (\sigma^2 - d)^2$ 下的风险函数,并比较风险函数值的大小.

5. 试证明当总体分布密度函数为 $p(x;\theta), \theta \in \Theta$,且 θ 的先验分布的密度函数为 $\pi(\theta)$ 时,θ 的后验分布可以按下列两个公式之一计算:

(1) 当先验分布为连续型时,后验分布的概率密度函数为

$$h(\theta \mid x_1, x_2, \cdots, x_n) = \frac{\prod_{i=1}^{n} p(x_i; \theta) \pi(\theta)}{\displaystyle\int_{\Theta} \prod_{i=1}^{n} p(x_i; \theta) \pi(\theta) \, \mathrm{d}\theta}, \quad \theta \in \Theta$$

(2) 当先验分布为离散型时,后验分布的概率密度函数为

$$h(\theta \mid x_1, x_2, \cdots, x_n) = \frac{\prod_{i=1}^{n} p(x_i; \theta) \pi(\theta)}{\displaystyle\sum \prod_{i=1}^{n} p(x_i; \theta) \pi(\theta) \, \mathrm{d}\theta}, \quad \theta \in \Theta$$

6. 设总体 X 服从泊松分布 $P(\lambda)$,其中 λ 未知,$\lambda > 0$;$X_1, X_2, \cdots, X_n$ 为来自总体 X 的样本,试证明 λ 的共轭分布为 Γ 分布.

7. 设总体 X 服从泊松分布 $P(\lambda)$,其中 λ 未知,$\lambda > 0$;$X_1, X_2, \cdots, X_n$ 为来自总体 X 的样本,损失函数为 $L(\lambda, \hat{\lambda}) = (\lambda - \hat{\lambda})^2$,假定 λ 的先验分布密度为

$$\pi(\lambda) = \begin{cases} \lambda \mathrm{e}^{-\lambda}, & \lambda > 0 \\ 0, & \lambda \leqslant 0 \end{cases}$$

试求 λ 的贝叶斯估计.

8. 设 X 服从二项分布 $B(N, p)$,p 的先验分布为区间 $(0, 1)$ 上的均匀分布,$X_1, X_2, \cdots, X_n$ 为来自总体 X 的样本,试在平方损失函数下,求 p 的贝叶斯估计.

9. 设总体 X 服从参数为 θ 的指数分布 $E(\theta)$,即 X 的概率密度函数为 $f(x;\theta) = \begin{cases} \theta \mathrm{e}^{-\theta x}, & x > 0 \\ 0, & x \leqslant 0 \end{cases}$. $X_1, X_2, \cdots, X_n$ 为来自总体 X 的样本,θ 的先验分布为 Γ 分布,其密度函数为

$$\pi(\theta) = \frac{1}{\Gamma(\alpha + 1)\beta^{\alpha+1}} \theta^{\alpha} \mathrm{e}^{-\theta/\beta}, \quad \theta > 0$$

其中 $\alpha > -1, \beta > 0$. 损失函数为 $L(\theta, \hat{\theta}) = (\theta - \hat{\theta})^2$,求 θ 的贝叶斯估计.

10. 设 X 服从伯努利分布 $B(1, p)$,其中参数 p 的先验分布为区间 $(0, 1)$ 上的均匀分布. $X_1, X_2, \cdots, X_n$ 为来自总体 X 的样本,试在损失函数 $L(p, \hat{p}) = \dfrac{(p - \hat{p})^2}{p(1-p)}$

下,证明 p 的贝叶斯估计为 $\overline{X} = \dfrac{1}{n}\sum_{i=1}^{n}X_i$,且它的风险函数是常数 $\dfrac{1}{n}$.

11. 设总体 X 服从正态分布 $N(0,\theta)$,$X_1,X_2,\cdots,X_n$ 是来自总体 X 的样本,又设参数 θ 的先验分布为逆伽玛分布(记作 $\theta \sim I\Gamma(\alpha,\lambda)$),即 θ 的先验密度函数为

$$I\Gamma(\theta,\alpha,\lambda) = \begin{cases} \dfrac{\lambda^{\alpha}}{\Gamma(\alpha)}\left(\dfrac{1}{\theta}\right)^{\alpha+1}\mathrm{e}^{-\frac{\lambda}{\theta}}, & \theta > 0 \\ 0, & \text{其他} \end{cases} \quad (\alpha,\lambda > 0 \text{ 为已知})$$

假定损失函数是 $L(\theta,d) = \dfrac{(d-\theta)^2}{\theta^2}$,试求参数 θ 的贝叶斯估计.

12. 设总体 X 服从正态分布 $N(0,\sigma^2)$,$\sigma^2 > 0$. 取 σ^2 的先验分布为 $\pi(\sigma^2) \propto 1$,X_1,$X_2,\cdots,X_n$ 为来自总体 X 的样本,试求 σ^2 的置信度为 $1-\alpha$ 的置信区间.

13. 设总体 $X \sim P(\lambda)$,$X_1,X_2,\cdots,X_n$ 为来自总体 X 的样本,假定 λ 的先验分布为伽玛分布 $\Gamma(\alpha,\beta)$,求 λ 的最大后验估计.

第6章　　试验设计与方差分析

20世纪30年代,由于农业试验的需要,费歇尔(R. A. Fisher)在试验设计和统计分析方面做出了一系列先驱工作,从此试验设计成为统计学科的一个分支.随后,F. Yates,R. C. Bose,O. Kempthome,W. G. Cochran,D. R. Cox 和 G. E. P. Box 对试验设计都作出了杰出的贡献,使该分支在理论上日趋完善,在应用上日趋广泛.20世纪70年代我国许多统计学家深入工厂、科研单位,用通俗的方法介绍正交试验设计,帮助工程技术人员进行试验的安排和数据分析,获得了一大批优秀成果.试验设计在工业生产和工程设计中都发挥重要的作用,例如:提高产量;减少质量的波动,提高产品质量水平;大大缩短新产品试验周期;降低成本;延长产品寿命.在自然科学中,有些规律开始尚未由人们所认识,通过试验设计可以获得其统计规律,在此基础上提出科学猜想,这些猜想促进了学科的发展,例如遗传学的许多发现都借助于上述过程.

方差分析(Analysis Of Variance)是由英国统计学家 R. A. Fisher 于1923年提出的,可简记为 ANOVA.方差分析又称变异数分析,主要用于检验计量资料中的两个或两个以上均值间差别显著性的方法,它在科学研究中应用十分广泛.根据试验结果,怎样找出有显著作用的因素?以及找出在怎样的水平和工艺条件下能使指标最优以达到优质和高产的目的?这都是方差分析所要解决的问题.例如,某工厂的原料来自四个不同地区,那么用不同地区的原料生产的产品质量是否一致呢?

6.1　　试验设计的基本概念

6.1.1　　总体与样本

个体是指研究对象中可以单独观测和研究的一个物体或者一定数量的材料,是组成总体的基本单元.具有共同性质的全部个体就构成了总体.要研究总体的性质,由于总体的个体数目过大或者试验中测定项目的费用成本高等原因,一般情况下无法将总体中的全部个体一一取出调查或研究.当按照一定程序从总体中抽取一组个体时,称此组个体为该总体的一个样本.当按随机程序抽取所获得的样本称为随机样本.

6.1.2   试验因子、水平和处理

影响试验结果的因子往往很多,但在进行试验时,我们称可控制的试验条件为试验因素或者试验因子,它可以是品种、人员、方法、时间、地区等,因素变化的各个等级为因素水平.如果在试验中只有一个因素在变化,其他可控制的条件不变,称它为单因素试验;若试验中变化的因素有两个或两个以上,则称为两因素或多因素试验.在多因子试验中,不同因子的不同水平的组合则称为处理.例如在猪饲料中添加 4 种剂量的土霉素,进行饲养试验.这是一个有 4 个水平的单因素试验,添加土霉素的 4 种剂量,即该因素的 4 个水平就构成了试验方案.

试验中实施试验处理的基本对象称为试验单元.如在田间试验中的试验小区;在生物、医学试验中的小白鼠等.在试验中,每一种处理往往进行一次以上试验,称处理的重复.某一批处理排列时集中在某一区域(时间、空间等),则称为区组.

6.1.3   试验设计的基本原则

在试验设计中,试验处理常常受到各种非处理因素的影响,使试验处理的效应不能真实地反映出来,也就是说,试验所得到的观测值,不但有处理的真实效应,而且还包含其他因素的影响,这就出现了实测值与真值的差异,这种差异在数值上的表现称为试验误差.由于产生误差的原因和性质不同,试验误差可分为系统误差(片面误差)和随机误差(抽样误差)两类.系统误差影响试验的准确性,随机误差影响试验的精确性.为了提高试验的准确性与精确性,即提高试验的正确性,必须避免系统误差,降低随机误差.统计学上通过合理的试验设计既能获得试验处理效应与试验误差的无偏估计,也能控制和降低随机误差,提高试验的精确性.在试验设计时必须遵循以下基本原则.

1.重复

重复是最基本的要求.相同处理设置试验单元重复后就可研究在试验单元间的变异,其作用有两方面:第一,估计试验误差.同一处理在两个以上的单元实施后的结果可表现出一定的差异,这是由随机干扰因子引起的试验误差,若每个处理仅在一个试验单元上实施一次,就无法估计试验误差.第二,降低试验误差,提高试验精确度.假设单个观测值的随机误差为 s,则 n 次观察平均值的随机误差就为 $s/\sqrt{n}$.

2.随机化

随机化是指在对试验样本进行分组时必须使用随机的方法,使试验样本进入各试验组的机会相等,以避免试验样本分组时试验人员主观倾向的影响.这是在试验中排除非试验因素干扰的重要手段,目的是为了获得无偏的误差估计量.

3.局部控制

局部控制是指在试验时采取一定的技术措施或方法来控制或降低非试验因素对试验结果的影响.在试验中,当试验环境或试验单位差异较大时,仅根据重复和随机化两原则进行设计不能将试验环境或试验单位差异所引起的变异从试验误差中分离出来,因而试验误差大,试验的精确性与检验的灵敏度低.为解决这一问题,在试验环境或试验单位差异大的情况下,根据局部控制的原则,可将整个试验环境或试验单位分成若干个小环境或小组,在小环境或小组内使非处理因素尽量一致.每个比较一致的小环境或小组,称为单位组(或区组).因为单位组之间的差异可在方差分析时从试验误差中分离出来,所以局部控制原则能较好地降低试验误差.

以上所述重复、随机化、局部控制三个基本原则称为费歇尔三原则,是试验设计中必须遵循的原则.再采用相应的统计分析方法,就能够最大程度地降低并无偏估计试验误差,从而对于各处理间的比较作出可靠的结论.

6.1.4　试验设计种类

(1) 根据试验中处理因子的多少可分为两大类,即单因素试验及多因素试验.

① 单因素试验.单因素试验是指整个试验中只比较一个试验因素的不同水平的试验.单因素试验方案由该试验因素的所有水平构成.这是最基本、最简单的试验方案.例如在猪饲料中添加 4 种剂量的土霉素,进行饲养试验.这是一个有 4 个水平的单因素试验,添加土霉素的 4 种剂量,即该因素的 4 个水平就构成了试验方案.

② 多因素试验方案.多因素试验是指在同一试验中同时研究两个或两个以上试验因素的试验.多因素试验方案由该试验的所有试验因素的水平组合(即处理)构成.

(2) 根据区组中包含处理数目的不同可分为两大类:完全区组设计(每一区组包含试验中全部处理的设计)和不完全区组设计(区组中仅包括部分处理的设计).

① 完全方案.在列出因素水平组合(即处理)时,要求每一个因素的每个水平都要碰见一次,这时,水平组合(即处理)数等于各个因素水平数的乘积.例如以 3 种饲料配方对 3 个品种肉鸭进行试验.两个因素分别为饲料配方(A)、品种(B).饲料配方(A)分为 A_1、A_2、A_3 水平,品种(B)分为 B_1、B_2、B_3 水平.有 A_1B_1、A_1B_2、A_1B_3、A_2B_1、A_2B_2、A_2B_3、A_3B_1、A_3B_2、A_3B_3 共 $3 \times 3 = 9$ 个水平组合(处理).这 9 个水平组合(处理)就构成了这两个因素的试验方案.根据完全试验方案进行的试验称为全面试验.全面试验既能考察试验因素对试验指标的影响,也能考察因素间的交互作用,并能选出最优水平组合,从而能充分揭示事物的内部规律.多因素全面试验的效率高于多个单因素试验的效率.全面试验的主要不足是,当因素个数和水

平数较多时,水平组合(处理)数太多,以至于在试验时,人力、物力、财力、场地等都难以承受,试验误差也不易控制.因而全面试验宜在因素个数和水平数都较少时应用.

　　②不完全方案.这也是一种多因素试验方案,但与上述多因素试验完全方案不同.它是将试验因素的某些水平组合在一起形成少数几个水平组合.这种试验方案的目的在于探讨试验因素中某些水平组合的综合作用,而不在于考察试验因素对试验指标的影响和交互作用.这种在全部水平组合中挑选部分水平组合获得的方案称为不完全方案.根据不完全方案进行的试验称为部分试验.样本试验的综合性试验、正交试验都属于部分试验.

　　(3) 根据试验中环境控制因子的数目可分为三类,即:

　　① 单方向控制,如随机区组设计;

　　② 两方向控制,如拉丁方设计;

　　③ 多方向控制,如希腊拉丁方设计.

6.2　完全随机设计

6.2.1　完全随机设计概述

　　完全随机设计是根据试验处理数将全部试验样本随机地分成若干组,然后再按组实施不同处理的设计.这种设计保证每个试验样本都有相同机会接受任何一种处理,而不受试验人员主观倾向的影响.在畜牧、水产等试验中,当试验条件特别是试验样本的初始条件比较一致时,可采用完全随机设计.这种设计应用了重复和随机化两个原则,因此能使试验结果受非处理因素的影响基本一致,真实反映出试验的处理效应.

　　完全随机设计的实质是将试验样本随机分组.随机分组的方法有抽签法和随机数字表法,其中随机数字表法较好.因为随机数字表上所有的数字都是按随机抽样原则编制的,表中任何一个数字出现在任何一个位置都是完全随机的.除从随机数字表可查得随机数字外,有些电脑及计算器均有此功能,用起来则更方便.

6.2.2　完全随机设计方法

　　下面给出随机化的步骤.首先假设有 N 个试验单元以及 k 个处理,按照下面的

步骤可以得到第 r_i 个试验单元随机分配到第 i 个处理:

第一步:把试验单元从 1 到 N 进行编号.

第二步:利用随机数表或者统计软件得到一组由 1 到 N 组成的随机排列.

第三步:在排列中前 r_1 个数给予处理 1,接着的 r_2 个数给予处理 2,以此类推,处理 k 将给予最后 r_k 个试验单元.

【例 6.1】 为了了解不同品牌(品牌 A,品牌 B,品牌 C,品牌 D,品牌 E)的止痛药缓解疼痛的时间长短,把每种品牌的一次剂量的止痛药分别给予 25 个试验单元,每种品牌的止痛药会有 5 个试验单元使用.

解　首先,可以利用 Mimitab 等软件把 $1 \sim 25$ 共 25 个数随机排列如下:

1,8,7,12,10,25,23,4,6,3,9,21,5,24,18,16,22,14,17,15,20,13,2,11,19

然后,按照上述步骤设计随机数字表(表 6.1).

表 6.1　设计表

试验单元	1	8	7	12	10	25	23	4	6	3	9	21	
用药品牌	A	A	A	A	A	B	B	B	B	B	C	C	
试验单元	5	24	18	16	22	14	17	15	20	13	2	11	19
用药品牌	C	C	C	D	D	D	D	D	E	E	E	E	E

6.2.3　完全随机设计的优缺点

完全随机设计是一种最简单的设计方法,主要优缺点如下.

1.完全随机设计的主要优点

(1)设计容易.处理数与重复数都不受限制,适用于试验条件、环境、试验样本差异较小的试验.

(2)统计分析简单.无论所获得的试验资料各处理重复数相同与否,都可采用 T 检验或方差分析法进行统计分析.

2.完全随机设计的主要缺点

(1)由于未应用试验设计三原则中的局部控制原则,非试验因素的影响被归入试验误差,导致试验误差较大,试验的精确性较低.

(2)在试验条件、环境、试验样本差异较大时,不宜采用此种设计方法.

6.3 随机单位组设计

6.3.1 随机单位组设计概述

随机单位组设计也称为随机区组(或窝组)设计.它是根据局部控制的原则,如将同窝、同性别、体重基本相同的样本划归一个单位组,每一单位组内的样本数等于处理数,并将各单位组的试验样本随机分配到各处理组,这种设计称为随机单位组设计.

随机单位组设计要求同一单位组内各头(只)试验样本尽可能一致,不同单位组间的试验样本允许存在差异,但每一单位组内试验样本的随机分组要独立进行,每种处理在一个单位组内只能出现一次.例如,为了比较 5 种不同中草药饲料添加剂对猪增重的效果,从 4 头母猪所产的仔猪中,每窝选出性别相同、体重相近的仔猪各 5 头,共 20 头,组成 4 个单位组,设计时每一单位组有仔猪 5 头,每头仔猪随机地喂给不同的饲料添加剂.这就是处理数为 5,单位组数为 4 的随机单位组设计.

6.3.2 随机单位组设计方法

同样假设有 k 个处理和 N 个试验单元,并且假设所有的试验单元可以分为 b 组, $N = b \times k$,下面给出随机化完全区组的设计步骤:

第一步:将试验单元分成 b 组,每组包含 k 个同类的试验单元.

第二步:把第一组的每个试验单元从 1 到 k 进行编号,然后用随机数表得到一个从 1 到 k 的排列.

第三步:随机排列的第一个数对应的试验单元接受处理 1,随机排列的第二个数对应的试验单元接受处理 2,以此类推.

第四步:对剩下的每组重复第二步和第三步.

【例 6.2】 为了了解不同品牌(品牌 A,品牌 B,品牌 C,品牌 D,品牌 E)的止痛药缓解疼痛的时间长短,让每 5 个有同样类型的疼痛病人各自获得 1 剂量的止痛药.给出一个随机化完全区组设计.疼痛来自不同原因:头痛(H)、肌肉痛(M)和伤痛(CB).

解 首先,按照疼痛的类型分为了 3 组($b = 3$),然后,把每组中的 5 个试验单元进行了随机排列,按照排列的顺序分给试验样本 A, B, C, D, E 五种品牌的止痛药.如表 6.2 所列.

表 6.2　随机单位组设计表

H	M	CB
3(A)	5(A)	1(A)
1(B)	4(B)	2(B)
2(C)	3(C)	4(C)
5(D)	1(D)	3(D)
4(E)	2(E)	5(E)

在这个例子中,在每组中的每种处理只出现了一次.

若在每组中每种处理出现了多次,则称之为广义随机化完全区组设计,这种设计有 b 个组,k 种处理,重复 r 次,所以 $N=b\times k\times r$.设计步骤如下:

第一步:将试验单元分成 b 组,每组包含 $r\times k$ 个同类的试验单元.

第二步:把第一组的每个试验单元从 1 到 $r\times k$ 进行编号,然后生成一个从 1 到 $r\times k$ 的随机排列.

第三步:随机排列的前 r 个数对应的试验单元接受处理 1,随机排列的第 $r+1$ 个数到第 $2r$ 个数对应的试验单元接受处理 2,以此类推,找到排列的最后 r 个数对应的试验单元接受处理 k.

第四步:对剩余的组重复第二步和第三步.

【例 6.3】　考虑把所有的试验单元分为 3 组,每组有 15 个试验单元.第一组试验单元的疼痛原因是头痛(H),第二组试验单元的疼痛原因是肌肉痛(M),第三组试验单元的疼痛原因是伤痛(CB).在第一组的头痛患者中,3 个用止痛药 A,3 个用止痛药 B,3 个用止痛药 C,3 个用止痛药 D,3 个用止痛药 E,其他两组处理方法类似.这样一种止痛药用在一种疼痛原因的试验单元就有三个重复样本.给出一个带有三次重复的随机化完全区组设计.

解　对于头痛组,利用 Minitab 生成一个从 $1\sim15$ 的随机排列,前 3 个用止痛药 A,接着 3 个用止痛药 B,以此类推.另外两组方法类似.表 6.3 中 A2 表示 2 号病人用止痛药 A.

表 6.3　广义随机化完全区组设计

H	M	CB	H	M	CB
A2	A8	A3	C15	C9	C11
A14	A13	A8	D7	D4	D2
A10	A5	A14	D5	D11	D13
B8	B2	B6	D6	D15	D5
B12	B1	B15	E3	E7	E1

续表 6.3

H	M	CB	H	M	CB
$B11$	$B10$	$B12$	$E9$	$E12$	$E4$
$C4$	$C3$	$C10$	$E13$	$E6$	$E9$
$C1$	$C14$	$C7$			

　　通过增加重复的次数,可以提高处理方案指标(例如止痛药的时效)估计的准确性,以及提高关于不同处理之间差异的假设检验的功效.

　　但是由于试验费用、时间以及试验单元的获得等条件的约束,进行数目较大的重复试验不太现实,因此根据估计的准确性和假设检验的功效的合理要求,有必要确定出最少的重复次数.

　　假设 r 是需要确定的试验重复次数,σ 是试验的标准差,E 是估计量期望得到的准确度,那么

$$r = \frac{(z_{a/2})^2 \hat{\sigma}^2}{E^2}$$

其中,$\hat{\sigma}$ 的值可以根据以往的试验数据获得. 例如,可以用一个粗略的估计量

$$\hat{\sigma} = \frac{(最大的观测值 - 最小的观测值)}{4}$$

6.3.3　随机单位组设计的优缺点

1.随机单位组设计的主要优点

(1)设计与分析方法简单易行.

(2)由于随机单位组设计体现了试验设计三原则,在对试验结果进行分析时,能将单位组间的变异从试验误差中分离出来,有效地降低了试验误差,因而试验的精确性较高.

(3)把条件一致的试验样本分在同一单位组,再将同一单位组的试验样本随机分配到不同处理组内,加大了处理组之间的可比性.

2.随机单位组设计的主要缺点

当处理数目过多时,各单位组内的试验样本数数目也过多,要使各单位组内试验样本的初始条件一致将有一定难度,因而在随机单位组设计中,处理数以不超过 20 为宜.

　　配对设计是处理数为 2 的随机单位组设计,其优点是结果分析简单,试验误差通常比非配对设计小,但由于试验样本配对要求严格,不允许将不满足配对要求的试验样本随意配对.

6.4 拉丁方设计

6.4.1 拉丁方设计概述

"拉丁方"的名字最初是由费歇尔给出的. 拉丁方设计是从横行和直列两个方向进行双重局部控制,使得横行和直列两向皆成单位组,是比随机单位组设计多一个单位组的设计. 在拉丁方设计中,每一行或每一列都成为一个完全单位组,而每一处理在每一行或每一列都只出现一次. 也就是说,在拉丁方设计中,试验处理数＝横行单位组数＝直列单位组数＝试验处理的重复数. 在对拉丁方设计试验结果进行统计分析时,由于能将横行、直列两个单位组间的变异从试验误差中分离出来,因而拉丁方设计的试验误差比随机单位组设计小,试验精确性比随机单位组设计高.

1. 拉丁方

以 n 个拉丁字母 $A, B, C, \cdots$ 为元素,作一个 n 阶方阵,若这 n 个拉丁方字母在这 n 阶方阵的每一行、每一列都出现且只出现一次,则称该 n 阶方阵为 $n \times n$ 阶拉丁方.

例如:

$$
\begin{array}{cc}
A & B \\
B & A
\end{array}
\quad , \quad
\begin{array}{cc}
B & A \\
A & B
\end{array}
$$

为 2×2 阶拉丁方, 2×2 阶拉丁方只有这两个.

$$
\begin{array}{ccc}
A & B & C \\
B & C & A \\
C & A & B
\end{array}
$$

为 3×3 阶拉丁方.

第一行与第一列的拉丁字母按自然顺序排列的拉丁方,叫标准型拉丁方. 3×3 阶标准型拉丁方只有上面介绍的 1 种, 4×4 阶标准型拉丁方有 4 种, 5×5 阶标准型拉丁方有 56 种. 若变换标准型的行或列,可得到更多种的拉丁方. 在进行拉丁方设计时,可从上述多种拉丁方中随机选择一种;或选择一种标准型,随机改变其行列顺序后再使用.

2. 常用拉丁方

在样本试验中,最常用的有 $3 \times 3, 4 \times 4, 5 \times 5, 6 \times 6$ 阶拉丁方. 表 6.4 列出了部分标准型拉丁方,供进行拉丁方设计时选用,其余拉丁方可查阅数理统计表及有关参考书.

表 6.4　常用拉丁方

3×3			4×4											
			(1)				(2)				(3)			
A	B	C	A	B	C	D	A	B	C	D	A	B	C	D
B	C	A	B	A	D	C	B	C	D	A	B	D	A	C
C	A	B	C	D	B	A	C	D	A	B	C	A	D	B
			D	C	A	B	D	A	B	C	D	C	B	A

(4)			
A	B	C	D
B	A	D	C
C	D	A	B
D	C	B	A

5×5

(1)					(2)					(3)					(4)				
A	B	C	D	E	A	B	C	D	E	A	B	C	D	E	A	B	C	D	E
B	A	E	C	D	B	A	D	E	C	B	A	E	C	D	B	A	D	E	C
C	D	A	E	B	C	E	B	A	D	C	E	D	A	B	C	D	E	A	B
D	E	B	A	C	D	C	E	B	A	D	C	B	E	A	D	E	B	C	A
E	C	D	B	A	E	D	A	C	B	E	D	A	B	C	E	C	A	B	D

6×6

A	B	C	D	E	F
B	F	D	C	A	E
C	D	E	F	B	A
D	A	F	E	C	B
E	C	A	B	F	D
F	E	B	A	D	C

6.4.2　拉丁方设计方法

下面给出一个例子来说明拉丁方的设计方法.

【**例 6.4**】　一个汽油公司对每加仑不同的汽油添加剂对汽车行驶里程数的影响非常感兴趣. 在这个试验中,有四种不同的汽油添加剂(A,B,C,D),四种型号的汽车($\mathrm{I},\mathrm{II},\mathrm{III},\mathrm{IV}$)以及四位驾驶员($1,2,3,4$). 这里的每一行只有一种车型,这样做就可以消除不同车型对试验结果的影响;同时每一列都对应的是同一名驾驶员,这样就可以消除不同驾驶员对试验结果的影响.

构造 4×4 拉丁方设计,可以按照如下步骤来进行:

第一步:首先第一行是 A,B,C,D.

第二步:把上一行的第一个字母放在最后,其余字母都向左移动一个位置.

第三步:随机地安排一个因子表示行,另一个因子表示列.

第四步:随机地给行和列分配相应因子的各个水平.

在第二步中,也可以不用行的循环替换,而用列的循环替换.

按照上述步骤,基本的拉丁方如表6.5所列.

表 6.5

汽车	驾驶员			
	1	2	3	4
I	A	B	C	D
II	B	C	D	A
III	C	D	A	B
IV	D	A	B	C

然后,随机地安排汽车 I,II,III,IV 到各行,如表6.6所列.

表 6.6

汽车	驾驶员			
	1	2	3	4
I	D	A	B	C
II	C	D	A	B
III	B	C	D	A
IV	A	B	C	D

接着,把四个驾驶员随机地排列到各列,例如1,2,3,4四个驾驶员随机排列到1,2,4,3四列,如表6.7所列.

表 6.7

汽车	驾驶员			
	1	2	3	4
I	D	A	C	B
II	C	D	B	A
III	B	C	A	D
IV	A	B	D	C

最后就可以把相应的试验观测值在表中表示出来,字母后面的数字表示每加仑汽油对应的里程数,如表6.8所列.

表 6.8

汽车	驾驶员			
	1	2	3	4
I	D18	A22	C25	B19
II	C22	D24	B26	A24
III	B21	C20	A22	D23
IV	A17	B24	D23	C21

6.4.3　拉丁方设计的优缺点

1.拉丁方设计的主要优点

（1）精确性高.拉丁方设计在不增加试验单位的情况下,比随机单位组设计多设置了一个单位组因素,能将横行和直列两个单位组间的变异从试验误差中分离出来,因而试验误差比随机单位组设计小,试验的精确性比随机单位组设计高.

（2）试验结果的分析简便.

2.拉丁方设计的主要缺点

因为在拉丁方设计中,横行单位组数、直列单位组数、试验处理数与试验处理的重复数必须相等,所以处理数受到一定限制.若处理数少,则重复数也少,估计试验误差的自由度就小,影响检验的灵敏度;若处理数多,则重复数也多,横行、直列单位组数也多,导致试验工作量大,且同一单位组内试验样本的初始条件亦难控制一致.因此,拉丁方设计一般用于 $5 \sim 8$ 个处理的试验.在采用 4 个以下处理的拉丁方设计时,为了使估计误差的自由度不少于 12,可采用"复拉丁方设计",即同一个拉丁方试验重复进行数次,并将试验数据合并分析,以增加误差项的自由度.

应当注意,在进行拉丁方试验时,某些单位组因素,比如奶牛的泌乳阶段,试验因素的各处理要逐个地在不同阶段实施,如果前一阶段有残效,在后一阶段的试验中,就会产生系统误差而影响试验的准确性.此时应根据实际情况,安排适当的试验间歇期以消除残效.另外,还要注意,横行、直列单位组因素与试验因素间不应该存在交互作用,否则不能采用拉丁方设计.

6.5　因 子 设 计

因子试验的各处理是由不同因子不同水平的组合构成,因子设计用来同时计算两个或者更多的因子.一般来说,有三类:单因子、全因子和部分因子.最有效的就是部分因子设计.因子设计可以同时估计单因子作用和多因子之间的相互作用.

6.5.1　单因子设计

单因子试验中只有一个因子,这里可以把其他的因子看做常量,只测量一个因子的不同水平的响应变量,然后选择另一个因子变化,而其他因子保持不变,依此类推,这样做同时也是非常费时的.

【例 6.5】　考虑下列假设的数据:两类食品,即脂类、糖类;两种水平,即高水平、中水平. 安排试验个体使用一个星期后, 测量每个试验个体跑步消耗完体力的时间, 目标是确定哪种因子和水平的组合能提供最大的能量消耗时间. 表 6.9 给出了每种组合提供的能量消耗的平均时间.

表 6.9 消耗的平均时间

消耗的平均时间	脂类	糖类
88	高	中
98	中	中
77	中	高
74	高	高

解 可以看出, 如果糖类保持在中等水平, 能量消耗的时间随着脂类的增加而减少. 如果脂肪类保持在中等水平, 能量消耗的时间随着糖类的增加而减少. 因此可以推测, 脂类和糖类同时增加的话, 能量消耗的平均时间将会更少. 问题是, 这种推测是基于一个因子对另一个因子的两个水平的影响是一样的. 如果因子之间有交互作用, 一个因子相应在其他因子处于不同水平时也会表现得不同.

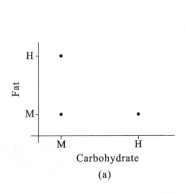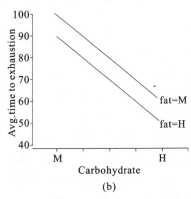

图 6.1 因子和水平

图 6.1(a) 是因子和水平的组合图, 如果因子间没有交互的话, 得到图 6.1(b). 图 6.1(b) 如果有交互的话, 图中的两条线将相交, 单因子设计就不是一个很合适的设计, 这种情况下, 可以考虑下面的另一种因子设计.

6.5.2 全因子设计

克服单因子试验中的交互问题的一种方法就是在一个试验中计算因子的所有可能的组合, 这种方法称之为全因子试验, 在试验中安排因子的所有可能水平组合的处理. 试验有 n 个因子, 每个因子有 2 个水平, 这样的全因子试验称为一个 2^n 因子试验. 一般来说, 全因子试验使用比较多的是因子数少于 5 个的试验, 当因子比较多时试验会很费时并且试验成本很高.

6.5.3　部分因子设计

全因子设计是一个非常理想的设计,虽然考虑了所有因子的影响以及交互作用,但往往费时费力.实际中,在试验里仅仅使用一部分可能的处理,这样的试验称为部分因子试验.部分因子试验仅仅安排因子的所有可能水平组合的一个比较匀称的子集处理,这样就可以得到因子的主要影响和因子间主要的交互作用,同时还可以控制试验次数的大小,这样试验的顺利完成就要简单很多.但是,部分因子试验必须注意的一点就是,试验中各种因子水平组合的选择,必须结合试验研究的目的、针对相关的研究问题来适当选择.因此部分因子设计非常适用于因子数比较大的试验.

6.6　优 化 设 计

J. Kiefer 在 1959 年提出了关于优化设计的理论,其论文中的核心问题是"怎样找到最优的设计?",从而开创了优化设计这个新的研究领域.优化设计可以根据拟定的试验目标以最少的成本有效地完成试验.这里所说的试验成本有经济成本、时间成本和试验次数等.有许多的方法能够实现最优设计,例如相继试验设计或者同时试验设计.在相继试验设计中,试验依次实施,不断地改善直到达到最优;同时试验设计用来建立经验模型的较多.

这部分主要是给出一个关于选择合适样本数的简单例子来说明优化设计的思想.没有一个试验能够保证对所有的总体参数都能达到最优,这也超出了这一节我们所讨论的优化设计的一般理论.

样本量的大小是试验设计中必须考虑到的内容之一.样本量太小的话,试验结果的精确性会欠缺;样本量太大的话,将会造成时间和资源的浪费.下面以一个例子来解释最优样本量的确定.

令 $X_{11}, X_{12}, \cdots, X_{1n_1}$ 是均值为 μ_1、方差为 σ_1^2 的总体中的样本,$X_{21}, X_{22}, \cdots, X_{2n_2}$ 是均值为 μ_2、方差为 σ_2^2 的总体中的样本,并假设这两个样本之间是独立的,那么可知 $\bar{X}_1 - \bar{X}_2$ 是 $\mu_1 - \mu_2$ 的无偏估计量,并且其方差是

$$\sigma^2 = \mathrm{Var}(\bar{X}_1 - \bar{X}_2) = \frac{\sigma_1^2}{n_1} + \frac{\sigma_2^2}{n_2}$$

假设 $n_1 + n_2 = n$,即观察样本的总数已经限制了,那么问题就是如何选择样本量 n_1, n_2,才能使得有关参数 $\mu_1 - \mu_2$ 的信息达到最大,也就是使得方差 σ^2 达到最小.

令 $a = \dfrac{n_1}{n}$,那么 $n_1 = na$,$n_2 = n(1-a)$,于是

$$\mathrm{Var}(\overline{X}_1 - \overline{X}_2) = \frac{\sigma_1^2}{n_1} + \frac{\sigma_2^2}{n_2} = \frac{\sigma_1^2}{na} + \frac{\sigma_2^2}{n(1-a)}$$

于是问题就转化为找寻 a 使得函数 $g(a) = \dfrac{\sigma_1^2}{na} + \dfrac{\sigma_2^2}{n(1-a)}$ 达到最小.用微分学的知识,函数关于 a 求导,并令导函数为 0,得到关于 a 的两个根:

$$a_1 = \frac{\sigma_1}{\sigma_1 + \sigma_2}, \quad a_2 = \frac{\sigma_1}{\sigma_1 - \sigma_2}$$

因为 $a = \dfrac{n_1}{n} < 1$,所以 a_2 不满足,舍去.因此得到

$$a = \frac{\sigma_1}{\sigma_1 + \sigma_2}, \quad 1-a = \frac{\sigma_2}{\sigma_1 + \sigma_2}$$

再利用二阶导数可知,所求的 a 使得 $\mathrm{Var}(\overline{X}_1 - \overline{X}_2)$ 达到最小.

6.7 方差分析的基本原理

当某个主要因素的各个水平间的主要因变量的均值呈现统计显著性时,必要时可作两两水平间的比较,称为均值间的两两比较.

方差分析的基本原理就是按照下述统计思想进行的,即

(1) 将数据总的离差平方和按照产生的原因分解成由因素的水平不同引起的离差平方和以及由试验误差引起的离差平方和两部分之和,即

总的离差平方和 = 因素水平引起的离差平方和 + 试验误差引起的离差平方和.

(2) 上式右边两个平方和的相对大小可以说明因素的不同水平是否使得各平均值(各型号的平均维修时间)产生显著性差异,为此进行适当的统计假设检验.

在实际问题中,影响总体均值的因素可能不止一个,按试验中因子的个数,分为单因素方差分析、两因素方差分析、多因素方差分析等.我们先介绍单因素方差分析,再讨论两因素方差分析,而多因素方差分析与两因素的类似.

6.8 单因素方差分析

6.8.1 数学模型和数据结构

在单因素试验中,为了考察因素 A 的 r 个水平 $A_1, A_2, \cdots, A_r$ 对指标 X 的影响

（如 r 种型号对维修时间的影响），设想在固定的 A_i 条件下做试验.所有可能的试验结果组成一个总体 X_i，它是一个随机变量.可以把它分解为两部分

$$X_i = \mu_i + \varepsilon_i$$

其中，μ_i 纯属 A_i 作用的结果，称为在 A_i 条件下 X_i 的真值（也称为在 A_i 条件下 X_i 的理论平均）；ε_i 是实验误差（也称为随机误差），是服从正态分布的随机变量.如果在独立进行试验的过程中，除 $A_1, A_2, \cdots, A_r$ 不同外，其余条件均不变，那么 $\varepsilon_1, \varepsilon_2, \cdots$，$\varepsilon_r$ 就应该是独立同分布的随机变量，即

$$\varepsilon_i \sim N(0, \sigma^2)$$

因为 $E(X_i) = \mu_i, D(X_i) = D(\varepsilon_i) = \sigma^2$，故 $X_i \sim N(\mu_i, \sigma^2)$，其中，$\mu_i$ 和 σ^2 都是未知参数 $(i = 1, 2, \cdots, r)$.

　　为了估计和检验上述参数，就要做重复试验.假定在水平 A_i 下重复做 n_i 次试验，得到观测值 $X_{i1}, X_{i2}, \cdots, X_{in_i}$（为方便起见，不再与小写字母 $x_{i1}, x_{i2}, \cdots, x_{in_i}$ 加以区别，也可以表示数值），这相当于从第 i 个正态总体 $N(\mu_i, \sigma^2)(i = 1, 2, \cdots, r)$ 中，随机抽取一个容量为 n_i 的样本列成表 6.10.

表 6.10　　不同水平条件下重复试验结果

总体	样　　本						合计	样本平均
A_1	X_{11}	X_{12}	$\cdots$	X_{1j}	$\cdots$	X_{1n_1}	$X_{1\cdot}$	$\overline{X}_{1\cdot}$
A_2	X_{21}	X_{22}	$\cdots$	X_{2j}	$\cdots$	X_{2n_2}	$X_{2\cdot}$	$\overline{X}_{2\cdot}$
$\vdots$	$\vdots$	$\vdots$	$\cdots$	$\vdots$	$\cdots$	$\vdots$	$\vdots$	$\vdots$
A_i	X_{i1}	X_{i2}	$\cdots$	X_{ij}	$\cdots$	X_{in_i}	$X_{i\cdot}$	$\overline{X}_{i\cdot}$
$\vdots$	$\vdots$	$\vdots$	$\cdots$	$\vdots$	$\cdots$	$\vdots$	$\vdots$	$\vdots$
A_r	X_{r1}	X_{r2}	$\cdots$	X_{rj}	$\cdots$	X_{rn_r}	$X_{r\cdot}$	$\overline{X}_{r\cdot}$

　　表 6.10 中

$$X_{i\cdot} = \sum_{j=1}^{n_i} X_{ij}, \overline{X}_{i\cdot} = \sum_{j=1}^{n_i} X_{ij}/n_i \quad (i = 1, 2, \cdots, r)$$

　　由于 X_{ij} 服从正态分布 $N(\mu_i, \sigma^2)$，故 X_{ij} 与 μ_i 的差可以看成一个随机误差 ε_{ij}，ε_{ij} 服从正态分布 $(i = 1, 2, \cdots, r; j = 1, 2, \cdots, n_i)$，于是单因素方差分析模型可表示如下：

$$\begin{cases} X_{ij} = \mu_i + \varepsilon_{ij} \\ \varepsilon_{ij} \sim N(0, \sigma^2) \end{cases} \quad i = 1, 2, \cdots, r; j = 1, 2, \cdots, n_i \qquad (6.1)$$

其中，诸 ε_{ij} 相互独立.我们的任务是检查上述同方差的 r 个正态总体的均值是否相等，即检验假设：$H_0 : \mu_1 = \mu_2 = \cdots = \mu_r; H_1 : \mu_1, \mu_2, \cdots, \mu_r$ 中至少有两个不相等.

　　值得注意的是：每次试验结果只能得到 X_{ij}，而式(6.1)中的 μ_i 和 ε_{ij} 都不能直接观测到.为了便于比较和分析因素 A 的水平 A_i 对指标影响的大小，通常把 μ_i 再

分解为

$$\mu_i = \mu + \alpha_i (i = 1, 2, \cdots, r)$$

其中, $\mu = \dfrac{1}{n}\sum\limits_{i=1}^{r} n_i \mu_i \left(n = \sum\limits_{i=1}^{r} n_i \right)$ 称为一般平均, 它是比较 A_i 作用大小的一个基点. 并且称

$$\alpha_i = \mu_i - \mu$$

为第 i 个水平 A_i 的效应. 它表示水平 A_i 的真值 μ_i 比一般水平 μ 差多少. $\alpha_1, \alpha_2, \cdots,$ α_r 满足约束条件

$$n_1 \alpha_1 + n_2 \alpha_2 + \cdots + n_r \alpha_r = 0$$

于是单因素方差分析模型(6.1)可改写成

$$\begin{cases} X_{ij} = \mu + \alpha_i + \varepsilon_{ij} \\ \varepsilon_{ij} \sim N(0, \sigma^2) \qquad (i = 1, 2, \cdots, r; j = 1, 2, \cdots, n_i) \\ \sum\limits_{i=1}^{r} n_i \alpha_i = 0 \end{cases} \qquad (6.2)$$

单因素方差分析要解决的问题是:

(1) 找出参数 $\mu, \alpha_1, \alpha_2, \cdots, \alpha_r$ 和 σ^2 的估计量;

(2) 分析观测值的离差;

(3) 检验各水平效应 $\alpha_1, \alpha_2, \cdots, \alpha_r$ 有无显著差异, 即检验假设

$$H_0 : \alpha_1 = \alpha_2 = \cdots = \alpha_r = 0; H_1 : 至少有一个 \alpha_i \neq 0 (i = 1, 2, \cdots, r)$$

需指出的是在模型(6.1)中,观察到的是 X_{ij},而 ε_{ij} 是观察不到的,通常称 ε_{ij} 为随机误差或随机干扰.

6.8.2 参数点估计

我们将用最小二乘法求参数 $\mu, \alpha_1, \alpha_2, \cdots, \alpha_r$ 的估计量,然后寻求 σ^2 的无偏估计量.

我们希望所求的参数 $\mu, \alpha_1, \alpha_2, \cdots, \alpha_r$ 的估计值能使在水平 A_i 下求得的观测值 X_{ij} 与真值 μ_i 之间的离差尽可能小. 为满足此要求, 一般考虑用最小平方和原则, 也就是使观测值与真值的离差平方和达到最小. 由式(6.2)可知, 此离差平方和就是随机误差平方和(记作 S_ε), 可以表示为

$$S_\varepsilon = \sum_{i=1}^{r} \sum_{j=1}^{n_i} \varepsilon_{ij}^2 = \sum_{i=1}^{r} \sum_{j=1}^{n_i} (X_{ij} - \mu_i)^2 = \sum_{i=1}^{r} \sum_{j=1}^{n_i} (X_{ij} - \mu - \alpha_i)^2$$

根据以上原则, 求使 S_ε 达到最小值的解, 将该解作为参数的估计值.

根据极值的必要条件, 令下列各偏导数为零, 并解方程组

$$\frac{\partial S_\varepsilon}{\partial \mu} = 0, \quad \frac{\partial S_\varepsilon}{\partial \alpha_i} = 0 \quad (i = 1, 2, \cdots, r)$$

由

$$\frac{\partial S_\varepsilon}{\partial \mu} = -2 \sum_{i=1}^{r} \sum_{j=1}^{n_i} (X_{ij} - \mu - \alpha_i)$$

$$= -2 \Big[\sum_{i=1}^{r} \sum_{j=1}^{n_i} X_{ij} - \sum_{i=1}^{r} \sum_{j=1}^{n_i} \mu - \sum_{i=1}^{r} n_i \alpha_i \Big]$$

$$= -2 \Big[\sum_{i=1}^{r} \sum_{j=1}^{n_i} X_{ij} - n\mu \Big] = 0$$

解得

$$\hat{\mu} = \frac{1}{n} \sum_{i=1}^{r} \sum_{j=1}^{n_i} X_{ij} = \overline{X}$$

由

$$\frac{\partial S_\varepsilon}{\partial \alpha_i} = -2 \sum_{j=1}^{n_i} (X_{ij} - \mu - \alpha_i) = -2 \Big[\sum_{j=1}^{n_i} X_{ij} - n_i\mu - n_i\alpha_i \Big] = 0$$

解得

$$\hat{\alpha}_i = \frac{1}{n_i} \sum_{j=1}^{n_i} X_{ij} - \hat{\mu} = \overline{X}_{i\cdot} - \overline{X}$$

并由此得 μ_i 的估计量

$$\hat{\mu}_i = \hat{\mu} + \hat{\alpha}_i = \overline{X}_{i\cdot}$$

至此,我们求得了参数 μ、α_i 和 μ_i 的估计量

$$\hat{\mu} = \overline{X}, \hat{\alpha}_i = \overline{X}_{i\cdot} - \overline{X}, \hat{\mu}_i = \overline{X}_{i\cdot} \quad (i = 1, 2, \cdots, r)$$

按照上述原则求参数估计量的方法称为最小二乘法,$\hat{\mu}$、$\hat{\alpha}_i$ 和 $\hat{\mu}_i$ 称为参数 μ、α_i 和 μ_i 最小二乘估计量. 我们还可以证明 $\hat{\mu}$、$\hat{\alpha}_i$ 和 $\hat{\mu}_i$ 分别是参数 μ、α_i 和 μ_i 的无偏估计量.

6.8.3　离差平方和的分解与自由度

为了从观测值的离差中分析出各水平 A_i 的效应,我们研究三种离差:$X_{ij} - \overline{X}$,$\overline{X}_{i\cdot} - \overline{X}$ 和 $X_{ij} - \overline{X}_{i\cdot}$. 反映全部观测值总离差平方和的是各观测值 X_{ij} 与总均值 $\overline{X}$ 的离差平方和,记为 S_T. 即

$$S_T = \sum_{i=1}^{r} \sum_{j=1}^{n_i} (X_{ij} - \overline{X})^2$$

其中,S_T 称为总离差平方和,它反映了全部数据 X_{ij} 相对于 $\overline{X}$ 的差异和离散程度.
因为

$$\sum_{i=1}^{r}\sum_{j=1}^{n_i}(X_{ij}-\overline{X})^2 = \sum_{i=1}^{r}\sum_{j=1}^{n_i}\left[(\overline{X}_{i.}-\overline{X})+(X_{ij}-\overline{X}_{i.})\right]^2$$

$$= \sum_{i=1}^{r}\sum_{j=1}^{n_i}\left[(\overline{X}_{i.}-\overline{X})^2+2(\overline{X}_{i.}-\overline{X})(X_{ij}-\overline{X}_{i.})+(X_{ij}-\overline{X}_{i.})^2\right]$$

$$= \sum_{i=1}^{r}n_i(\overline{X}_{i.}-\overline{X})^2+2\sum_{i=1}^{r}\left[(\overline{X}_{i.}-\overline{X})\sum_{j=1}^{n_i}(X_{ij}-\overline{X}_{i.})\right]+$$

$$\sum_{i=1}^{r}\sum_{j=1}^{n_i}(X_{ij}-\overline{X}_{i.})^2$$

其中

$$\sum_{j=1}^{n_i}(X_{ij}-\overline{X}_{i.})=0$$

所以

$$\sum_{i=1}^{r}\sum_{j=1}^{n_i}(X_{ij}-\overline{X})^2 = \sum_{i=1}^{r}n_i(\overline{X}_{i.}-\overline{X})^2+\sum_{i=1}^{r}\sum_{j=1}^{n_i}(X_{ij}-\overline{X}_{i.})^2 \qquad (6.3)$$

式 (6.3) 中, $\sum_{i=1}^{r}n_i(\overline{X}_{i.}-\overline{X})^2$ 为各因素均值 $\overline{X}_{i.}$ 与总平均数 $\overline{X}$ 的离差平方与重复数 n_i 乘积的和, 反映了重复 n_i 次的因素间的离差, 即因素的水平不同引起的离差, 称为因素 A 的效应平方和 (或组间离差平方和), 记为 S_A, 即

$$S_A = \sum_{i=1}^{r}n_i(\overline{X}_{i.}-\overline{X})^2$$

式 (6.3) 中, $\sum_{i=1}^{r}\sum_{j=1}^{n_i}(X_{ij}-\overline{X}_{i.})^2$ 为各因素内离均差平方和之和, 反映了各因素内的变异即误差, 即实验误差引起的离差, 称为误差平方和 (或组内离差平方和), 记为 S_E, 即

$$S_E = \sum_{i=1}^{r}\sum_{j=1}^{n_i}(X_{ij}-\overline{X}_{i.})^2$$

于是有

$$S_T = S_A + S_E \qquad (6.4)$$

(6.3)、(6.4) 两式反映了单因素试验结果的总离差平方和、因素 A 的效应平方和、误差平方和的关系式.

现在计算各平方和 S_T, S_A 及 S_E 的自由度, 平方和的自由度是指和式中独立的项数, 是与 χ^2 分布中自由度的意义相一致的.

在计算总离差平方和时, 资料中的各个观测值要受 $\sum_{i=1}^{r}\sum_{j=1}^{n_i}(X_{ij}-\overline{X})=0$ 这一条件的约束, 故总自由度等于资料中观测值的总个数减 1, 即 $n-1$. 总自由度记为 df_T, 即 $df_T = n-1$.

在计算因素 A 的效应平方和时,各因素均值 $\overline{X}_{i\cdot}$ 要受 $\sum\limits_{i=1}^{r} n_i(\overline{X}_{i\cdot} - \overline{X}) = 0$ 这一条件的约束,故组间自由度为因素数减 1,即 $r-1$.组间自由度记为 df_A,即 $df_A = r-1$.

在计算误差平方和,要受 r 个条件的约束,即 $\sum\limits_{j=1}^{n_i}(X_{ij} - \overline{X}_{i\cdot}) = 0 (i=1,2,\cdots,r)$.故因素内自由度为资料中观测值的总个数减 r,即 $n-r$.组内自由度记为 df_E,即 $df_E = n-r$.

容易看出,自由度之间也有类似于分解定理的关系,

$$df_T = df_A + df_E$$

下面我们分别计算 S_T, S_A 及 S_E 的数学期望.

令 $\bar{\varepsilon}_{i\cdot} = \dfrac{1}{n_i}\sum\limits_{j=1}^{n_i}\varepsilon_{ij}$, $\bar{\varepsilon} = \dfrac{1}{n}\sum\limits_{i=1}^{r}\sum\limits_{j=1}^{n_i}\varepsilon_{ij}$,由 $X_{ij} = \mu + \alpha_i + \varepsilon_{ij}$ 和 $\sum\limits_{i=1}^{r} n_i\alpha_i = 0$,我们有:

$$\overline{X} = \frac{1}{n}\sum_{i=1}^{r}\sum_{j=1}^{n_i} X_{ij} = \frac{1}{n}\sum_{i=1}^{r}\sum_{j=1}^{n_i}(\mu + \alpha_i + \varepsilon_{ij})$$

$$= \mu + \frac{1}{n}\sum_{i=1}^{r} n_i\alpha_i + \frac{1}{n}\sum_{i=1}^{r}\sum_{j=1}^{n_i}\varepsilon_{ij} = \mu + \bar{\varepsilon}$$

$$\overline{X}_{i\cdot} = \frac{1}{n_i}\sum_{j=1}^{n_i} X_{ij} = \frac{1}{n_i}\sum_{j=1}^{n_i}(\mu + \alpha_i + \varepsilon_{ij}) = \mu + \alpha_i + \frac{1}{n_i}\sum_{j=1}^{n_i}\varepsilon_{ij} = \mu + \alpha_i + \bar{\varepsilon}_{i\cdot}$$

所以 $S_T = \sum\limits_{i=1}^{r}\sum\limits_{j=1}^{n_i}(X_{ij} - \overline{X})^2 = \sum\limits_{i=1}^{r}\sum\limits_{j=1}^{n_i}(\mu + \alpha_i + \varepsilon_{ij} - \mu - \bar{\varepsilon})^2$

$$= \sum_{i=1}^{r}\sum_{j=1}^{n_i}(\alpha_i + \varepsilon_{ij} - \bar{\varepsilon})^2$$

$$= \sum_{i=1}^{r} n_i\alpha_i^2 + \sum_{i=1}^{r}\sum_{j=1}^{n_i}(\varepsilon_{ij} - \bar{\varepsilon})^2 + 2\sum_{i=1}^{r} n_i\alpha_i(\bar{\varepsilon}_{i\cdot} - \bar{\varepsilon})$$

$$S_E = \sum_{i=1}^{r}\sum_{j=1}^{n_i}(X_{ij} - \overline{X}_{i\cdot})^2 = \sum_{i=1}^{r}\sum_{j=1}^{n_i}(\mu + \alpha_i + \varepsilon_{ij} - \mu - \alpha_i - \bar{\varepsilon}_{i\cdot})^2$$

$$= \sum_{i=1}^{r}\sum_{j=1}^{n_i}(\varepsilon_{ij} - \bar{\varepsilon}_{i\cdot})^2$$

$$S_A = \sum_{i=1}^{r} n_i(\overline{X}_{i\cdot} - \overline{X})^2 = \sum_{i=1}^{r} n_i(\mu + \alpha_i + \bar{\varepsilon}_{i\cdot} - \mu - \bar{\varepsilon})^2$$

$$= \sum_{i=1}^{r} n_i(\alpha_i + \bar{\varepsilon}_{i\cdot} - \bar{\varepsilon})^2$$

$$= \sum_{i=1}^{r} n_i\alpha_i^2 + \sum_{i=1}^{r} n_i(\bar{\varepsilon}_{i\cdot} - \bar{\varepsilon})^2 + 2\sum_{i=1}^{r} n_i\alpha_i(\bar{\varepsilon}_{i\cdot} - \bar{\varepsilon})$$

由于 $\varepsilon_{ij} \sim N(0,\sigma^2), \bar{\varepsilon}_{i.} \sim N\left(0,\frac{\sigma^2}{n_i}\right), \bar{\varepsilon} \sim N\left(0,\frac{\sigma^2}{n}\right)(i=1,2,\cdots,r;j=1,2,\cdots,$ $n_i)$，从而

$$ES_E = E\sum_{i=1}^{r}\sum_{j=1}^{n_i}(X_{ij}-\bar{X}_{i.})^2 = \sum_{i=1}^{r}\sum_{j=1}^{n_i}E(\varepsilon_{ij}-\bar{\varepsilon}_{i.})^2$$
$$= \sum_{i=1}^{r}(\sum_{j=1}^{n_i}E(\varepsilon_{ij}^2)-n_iE(\bar{\varepsilon}_{i.})^2) = \sum_{i=1}^{r}(n_i\sigma^2-\sigma^2)$$
$$= (n-r)\sigma^2 \tag{6.5}$$

$$ES_A = \sum_{i=1}^{r}n_i(\bar{X}_{i.}-\bar{X})^2 = \sum_{i=1}^{r}n_i\alpha_i^2 + \sum_{i=1}^{r}n_iE(\bar{\varepsilon}_{i.}-\bar{\varepsilon})^2 + 2\sum_{i=1}^{r}n_i\alpha_iE(\bar{\varepsilon}_{i.}-\bar{\varepsilon})$$
$$= \sum_{i=1}^{r}n_i\alpha_i^2 + (r-1)\sigma^2 \tag{6.6}$$

事实上，注意到

$$\sum_{i=1}^{r}n_i(\bar{\varepsilon}_{i.}-\bar{\varepsilon})^2 = \sum_{i=1}^{r}n_i[(\bar{\varepsilon}_{i.})^2 - 2\bar{\varepsilon}_{i.}\bar{\varepsilon} + (\bar{\varepsilon})^2]$$
$$= \sum_{i=1}^{r}n_i(\bar{\varepsilon}_{i.})^2 - n(\bar{\varepsilon})^2$$

所以

$$E\sum_{i=1}^{r}n_i(\bar{\varepsilon}_{i.}-\bar{\varepsilon})^2 = \sum_{i=1}^{r}n_iE(\bar{\varepsilon}_{i.})^2 - nE(\bar{\varepsilon})^2 = (r-1)\sigma^2$$

6.8.4 显著性检验

单因素方差分析中参数的假设检验是在以下假设条件下进行的：

(1) 表 6.11 中的观测值 $X_{ij}(i=1,2,\cdots,r;j=1,2,\cdots,n_i)$ 是相互独立的；

(2) 在因素水平 A_i 条件下，$X_{ij}(j=1,2,\cdots,n_i)$ 服从正态分布 $N(\mu_i,\sigma^2)$.

这时，我们要判断在因素 A 的 r 个水平 $A_1,A_2,\cdots,A_r$ 条件下真值 $\mu_1,\mu_2,\cdots,\mu_r$ 之间是否有显著性差异. 即检验假设：

$$H_0:\mu_1 = \mu_2 = \cdots = \mu_r;H_1:\mu_1,\mu_2,\cdots,\mu_r \text{ 中至少有两个不相等}$$

这相当于检验假设

$$H_0:\alpha_1 = \alpha_2 = \cdots = \alpha_r = 0;H_1:\text{至少有一个 } \alpha_i \neq 0(i=1,2,\cdots,r)$$

可以证明当 H_0 为真时，$\frac{S_T}{\sigma^2} \sim \chi^2(n-1), \frac{S_A}{\sigma^2} \sim \chi^2(r-1), \frac{S_E}{\sigma^2} \sim \chi^2(n-r)$

并且 $\frac{S_A}{\sigma^2}$ 与 $\frac{S_E}{\sigma^2}$ 相互独立. 从而，统计量

$$F = \frac{S_A/(r-1)}{S_E/(n-r)} \overset{H_0}{\sim} F(r-1,n-r) \tag{6.7}$$

由式(6.5)知, $\dfrac{S_E}{n-r}$ 为 σ^2 的无偏估计,而当 H_0 为真时,由式(6.6)知, $\dfrac{S_A}{r-1}$ 也是 σ^2 的无偏估计;当 H_0 不成立时, $E\left(\dfrac{S_A}{r-1}\right)=\dfrac{1}{r-1}\sum_{i=1}^{r}n_i\alpha_i^2+\sigma^2\geqslant E\left(\dfrac{S_E}{n-r}\right)$. 因此,我们可以利用式(6.7)来检验原假设 H_0 是否成立. 对于给定的显著水平 α ,可以从 F 分布表(附录 3)查出临界值 $F_\alpha(r-1,n-r)$,再根据样本观测值算出 F 的值.

当 $F>F_\alpha(r-1,n-r)$ 时,拒绝 H_0 ;当 $F<F_\alpha(r-1,n-r)$ 时,接受 H_0 . 上述分析的结果排成表 6.11 的形式,称为方差分析表.

表 6.11　单因素方差分析表

方差来源	平方和	自由度	平均离差平方和	F 值
组间(因素 A)	S_A	$r-1$	$\dfrac{S_A}{r-1}$	
组内(实验误差)	S_E	$n-r$	$\dfrac{S_E}{n-r}$	$F=\dfrac{S_A/(r-1)}{S_E/(n-r)}$
总和	$S_T=S_A+S_E$	$n-1$		

【例 6.6】　表 6.12 所列是一公司的低管理层人员的年终奖的随机样本,其中的年终奖用年收入的百分比例表示.

表 6.12　年终奖百分比

女性	6.2	9.2	8.0	7.7	8.4	9.1	7.4	6.7
男性	8.9	10	9.4	8.8	12.0	9.9	11.7	9.8

现在就是想了解男性和女性的年终奖是否一样?我们可以从以下几个方面考虑:

(1) 利用方差分析检验合适的假设($\alpha=0.05$);

(2) 利用 T 检验来比较两总体的均值,并与之比较(1)中的 F 检验.

解　(1) 现检验假设:

$$H_0:\mu_1=\mu_2;\quad H_1:\mu_1\neq\mu_2$$

由样本可知

$$n_1=n_2=8$$

$$\overline{X}_{1.}=7.8375,\overline{X}_{2.}=10.0625,\sum_{i=1}^{2}\sum_{j=1}^{8}X_{ij}^2=1319.34,\sum_{i=1}^{2}\sum_{j=1}^{8}X_{ij}=143.20$$

$$S_A=\sum_{i=1}^{2}n_i\,(\overline{X}_{i.}-\overline{X})^2=19.8025$$

因此,总的离差平方和

$$S_T=1391.34-\frac{143.2^2}{16}=109.70$$

误差平方和

$$S_E = S_T - S_A = 109.70 - 19.8025 = 89.8975$$

组间均方误差

$$MST = \frac{S_A}{2-1} = 19.8025$$

组内均方误差

$$MSE = \frac{S_E}{n_1 + n_2 - 2} = \frac{89.8975}{14} = 6.42125$$

检验统计量

$$F = \frac{MST}{MSE} = \frac{19.8025}{6.42125} = 3.0839$$

对于 $\alpha = 0.05, F_{0.05}(1,14) = 4.60$,拒绝域为 $\{F > 4.60\}$. 因为 3.0839 小于 4.60,所以原假设不能被拒绝,也就是说在 0.05 的显著性水平下,没有充足的证据来显示男性和女性的年终奖是不同的.

(2)t 统计量是

$$t = \frac{\overline{X}_{1.} - \overline{X}_{2.}}{\sqrt{s^2\left(\frac{1}{n_1} + \frac{1}{n_2}\right)}} = \frac{7.8375 - 10.0625}{\sqrt{6.42125 \times \left(\frac{1}{8} + \frac{1}{8}\right)}} = -1.756$$

$t_{0.025}(14) = 2.145$,拒绝域就是 $\{t < -2.145\}$. 因为 -1.756 大于 -2.145,原假设不能被拒绝,没有充足的证据来显示男性和女性的年终奖是不同的. 注意到 $t^2 = F$,说明在比较两个总体时,T 检验和 F 检验得到的结果是一致的.

为了方便起见,在计算 F 值时常常利用下面的计算公式:

记 $T_i = \sum_{j=1}^{n_i} X_{ij}(i = 1, 2, \cdots, r), T = \sum_{i=1}^{r}\sum_{j=1}^{n_i} X_{ij}$,则

$$S_A = \sum_{i=1}^{r} \frac{1}{n_i} T_i^2 - \frac{1}{n} T^2, S_E = \sum_{i=1}^{r}\sum_{j=1}^{n_i} X_{ij}^2 - \sum_{i=1}^{r} \frac{1}{n_i} T_i^2, S_T = S_A + S_E$$

【例 6.7】 从三种型号的制砖机所生产的砖中各取若干块进行抗断强度测试,得数据表 6.13.

表 6.13 抗断强度数据

机型 \ 试验号	1	2	3	4	5	6
甲	32.33	31.28	30.35	32.14	31.75	——
乙	33.24	32.56	31.49	32.67	33.04	31.18
丙	33.44	32.48	33.15	32.46	32.18	——

试根据这些数据,用单因素的方差分析方法鉴定不同型号制砖机所生产的砖的抗断强度有无显著差异.

解   题中所给数据的有效位数较多,为简化计算将所有数据都减去 30,另列计算表(表 6.14).

表 6.14   计算表

	机 型			
	甲	乙	丙	
1	2.33	3.24	3.44	
2	1.28	2.56	2.48	
3	0.35	1.49	3.15	
4	2.14	2.67	2.46	
5	1.75	3.04	2.18	
6		1.18		
T_j	7.85	14.18	13.71	$\sum\limits_{j=1}^{3} T_j = 35.74$
T_j^2	61.6225	201.0724	187.9641	——
$\dfrac{T_{.j}^2}{n_j}$	12.3245	33.5121	37.5928	$\sum\limits_{j=1}^{3} \dfrac{T_{.j}^2}{n_j} = 83.4294$
$\sum\limits_{i=1}^{n_j} x_{ij}^2$	14.8319	37.0342	38.7105	$\sum\limits_{j=1}^{3}\sum\limits_{i=1}^{n_j} x_{ij}^2 = 90.5766$

$$S_T = 90.5766 - \frac{35.74^2}{16} = 10.7424$$

$$S_A = 83.4294 - \frac{35.74^2}{16} = 3.5952,\ S_E = 10.7424 - 3.5952 = 7.1472$$

S_T, S_A, S_E 的自由度依次为 $n-1=15, r-1=2, n-r=13$,得方差分析表如表 6.15 所示.

表 6.15   例 6.7 方差分析表

方差来源	平方和	自由度	均方	F	F_α
组间(因素)	$S_A = 3.5952$	$r-1=2$	$MS_A = 1.7976$	3.2696	$F_{0.05}(2,13) = 3.81$
组内	$S_E = 7.1472$	$n-r=13$	$MS_E = 0.5498$		
总和	$S_T = 10.7424$	$n-1=15$			

由于 $F_{0.05}(2,13) = 3.81 > 3.2696$,故接受 H_0,即就所提供的数据,还看不出三种不同型号的制砖机所生产的砖的抗断强度有显著差异.

6.8.5   参数的区间估计

在单因素方差分析中,有时需要对 μ、μ_i 或 $\mu_i - \mu_s$ 作区间估计.

(1) 显著性检验的结论:因素的不同水平对试验结果无显著影响. 此时 $\alpha_i = 0(i = 1,2,\cdots,r)$, $X_{ij} = \mu + \varepsilon_{ij}$, $\varepsilon_{ij} \sim N(0,\sigma^2)$ 且相互独立 $(i = 1,2,\cdots,r; j = 1,2,\cdots,n_i)$, 记 $\overline{X} = \dfrac{1}{n}\sum\limits_{i=1}^{r}\sum\limits_{j=1}^{n_i}X_{ij}$, $S = \sum\limits_{i=1}^{r}\sum\limits_{j=1}^{n_i}(X_{ij} - \overline{X})^2$, 其中 $n = \sum\limits_{i=1}^{r}n_i$, 则

$$\frac{\dfrac{\overline{X} - \mu}{\sigma/\sqrt{n}}}{\sqrt{\dfrac{S/\sigma^2}{n-1}}} \sim t(n-1)$$

于是 μ 的 $1-\alpha$ 的置信区间为:

$$\left[\overline{X} - t_{\alpha/2}(n-1)\sqrt{\frac{S}{n(n-1)}},\ \overline{X} + t_{\alpha/2}(n-1)\sqrt{\frac{S}{n(n-1)}}\right]$$

(2) 显著性检验的结论:因素的不同水平对试验结果有显著影响. 此时 μ_i 的点估计为 $\hat{\mu}_i = \overline{X}_{i\cdot}$; 由于 $\overline{X}_{i\cdot}$ 与 S_E 相互独立, 且 $\overline{X}_{i\cdot} \sim N\left(\mu_i, \dfrac{\sigma^2}{n_i}\right)$, 于是 $\dfrac{n_i(\overline{X}_{i\cdot} - \mu_i)^2}{\sigma^2} \sim \chi^2(1)$, 而 $\dfrac{S_E}{\sigma^2} \sim \chi^2(n-r)$, 因此 $\dfrac{n_i(\overline{X}_{i\cdot} - \mu_i)^2}{S_E/(n-r)} \sim F(1, n-r)$. 由

$$P\left\{\frac{n_i(\overline{X}_{i\cdot} - \mu_i)^2}{S_E/(n-r)} < F_{\alpha}(1, n-r)\right\} = 1-\alpha$$

得 μ_i 的 $1-\alpha$ 的置信区间为

$$\left[\overline{X}_{i\cdot} - \sqrt{\frac{F_{\alpha}(1, n-r)S_E/(n-r)}{n_i}}, \overline{X}_{i\cdot} + \sqrt{\frac{F_{\alpha}(1, n-r)S_E/(n-r)}{n_i}}\right]$$

(3) 显著性检验的结论:因素的不同水平对试验结果有显著影响. 此时 $\mu_i - \mu_s$ 的点估计为 $\overline{X}_{i\cdot} - \overline{X}_{s\cdot}$, 而 $\overline{X}_{i\cdot} - \overline{X}_{s\cdot} \sim N\left(\mu_i - \mu_s, \left(\dfrac{1}{n_i} + \dfrac{1}{n_s}\right)\sigma^2\right)$, $\dfrac{S_E}{\sigma^2} \sim \chi^2(n-r)$ 且相互独立, 所以

$$\frac{\overline{X}_{i\cdot} - \overline{X}_{s\cdot} - (\mu_i - \mu_s)}{\sqrt{\left(\dfrac{1}{n_i} + \dfrac{1}{n_s}\right)S_E/(n-r)}} \sim t(n-r)$$

于是 $\mu_i - \mu_s$ 的 $1-\alpha$ 的置信区间为

$$\left[\overline{X}_{i\cdot} - \overline{X}_{s\cdot} - t_{\alpha/2}(n-r)\sqrt{\left(\frac{1}{n_i} + \frac{1}{n_s}\right)\frac{S_E}{n-r}}, \overline{X}_{i\cdot} - \overline{X}_{s\cdot} + t_{\alpha/2}(n-r)\sqrt{\left(\frac{1}{n_i} + \frac{1}{n_s}\right)\frac{S_E}{n-r}}\right]$$

6.8.6 均值的多重比较

当方差分析得出的结论是该因素各水平之间有显著差异时,我们并不能断言两两水平之间都有显著差异. 在一些实际问题中,当方差分析的结论是因素 A 显著时,还需要我们进一步去确认哪些水平间是确有差异的,哪些水平间无显著差异.

有可能某些水平之间十分显著的差异掩盖了某些水平之间的差异不显著，而使总的结论为差异显著. 为了找出哪两个水平之间差异显著，下面介绍一种多重比较的方法.

同时比较任意两个水平均值间有无显著性差异的问题称为多重比较，即要以显著性水平 α，同时检验以下 C_k^2 个假设：

$$H_0^{ij} : \mu_i = \mu_j \quad (i < j, i, j = 1, 2, \cdots, k)$$

均值间的多重比较的方法从形式上可分为几类：临界值相对固定的两两比较、临界值不固定的多级检验、全部处理组均值与一个对照组均值比较. 每一种类型中，根据所控制误差的类型和大小不同，又有许多不同的具体方法，如 T 法（成组比较 T 检验法）、Bon(Bonforroni T 检验法)、Dunnett(与对照组均数比较)、SNK(Student-Newman-Keuls 或称 q 检验法)、Tukey(学生化极差 HSD 或称最大显著差)、Duncan(新多极差检验法)、LSD(最小显著差)、SIDAK(Sidak 不等式进行校正 T 检验法)、Scheffe(Scheffe 的多重对比检验)、Waller-Duncan(k 比率 T 检验)、GT2 或 SMM(学生化最大模数和 Sidak 不等式进行校正 T 检验法)、REGWF(多重 F 检验)、REGWQ(多重极差检验).

在多重比较时，选用什么样的检验方法，首先要注意每种方法适用的试验设计条件，其次要关心所要控制的误差类型和大小. 例如，某因素有 10 个水平，若采用通常的 T 检验进行多重比较，共需要比较的次数为 $C_{10}^2 = 45$ 次，即使每次比较时都把第一类错误 α 控制在 0.05 水平上，但经过 45 次多重比较后，犯第一类错误的概率上升到：$1 - (1 - 0.05)^{45} = 0.90$. 从中我们可以看到选用 T 检验法进行多重比较，仅仅控制了每次比较的显著水平，但却大大增加了整体的显著水平.

下面是所要控制的几种误差类型和选用的检验方法：

① 第一类误差率 —— 即犯第一类错误的概率 α.

② 比较误差率 —— 即每一次单独比较时，所犯第一类错误的概率. 可使用 T 法、LSD 法、Duncan 法.

③ 试验误差率 —— 即完成全部比较后，整体所犯第一类错误的概率.

④ 完全无效假设下的试验误差率 —— 即在 H_0 假设完全无效下的试验误差率. 可使用 SNK 法.

⑤ 部分无效假设下的试验误差率 —— 即在 H_0 假设部分无效下的试验误差率.

⑥ 最大试验误差率 —— 即在 H_0 假设完全或部分无效下，完成全部比较后所犯第一类错误的最大概率. 可使用 Bon 法、Sidak 法、Scheffe 法、Tukey 法、GT2/SMM 法、REGWQ 法、REGWF 法、Dunnett 法.

1. T 检验和 Bon 检验

当因素有 k 个水平时，对任意两个水平均值间的差异的显著性检验，可用 t 统

计量,表达式如下:

$$t_{ij} = \frac{\bar{y}_{i\cdot} - \bar{y}_{j\cdot}}{\sqrt{\dfrac{S_e}{n-k}\left(\dfrac{1}{n_i} + \dfrac{1}{n_j}\right)}} \sim t(n-k)$$

两两比较的次数共有 $m = C_k^2 = k(k-1)/2$,因此,共有 m 个置信水平,每次比较的显著水平:T 检验的方法取 α. 完成所有比较后的整体显著水平等于

$$1 - (1-\alpha)^m$$

当比较次数 m 越大,试验误差就越大. 而 Bon 检验的方法取 α/m. 完成所有比较后的整体显著水平等于

$$1 - (1-\alpha/m)^m < \alpha$$

即最大试验误差率小于 α.

2. LSD 检验

既可以通过两两比较的显著水平的特定限制来控制最终的试验误差率,也可以通过两两比较的绝对差异界限来判别显著性. 最容易想到的这个界限就是在两两比较中采用的 T 检验法而得到 Fisher 最小显著差(LSD) 为

$$\mathrm{LSD}_{ij} = t_{\frac{\alpha}{2}}(n-k) \sqrt{\frac{S_e}{n-k}\left(\frac{1}{n_i} + \frac{1}{n_j}\right)}$$

当 $|\bar{y}_{i\cdot} - \bar{y}_{j\cdot}| \geqslant \mathrm{LSD}_{ij}$ 时,则 $P \leqslant \alpha$.

3. SNK 检验和 Duncan 检验

SNK 法和 Duncan 法都属于多级检验法中的一种,使用多级检验可以获得同时检验的更高效率. 多级检验分为步长增加法和步长减少法,SAS 系统采用步长减少法. 当因素有 k 个水平时,即有 k 个均值需要比较,检验步骤为:

(1) 将均值由大到小排队,即 $\bar{y}_1 \geqslant \bar{y}_2 \geqslant \cdots \geqslant \bar{y}_k$.

(2) 比较 $\bar{y}_1$ 与 $\bar{y}_k$ 是否有显著差异. 此时跨度 $a = k$. 若两者之间无显著差异,说明其他均值之差比它小的任何两个水平均值之间的差别也无显著性,所以停止一切比较;反之,则继续进行下一步.

(3) 比较 $\bar{y}_1$ 与 $\bar{y}_{k-1}$,比较 $\bar{y}_2$ 与 $\bar{y}_k$ 是否有显著差异. 此时这 2 个比较的跨度 $a = k-1$. 若两者之间的比较无显著差异,则停止一切比较. 如果每一步都有不满足停止比较的对比组存在,最后应到达跨度为 2 的所有需要比较的相邻两水平均值间都作完比较时为止.

多级检验在作每一级比较时,通过控制比较误差率 γ_a 的显著水平来实现其最终要控制的试验误差率. 要注意的是 γ_a 在每一级比较时可能是不同的,它是跨度 a 和整体试验误差率 α 的函数,即 $\gamma_a = f(a, \alpha)$. 另外,要注意的是 γ_a 其实就是每一级比较时特定统计量分布的显著水平. 常用的两种方法是 SNK 检验和 Duncan 检验. 它们的检验统计量为 q(也称学生化极差统计量),表达式如下:

$$q_{ij} = \frac{\bar{y}_{i\cdot} - \bar{y}_{j\cdot}}{\sqrt{\dfrac{S_e}{2(n-k)}\left(\dfrac{1}{n_i} + \dfrac{1}{n_j}\right)}} \sim q(a, n-k)$$

其中,a 是 $\bar{y}_{i\cdot}$ 和 $\bar{y}_{j\cdot}$ 之间的跨度值,q 分布的自由度是 a 和 $n-k$,显著水平为 γ_a. SNK 检验和 Duncan 检验的区别主要在于 γ_a 取值不同:

①SNK 检验:$\gamma_a = \alpha$. 注意,当比较次数很大时,最大试验误差率将趋向于 1.

②Duncan 检验:$\gamma_a = 1 - (1-\alpha)^{a-1}$.

6.9　两因素方差分析

上面讨论了单因素试验中的方差分析,但在实际问题的研究中,有时需要考虑两个因素对实验结果的影响. 例如饮料销售,除了关心饮料颜色之外,我们还想了解销售地区是否影响销售量. 如果在不同的地区,销售量存在显著的差异,就需要分析原因. 采用不同的销售策略,使该饮料品牌在市场占有率高的地区继续深入人心,保持领先地位、在市场占有率低的地区,进一步扩大宣传,让更多的消费者了解、接受该产品. 若把饮料的颜色看做影响销售量的因素 A,饮料的销售地区则是影响因素 B. 对因素 A 和因素 B 同时进行分析,就属于两因素方差分析的内容. 两因素方差分析是对影响因素进行检验,以确定究竟是一个因素在起作用,还是两个因素都起作用,又或者是两个因素的影响都不显著.

两因素方差分析有两种类型:一个是无交互作用的两因素方差分析,它假定因素 A 和因素 B 的效应之间是相互独立的,不存在相互关系;另一个是有交互作用的两因素方差分析,它假定因素 A 和因素 B 的结合会产生出一种新的效应. 例如,若假定不同地区的消费者对某种颜色有与其他地区消费者不同的特殊偏爱,这就是两个因素结合后产生的新效应,属于有交互作用的背景;否则,就是无交互作用的背景.

由于多因素问题复杂,而解决的基本方法又类似,为简单起见,我们仅介绍两因素的方差分析,分两种情况讨论.

6.9.1　两因素非重复试验的方差分析(无交互作用的两因素方差分析)

设在某试验中同时考虑 A 与 B 两因素的作用,因素 A 取 r 个不同的水平 A_1, $A_2, \cdots, A_r$,因素 B 取 s 个不同的水平 $B_1, B_2, \cdots, B_s$,由于我们在这里只考虑 A、B 两因素无交互作用的情形,因此对每种不同水平的组合 (A_i, B_j) 均进行一次独立试验,共得 $r \times s$ 个试验结果 X_{ij}($i = 1, 2, \cdots, r; j = 1, 2, \cdots, s$),可列成表 6.16 的形式.

表 6.16　两因素不同水平条件下非重复试验结果

		因素 B		
		B_1 $\quad B_2 \cdots B_s$		$\overline{X}_i.$
因 素 A	A_1	$X_{11} \quad X_{12} \cdots X_{1s}$		$\overline{X}_1.$
	A_2	$X_{21} \quad X_{22} \cdots X_{2s}$		$\overline{X}_2.$
	$\vdots$	$\vdots \qquad \vdots \qquad \vdots$		$\vdots$
	A_r	$X_{r1} \quad X_{r2} \cdots X_{rs}$		$\overline{X}_r.$
	$\overline{X}._j$	$\overline{X}._1 \quad \overline{X}._2 \cdots \overline{X}._s$		$\overline{X} = \dfrac{1}{s}\sum\limits_{j=1}^{s}\overline{X}._j = \dfrac{1}{r}\sum\limits_{i=1}^{r}\overline{X}_i.$

假定 X_{ij} 相互独立且服从正态分布 $N(\mu_{ij},\sigma^2)(i=1,2,\cdots,r;j=1,2,\cdots,s)$.
为研究问题方便,仍如单因素方差分析一样把参数改变一下,令

$$\mu = \frac{1}{rs}\sum_{i=1}^{r}\sum_{j=1}^{s}\mu_{ij}$$

$$\mu_i. = \frac{1}{s}\sum_{j=1}^{s}\mu_{ij} \quad (i=1,2,\cdots,r), \mu._j = \frac{1}{r}\sum_{i=1}^{r}\mu_{ij} \quad (j=1,2,\cdots,s)$$

$$\alpha_i = \mu_i. - \mu \ (i=1,2,\cdots,r), \beta_j = \mu._j - \mu \quad (j=1,2,\cdots,s)$$

其中,μ 称为一般均值,α_i 称为因素 A 的第 i 个水平的效应,β_j 称为因素 B 的第 j 个水平的效应. 显然有 $\sum\limits_{i=1}^{r}\alpha_i = 0, \sum\limits_{j=1}^{s}\beta_j = 0$.

在 A、B 无交互作用的假设下,应有

$$\mu_{ij} = \mu + \alpha_i + \beta_j \quad (i=1,2,\cdots,r;j=1,2,\cdots,s)$$

综上,得如下(无交互作用) 的方差分析模型

$$\begin{cases} X_{ij} = \mu + \alpha_i + \beta_j + \varepsilon_{ij} \\ \sum\limits_{i=1}^{r}\alpha_i = 0, \quad \sum\limits_{j=1}^{s}\beta_j = 0 \quad (i=1,2,\cdots,r;j=1,2,\cdots,s) \\ \varepsilon_{ij} \sim N(0,\sigma^2) \end{cases} \quad (6.8)$$

其中,ε_{ij} 相互独立.

要判断因素 A(或 B) 不同水平的影响是否有显著差异,只须检验下面的假设
H_{01}(或 H_{02}):

$$H_{01}:\alpha_1 = \alpha_2 = \cdots = \alpha_r = 0; H_{11}:至少有一个 \alpha_i \neq 0, i=1,2,\cdots,r$$

$$H_{02}:\beta_1 = \beta_2 = \cdots = \beta_s = 0; H_{12}:至少有一个 \beta_j \neq 0, j=1,2,\cdots,s$$

为检验 H_{01} 和 H_{02},我们仍如单因素时一样,采用分解平方和的方法,为此先引进如下记号:

$$X_i. = \sum_{j=1}^{s}X_{ij}, \quad \overline{X}_i. = \frac{1}{s}X_i., \quad i=1,2,\cdots,r$$

$$X_{\cdot j} = \sum_{i=1}^{r} X_{ij}, \quad \overline{X}_{\cdot j} = \frac{1}{r} X_{\cdot j}, \quad j = 1, 2, \cdots, s$$

$$\overline{X} = \frac{1}{rs} \sum_{i=1}^{r} \sum_{j=1}^{s} X_{ij} = \frac{1}{r} \sum_{i=1}^{r} \overline{X}_{i\cdot} = \frac{1}{s} \sum_{j=1}^{s} \overline{X}_{\cdot j}$$

由式(6.8)可知

$$\overline{X}_{i\cdot} = \mu + \alpha_i + \bar{\varepsilon}_{i\cdot}, \quad i = 1, 2, \cdots, r$$

$$\overline{X}_{\cdot j} = \mu + \beta_j + \bar{\varepsilon}_{\cdot j}, \quad j = 1, 2, \cdots, s$$

$$\overline{X} = \mu + \bar{\varepsilon}$$

其中

$$\bar{\varepsilon}_{i\cdot} = \frac{1}{s} \sum_{j=1}^{s} \varepsilon_{ij}, \quad i = 1, 2, \cdots, r; \quad \bar{\varepsilon}_{\cdot j} = \frac{1}{r} \sum_{i=1}^{r} \varepsilon_{ij}, \quad j = 1, 2, \cdots, s$$

$$\bar{\varepsilon} = \frac{1}{rs} \sum_{i=1}^{r} \sum_{j=1}^{s} \varepsilon_{ij}$$

分解总离差平方和

$$S_T = \sum_{i=1}^{r} \sum_{j=1}^{s} (X_{ij} - \overline{X})^2$$

$$= \sum_{i=1}^{r} \sum_{j=1}^{s} \left[(X_{ij} - \overline{X}_{i\cdot} - \overline{X}_{\cdot j} + \overline{X}) + (\overline{X}_{i\cdot} - \overline{X}) + (\overline{X}_{\cdot j} - \overline{X}) \right]^2$$

$$= \sum_{i=1}^{r} \sum_{j=1}^{s} (X_{ij} - \overline{X}_{i\cdot} - \overline{X}_{\cdot j} + \overline{X})^2 + s \sum_{i=1}^{r} (\overline{X}_{i\cdot} - \overline{X})^2 + r \sum_{j=1}^{s} (\overline{X}_{\cdot j} - \overline{X})^2$$

$$= S_E + S_A + S_B$$

其中

$$S_E = \sum_{i=1}^{r} \sum_{j=1}^{s} (X_{ij} - \overline{X}_{i\cdot} - \overline{X}_{\cdot j} + \overline{X})^2 = \sum_{i=1}^{r} \sum_{j=1}^{s} (\varepsilon_{ij} - \bar{\varepsilon}_{i\cdot} - \bar{\varepsilon}_{\cdot j} + \bar{\varepsilon})^2$$

称为误差离差平方和,它反映了误差的波动;

$$S_A = s \sum_{i=1}^{r} (\overline{X}_{i\cdot} - \overline{X})^2 = s \sum_{i=1}^{r} (\alpha_i + \bar{\varepsilon}_{i\cdot} - \bar{\varepsilon})^2$$

称为因素 A 的离差平方和;

$$S_B = r \sum_{j=1}^{s} (\overline{X}_{\cdot j} - \overline{X})^2 = r \sum_{j=1}^{s} (\beta_j + \bar{\varepsilon}_{\cdot j} - \bar{\varepsilon})^2$$

称为因素 B 的离差平方和.

由于 $\varepsilon_{ij} \sim N(0, \sigma^2), \bar{\varepsilon}_{i\cdot} \sim N\left(0, \frac{\sigma^2}{s}\right), \bar{\varepsilon}_{\cdot j} \sim N\left(0, \frac{\sigma^2}{r}\right), \bar{\varepsilon} \sim N\left(0, \frac{\sigma^2}{rs}\right),$从而

$$ES_A = sE \sum_{i=1}^{r} (\alpha_i + \bar{\varepsilon}_{i\cdot} - \bar{\varepsilon})^2$$

$$= s \sum_{i=1}^{r} \alpha_i^2 + sE \sum_{i=1}^{r} (\bar{\varepsilon}_{i\cdot} - \bar{\varepsilon})^2 + 2s \sum_{i=1}^{r} \alpha_i E(\bar{\varepsilon}_{i\cdot} - \bar{\varepsilon})$$

$$= (r-1)\sigma^2 + s \sum_{i=1}^{r} \alpha_i^2$$

同样可计算得

$$ES_B = (s-1)\sigma^2 + r \sum_{j=1}^{s} \beta_j^2$$

$$ES_E = (s-1)(r-1)\sigma^2$$

因此,在 H_{01} 和 H_{02} 为真时,$\dfrac{S_A}{r-1}$,$\dfrac{S_B}{s-1}$ 分别是 σ^2 的无偏估计.为此,构造统计量

$$F_A = \frac{S_A/(r-1)}{S_E/[(r-1)(s-1)]} \overset{H_{01}}{\sim} F(r-1, (r-1)(s-1))$$

$$\text{和 } F_B = \frac{S_B/(s-1)}{S_E/[(r-1)(s-1)]} \overset{H_{02}}{\sim} F(s-1, (r-1)(s-1))$$

(与单因素时一样,利用柯赫伦定理可以证明 F_A、F_B 具有上述 F 分布),分别作 H_{01} 和 H_{02} 的检验统计量,在 H_{01}、H_{02} 不真时,F_A、F_B 分别有偏大的趋势.

对给定的检验水平 α,可查 F 分布表(附录 3)分别得 α 上侧分位点

$$F_\alpha(r-1, (r-1)(s-1)), \quad F_\alpha(s-1, (r-1)(s-1))$$

当值 $F_A > F_\alpha(r-1, (r-1)(s-1))$ 时拒绝 H_{01},当值 $F_B > F_\alpha(s-1, (r-1)(s-1))$ 时拒绝 H_{02}.具体计算时,可将分析过程列成如表 6.17 所示的方差分析表.

表 6.17　两因素方差分析表(无交互)

误差来源	离差平方和	自由度	均方误差	F 值
因素 A	S_A	$r-1$	$\bar{S}_A = \dfrac{S_A}{r-1}$	$F_A = \dfrac{\bar{S}_A}{\bar{S}_E}$
因素 B	S_B	$s-1$	$\bar{S}_B = \dfrac{S_B}{s-1}$	$F_B = \dfrac{\bar{S}_B}{\bar{S}_E}$
误差	S_E	$(r-1)(s-1)$	$\bar{S}_E = \dfrac{S_E}{(r-1)(s-1)}$	—
合计	S_T	$rs-1$	—	—

下面通过一个例题,说明两因素方差分析的整个过程.

【例 6.8】　某一设备公司想知道四种不同的化学物质在三种不同质地的材料上所产生的耐腐蚀性有没有差别.表 6.18 中的数值表示耐腐蚀性的指标值(值越小说明耐腐蚀性越好).对于给定的显著性水平,我们想知道四种不同的化学物质所产生的耐腐蚀性有没有差别?三种不同质地的材料的耐腐蚀性有没有差别?

表 6.18 耐腐蚀性指标值

化学物质	不同质地的材料			
	I	II	III	总计
C1	3	7	6	16
C2	9	11	8	28
C3	2	5	7	14
C4	7	9	8	24
总计	21	32	29	82

解 为书写方便,令 $T_1 = 16, T_2 = 28, T_3 = 14, T_4 = 24, B_1 = 21, B_2 = 32,$ $B_3 = 29, s = 3, r = 4, n = sr = 12,$

$$CM = \frac{1}{n} \left(\sum_{j=1}^{s} B_j \right)^2 = \frac{1}{12} \times (82)^2 = 560.3333$$

可计算出因素 B 的组间离差平方和和均方误差,因素 A 的组间离差平方和和均方误差:

$$S_B = \frac{\sum_{j=1}^{s} B_j^2}{r} - CM = \frac{2306}{4} - 560.3333 = 16.1667$$

$$\overline{S}_B = \frac{S_B}{s-1} = \frac{16.1667}{2} = 8.0834$$

$$S_A = \frac{\sum_{i=1}^{r} T_i^2}{s} - CM = \frac{1812}{3} - 560.3333 = 43.6667$$

$$\overline{S}_A = \frac{S_A}{r-1} = \frac{43.6667}{3} = 14.5556$$

接着计算出总离差平方和,组内误差平方和以及组内误差的均方误差:

$$S_T = \sum_{j=1}^{s} \sum_{i=1}^{r} X_{ij}^2 - CM = 632 - 560.3333 = 71.6667$$

$$S_E = S_T - S_A - S_B = 71.6667 - 16.1667 - 43.6667 = 11.8333$$

$$\overline{S}_E = \frac{S_E}{n-s-r+1} = \frac{11.8333}{6} = 1.9722$$

然后计算 F 统计量

$$F = \frac{\overline{S}_A}{\overline{S}_E} = \frac{14.5556}{1.9722} = 7.3804$$

查附录 3 可知,$F_{0.05}(3,6) = 4.76$.因为由样本计算的 F 值 $7.3804 > 4.76$,所以拒绝原假设,从而认为四种不同的化学物质的耐腐蚀性有差别.

$$F = \frac{\overline{S}_B}{\overline{S}_E} = \frac{8.0834}{1.9722} = 4.0987$$

查附录 3 可知,$F_{0.05}(2,6) = 5.14$. 因为由样本计算的 F 值 $4.0987 < 5.14$,所以不能拒绝原假设,从而认为三种不同质地的材料的耐腐蚀性没有差别.

6.9.2 两因素等重复试验的方差分析(具有交互作用的两因素方差分析)

对两因素和多因素有重复试验结果的分析,能研究因素的简单效应、主效应和因素间的交互作用(互作)效应. 在某因素同一水平上,另一因素不同水平对试验指标的影响称为简单效应;由于因素水平的改变而引起的平均数的改变量称为主效应;在多因素试验中,一个因素的作用要受到另一个因素的影响,表现为某一因素在另一因素的不同水平上所产生的效应不同,这种现象称为该两因素存在交互作用.

设在某试验中同时考虑 A 与 B 两因素的作用,因素 A 取 r 个不同的水平 A_1,A_2,$\cdots$,A_r,因素 B 取 s 个不同的水平 B_1,B_2,$\cdots$,B_s. 由于我们在这里考虑 A、B 两因素有交互作用的情形,因此对每种不同水平的组合 (A_i,B_j) 均重复进行 t 次独立试验,共得 $r \times s \times t$ 个试验结果 $X_{ijk}(i=1,2,\cdots,r;j=1,2,\cdots,s;k=1,2,\cdots,t)$,可列成表 6.19 的形式.

表 6.19   两因素不同水平条件下等重复试验结果

因素 A \ 因素 B	B_1	B_2	$\cdots$	B_s
A_1	$X_{111},X_{112},\cdots,X_{11t}$	$X_{121},X_{122},\cdots,X_{12t}$	$\vdots$	$X_{1s1},X_{1s2},\cdots,X_{1st}$
A_2	$X_{211},X_{212},\cdots,X_{21t}$	$X_{221},X_{222},\cdots,X_{22t}$	$\vdots$	$X_{2s1},X_{2s2},\cdots,X_{2st}$
$\vdots$	$\vdots$	$\vdots$	$\vdots$	$\vdots$
A_r	$X_{r11},X_{r12},\cdots,X_{r1t}$	$X_{r21},X_{r22},\cdots,X_{r2t}$	$\vdots$	$X_{rs1},X_{rs2},\cdots,X_{rst}$

假定 X_{ijk} 相互独立且服从正态分布 $N(\mu_{ij},\sigma^2)(i=1,2,\cdots,r;j=1,2,\cdots,s;k=1,2,\cdots,t)$.

两因素有重复试的方差分析的数学模型为

$$\begin{cases} X_{ijk} = \mu + \alpha_i + \beta_j + \delta_{ij} + \varepsilon_{ijk} & (i=1,2,\cdots,r;j=1,2,\cdots,s;k=1,2,\cdots,t) \\ \sum_{i=1}^{r}\alpha_i = 0, \quad \sum_{j=1}^{s}\beta_j = 0, \quad \sum_{i=1}^{r}\delta_{ij} = \sum_{j=1}^{s}\delta_{ij} = 0(i=1,2,\cdots,r;j=1,2,\cdots,s) \\ \varepsilon_{ijk} \sim N(0,\sigma^2) \end{cases}$$

$$(6.9)$$

其中,ε_{ijk} 为随机误差,相互独立;$\mu = \dfrac{1}{rs}\sum_{i=1}^{r}\sum_{j=1}^{s}\mu_{ij}$ 为总平均数;$\alpha_i =$

$\dfrac{1}{s}\sum\limits_{j=1}^{s}(\mu_{ij}-\mu)=\mu_{i\cdot}-\mu(i=1,2,\cdots,r)$ 为因素 A 在水平 A_i 下的效应；$\mu_{i\cdot}=$

$\dfrac{1}{s}\sum\limits_{j=1}^{s}\mu_{ij}(i=1,2,\cdots,r),\beta_j=\dfrac{1}{r}\sum\limits_{i=1}^{r}(\mu_{ij}-\mu)=\mu_{\cdot j}-\mu(j=1,2,\cdots,s)$ 为因素 B 在

水平 B_j 下的效应；$\mu_{\cdot j}=\dfrac{1}{r}\sum\limits_{i=1}^{r}\mu_{ij}(j=1,2,\cdots,s),\delta_{ij}=\mu_{ij}-\mu-\alpha_i-\beta_j=\mu_{ij}-\mu_{i\cdot}$

$-\mu_{\cdot j}+\mu$ 为因素 A,B 在组合水平(A_i,B_j) 下的交互效应.

对此模型,首先需检验因子 A,B 对试验结果有无显著影响,即检验

$H_{01}:\alpha_1=\alpha_2=\cdots=\alpha_r=0;H_{11}$:至少有一个 $\alpha_i\neq0,i=1,2,\cdots,r$

$H_{02}:\beta_1=\beta_2=\cdots=\beta_s=0;H_{12}$:至少有一个 $\beta_j\neq0,j=1,2,\cdots,s$

然后,还需检验 A,B 的交互作用是否对试验结果有显著影响,即

$H_{03}:\delta_{ij}=0,i=1,2,\cdots,r;j=1,2,\cdots,s;$

H_{13}:至少有一个 $\delta_{ij}\neq0,i=1,2,\cdots,r;j=1,2,\cdots,s$

为此,需找出以上这些显著性检验的检验统计量.与前一段的讨论类似,我们需分解平方和,先引入一些记号.

$$X_{ij\cdot}=\sum_{k=1}^{t}X_{ijk},\quad \overline{X}_{ij\cdot}=\frac{1}{t}X_{ij\cdot}\quad i=1,2,\cdots,r;j=1,2,\cdots,s$$

$$X_{i\cdot\cdot}=\sum_{j=1}^{s}\sum_{k=1}^{t}X_{ijk},\quad \overline{X}_{i\cdot\cdot}=\frac{1}{st}X_{i\cdot\cdot}\quad i=1,2,\cdots,r$$

$$X_{\cdot j\cdot}=\sum_{i=1}^{r}\sum_{k=1}^{t}X_{ijk},\quad \overline{X}_{\cdot j\cdot}=\frac{1}{rt}X_{\cdot j\cdot}\quad j=1,2,\cdots,s$$

$$\overline{X}=\frac{1}{rst}\sum_{i=1}^{r}\sum_{j=1}^{s}\sum_{k=1}^{t}X_{ijk}=\frac{1}{r}\sum_{i=1}^{r}\overline{X}_{i\cdot\cdot}=\frac{1}{s}\sum_{j=1}^{s}\overline{X}_{\cdot j\cdot}$$

由式(6.9) 可知

$$\overline{X}=\mu+\bar\varepsilon,\quad \overline{X}_{ij\cdot}=\mu+\alpha_i+\beta_j+\delta_{ij}+\bar\varepsilon_{ij\cdot}$$

$$\overline{X}_{i\cdot\cdot}=\mu+\alpha_i+\bar\varepsilon_{i\cdot\cdot},\quad \overline{X}_{\cdot j\cdot}=\mu+\beta_j+\bar\varepsilon_{\cdot j\cdot}$$

$$(i=1,2,\cdots,r;j=1,2,\cdots,s)$$

其中

$$\bar\varepsilon=\frac{1}{rst}\sum_{i=1}^{r}\sum_{j=1}^{s}\sum_{k=1}^{t}\varepsilon_{ijk};\quad \bar\varepsilon_{ij\cdot}=\frac{1}{t}\sum_{k=1}^{t}\varepsilon_{ijk},i=1,2,\cdots,r;j=1,2,\cdots,s;$$

$$\bar\varepsilon_{i\cdot\cdot}=\frac{1}{st}\sum_{j=1}^{s}\sum_{k=1}^{t}\varepsilon_{ijk},i=1,2,\cdots,r;\quad \bar\varepsilon_{\cdot j\cdot}=\frac{1}{rt}\sum_{i=1}^{r}\sum_{k=1}^{t}\varepsilon_{ijk},j=1,2,\cdots,s$$

将总离差平方和作如下分解:

$$S_T = \sum_{i=1}^{r} \sum_{j=1}^{s} \sum_{k=1}^{t} (X_{ijk} - \overline{X})^2$$

$$= \sum_{i=1}^{r} \sum_{j=1}^{s} \sum_{k=1}^{t} \big[(X_{ijk} - \overline{X}_{ij \cdot}) + (\overline{X}_{i \cdot \cdot} - \overline{X}) + (\overline{X}_{\cdot j \cdot} - \overline{X}) +$$

$$(\overline{X}_{ij \cdot} - \overline{X}_{i \cdot \cdot} - \overline{X}_{\cdot j \cdot} + \overline{X}) \big]^2$$

$$= \sum_{i=1}^{r} \sum_{j=1}^{s} \sum_{k=1}^{t} (X_{ijk} - \overline{X}_{ij \cdot})^2 + st \sum_{i=1}^{r} (\overline{X}_{i \cdot \cdot} - \overline{X})^2 + rt \sum_{j=1}^{s} (\overline{X}_{\cdot j \cdot} - \overline{X})^2 +$$

$$t \sum_{i=1}^{r} \sum_{j=1}^{s} (\overline{X}_{ij \cdot} - \overline{X}_{i \cdot \cdot} - \overline{X}_{\cdot j \cdot} + \overline{X})^2$$

$$= S_E + S_A + S_B + S_{A \times B}$$

其中

$$S_E = \sum_{i=1}^{r} \sum_{j=1}^{s} \sum_{k=1}^{t} (X_{ijk} - \overline{X}_{ij \cdot})^2 = \sum_{i=1}^{r} \sum_{j=1}^{s} \sum_{k=1}^{t} (\varepsilon_{ijk} - \bar{\varepsilon}_{ij \cdot})^2$$

称为误差离差平方和(反映了随机误差对试验结果的影响);

$$S_A = st \sum_{i=1}^{r} (\overline{X}_{i \cdot \cdot} - \overline{X})^2 = st \sum_{i=1}^{r} (\alpha_i + \bar{\varepsilon}_{i \cdot \cdot} - \bar{\varepsilon})^2$$

称为因素 A 引起的离差平方和(除含有误差波动外,反映因素 A 对试验结果的影响);

$$S_B = rt \sum_{j=1}^{s} (\overline{X}_{\cdot j \cdot} - \overline{X})^2 = rt \sum_{j=1}^{s} (\beta_j + \bar{\varepsilon}_{\cdot j \cdot} - \bar{\varepsilon})^2$$

称为因素 B 的离差平方和;

$$S_{A \times B} = t \sum_{i=1}^{r} \sum_{j=1}^{s} (\overline{X}_{ij \cdot} - \overline{X}_{i \cdot \cdot} - \overline{X}_{\cdot j \cdot} + \overline{X})^2$$

$$= t \sum_{i=1}^{r} \sum_{j=1}^{s} (\delta_{ij} + \bar{\varepsilon}_{ij \cdot} - \bar{\varepsilon}_{i \cdot \cdot} - \bar{\varepsilon}_{\cdot j \cdot} + \bar{\varepsilon})^2$$

称为因素 A 与 B 的交互作用的离差平方和,反映了因素 A 与 B 的交互作用对试验结果的影响.

由于 $\varepsilon_{ijk} \sim N(0, \sigma^2)$, $\bar{\varepsilon}_{ij \cdot} \sim N\left(0, \dfrac{\sigma^2}{t}\right)$, $\bar{\varepsilon}_{i \cdot \cdot} \sim N\left(0, \dfrac{\sigma^2}{st}\right)$, $\bar{\varepsilon}_{\cdot j \cdot} \sim N\left(0, \dfrac{\sigma^2}{rt}\right)$, $\bar{\varepsilon} \sim N\left(0, \dfrac{\sigma^2}{rst}\right)$, 从而

$$ES_A = st E \sum_{i=1}^{r} (\alpha_i + \bar{\varepsilon}_{i \cdot \cdot} - \bar{\varepsilon})^2$$

$$= st \sum_{i=1}^{r} \alpha_i^2 + st E \sum_{i=1}^{r} (\bar{\varepsilon}_{i \cdot \cdot} - \bar{\varepsilon})^2 + 2st \sum_{i=1}^{r} \alpha_i E(\bar{\varepsilon}_{i \cdot \cdot} - \bar{\varepsilon})$$

$$= (r-1)\sigma^2 + st \sum_{i=1}^{r} \alpha_i^2$$

同样,我们可以计算得

$$ES_B = (s-1)\sigma^2 + rt\sum_{j=1}^{s}\beta_j^2$$

$$ES_{A\times B} = (r-1)(s-1)\sigma^2 + t\sum_{i=1}^{r}\sum_{j=1}^{s}\delta_{ij}^2, ES_E = rs(t-1)\sigma^2$$

据此可构造 H_{01}, H_{02} 和 H_{03} 的检验统计量分别为

$$F_A = \frac{S_A/(r-1)}{S_E/[rs(t-1)]} = \frac{rs(t-1)}{r-1}\frac{S_A}{S_E}$$

$$F_B = \frac{S_B/(s-1)}{S_E/[rs(t-1)]} = \frac{rs(t-1)}{s-1}\frac{S_B}{S_E}$$

$$F_{A\times B} = \frac{S_{A\times B}/[(r-1)(s-1)]}{S_E/[rs(t-1)]} = \frac{rs(t-1)}{(r-1)(s-1)}\frac{S_{A\times B}}{S_E}$$

显然,当 H_{01}, H_{02} 和 H_{03} 分别不成立时,$F_A, F_B, F_{A\times B}$ 分别有偏大的趋势. 由柯赫伦定理可以证明:

$$F_A \overset{H_{01}}{\sim} F(r-1, rs(t-1))$$

$$F_B \overset{H_{02}}{\sim} F(s-1, rs(t-1))$$

$$F_{A\times B} \overset{H_{03}}{\sim} F((r-1)(s-1), rs(t-1))$$

对于给定的显著性水平 α,

(1) 当观察值 $F_A > F_\alpha(r-1, rs(t-1))$ 时,拒绝 H_{01},否则接受 H_{01};

(2) 当观察值 $F_B > F_\alpha(s-1, rs(t-1))$ 时,拒绝 H_{02},否则接受 H_{02};

(3) 当观察值 $F_{A\times B} > F_\alpha((r-1)(s-1), rs(t-1))$ 时,拒绝 H_{03},否则接受 H_{03}.

可将整个分析过程列成两因素方差分析表(表 6.20).

表 6.20　两因素方差分析表(有交互)

误差来源	离差平方和	自由度	均方误差	F 值
因素 A	S_A	$r-1$	$\bar{S}_A = \dfrac{S_A}{r-1}$	$F_A = \dfrac{\bar{S}_A}{\bar{S}_E}$
因素 B	S_B	$s-1$	$\bar{S}_B = \dfrac{S_B}{s-1}$	$F_B = \dfrac{\bar{S}_B}{\bar{S}_E}$
交互作用 $A\times B$	$S_{A\times B}$	$(r-1)(s-1)$	$\bar{S}_{A\times B} = \dfrac{S_{A\times B}}{(r-1)(s-1)}$	$F_{A\times B} = \dfrac{\bar{S}_{A\times B}}{\bar{S}_E}$
误差	S_E	$rs(t-1)$	$\bar{S}_E = \dfrac{S_E}{rs(t-1)}$	—
合计	S_T	$rst-1$	—	—

【例 6.9】 这里有三种西红柿(分别用 H, Ife, P 来表示)以及四种不同的种植密度(分别以 10000, 20000, 30000, 40000 表示,单位是:株/公顷,见表 6.21),考虑

西红柿种类和种植密度是否影响产量.

表 6.21 西红柿产量

品种 ＼ 种植密度	10000			20000			30000			40000			$x_{i..}$	$\overline{x}_{i..}$
H	10.5	9.2	7.9	12.8	11.2	13.3	12.1	12.6	14.0	10.8	9.1	12.5	136.0	11.33
Ife	8.1	8.6	10.1	12.7	13.7	11.5	14.4	15.4	13.7	11.3	12.5	14.5	146.5	12.21
P	16.1	15.3	17.5	16.6	19.2	18.5	20.8	18.0	21.0	18.4	18.9	17.2	217.5	18.13
$x_{.j.}$	103.3			129.5			142.0			125.2			500.0	
$\overline{x}_{.j.}$	11.48			14.39			15.78			13.91				13.89

解 $r = 3, s = 4, t = 3$,共有 36 个观测值. $x^2_{...} = (500)^2 = 250000$

$$\sum_{i=1}^{r}\sum_{j=1}^{s}\sum_{k=1}^{t} x_{ijk}^2 = (10.5)^2 + (9.2)^2 + \cdots + (18.9)^2 + (17.2)^2 = 7404.80$$

$$\sum_{i=1}^{r} x_{i..}^2 = (136.0)^2 + (146.5)^2 + (217.5)^2 = 87264.50$$

$$\sum_{j=1}^{s} x_{.j.}^2 = 63280.18$$

对相同处理的重复试验结果求和,列入表 6.22 中.

表 6.22 结果求和

品种 ＼ 种植密度	10000	20000	30000	40000
H	27.6	37.3	38.7	32.4
Ife	26.8	37.9	43.5	38.3
P	48.9	54.3	59.8	54.5

$$\sum_{i=1}^{r}\sum_{j=1}^{s} x_{ij.}^2 = (27.6)^2 + \cdots + (54.5)^2 = 22100.28$$

$$S_T = 7404.80 - \frac{1}{36} \times 250000 = 460.36$$

$$S_A = \frac{1}{12} \times 87264.50 - 6944.44 = 327.60$$

$$S_B = \frac{1}{9} \times 63280.18 - 6944.44 = 86.69$$

$$S_E = 7404.80 - \frac{1}{3} \times 22100.28 = 38.04$$

$$S_{AB} = 460.36 - 327.60 - 86.69 - 38.04 = 8.03$$

计算结果整理如表 6.23 所示.

表 6.23　计算结果

误差来源	自由度	离差平方和	均方误差	统计量 F
因素 A:品种	2	327.60	163.8	$F_A = 103.02$
因素 B:密度	3	86.69	28.9	$F_B = 18.18$
交互作用	6	8.03	1.34	$F_{AB} = 0.84$
误差	24	38.04	1.59	
总计	35	460.36		

查 F 分布表(附录 3)可知,$F_{0.01}(6,24) = 3.67$,$F_{AB} = 0.84 < 3.67$,所以在 0.01 的显著性水平下,不能拒绝 H_{03},即两因子——西红柿的品种和种植密度的交互作用不显著. $F_{0.01}(2,24) = 5.61$,$F_A = 103.02 > 5.61$,所以拒绝 H_{01},认为不同的西红柿的品种对真实的平均产量确实存在影响.$F_{0.01}(3,24) = 4.72$,$F_B = 18.18 > 4.72$,所以拒绝 H_{02},认为不同的种植密度对真实的平均产量确实存在影响.

习　题　6

1. 证明:关于单因素方差分析模型

$$y_{ij} = \mu + \alpha_i + \varepsilon_{ij}, i = 1,2,\cdots,r, j = 1,2,\cdots,s, \sum_{i=1}^{r}\alpha_i = 0, \varepsilon_{ij} \overset{iid}{\sim} N(0,\sigma^2)$$

的平方和分解式:$S_T = S_E + S_A$.

2. 写出关于单因素方差分析模型

$$y_{ij} = \mu + \alpha_i + \varepsilon_{ij}, i = 1,2,\cdots,r, j = 1,2,\cdots,s, \sum_{i=1}^{r}\alpha_i = 0, \varepsilon_{ij} \overset{iid}{\sim} N(0,\sigma^2)$$

的平方和 S_E, S_A;并求 ES_E, ES_A.

3. 为研究三种不同教材的质量,抽取三个实验班分别使用其中一种教材,而对其他因素加以控制.现每班随机抽取 5 人,测得平均分为 71,75,70,求得总偏差平方和 $S_T = 192$,试分析三种教材质量有没有显著性差异(已知 $F_{0.05}(2,12) = 3.89$).

4. 随机抽取 20 名被试者,将其随机分成 4 组,每组 5 人,各组分别随机地接受一种自学辅导方案,结果如表 6.24 所列.问 4 种自学辅导方案的效果是否一致(已知 $F_{0.01}(3,16) = 5.29$)?

表 6.24　辅导结果

自学辅导方案	A	B	C	D
每组人数 n_j	5	5	5	5
每组平均数 $\overline{X}_j$	79	75.4	81	77.2
每组方差 S_j^2	4	2.8	3	3.5

5. 从三种型号的制砖机所生产的砖中各取若干块进行抗断强度测试,得数据如表
   6.25 所列.

表 6.25　抗断强度数据

机型 \ 试验号	1	2	3	4	5	6
甲	32.33	31.28	30.35	32.14	31.75	—
乙	33.24	32.56	31.49	32.67	33.04	31.18
丙	33.44	32.48	33.15	32.46	32.18	—

试根据这些数据,用单因素的方差分析方法鉴定不同型号制砖机所生产的砖的
抗断强度有无显著差异.

6. 对某种作物采取 5 种不同的施用化肥方案,进行收获量试验,每种方案作了 4 块
   试验地,其试验所得的数据如下:

$$\sum_{j=1}^{5}\sum_{i=1}^{4} x_{ij} = 1417,\ \sum_{j=1}^{5}\sum_{i=1}^{4} x_{ij}^2 = 106093,\ \sum_{j=1}^{5}\left(\sum_{i=1}^{4} x_{ij}\right)^2 = 415723$$

试问施肥方案的不同,对收获量有无显著影响($\alpha = 0.01$)?

7. 考察温度对某一化工产品得率的影响,选了 5 种不同的温度,在同一温度下做了
   三次实验,测得其得率如表 6.26 所列,试分析温度对得率有无显著影响.

表 6.26　得率值

温度	60	65	70	75	80
得率	90	91	96	84	84
	92	93	96	83	89
	88	92	93	83	82

8. 对双因子方差分析模型

$$\begin{cases} y_{ijk} = \mu + \alpha_i + \beta_j + \gamma_{ij} + \varepsilon_{ijk} \\ \sum_{i=1}^{r}\alpha_i = 0,\ \sum_{j=1}^{s}\beta_j = 0,\ \sum_{i=1}^{r}\gamma_{ij} = 0,\ \sum_{j=1}^{s}\gamma_{ij} = 0 \\ \varepsilon_{ijk} \overset{iid}{\sim} N(0,\sigma^2),\ i=1,2,\cdots,r,\ j=1,2,\cdots,s,\ k=1,2,\cdots,t \end{cases}$$

写出 $S_T, S_A, S_B, S_{A\times B}, S_E$ 的表示式.

9. 试写出无交互作用方差分析模型,检验假设和检验统计量.

10. 设在某实验中有三个因子 A、B、C,它们分别取 r、s、t 个不同水平,在水平(A_i,B_j,C_k) 组合下各进行一次实验,其结果为 y_{ijk}. 试给出考虑交互作用 $A\times B, B\times C, A\times C$ 的方差分析表.

11. 在某化工生产中为了提高效益,选择了 3 种不同浓度 $A_i, i=1,2,3$;4 种不同温度 $B_j, j=1,2,3,4$. 在每组浓度、温度组合下各做 2 次实验,若

$$\sum_{i=1}^{3}\sum_{j=1}^{4}\sum_{k=1}^{2} y_{ijk}^{2} = 2752,$$

$$\sum_{i=1}^{3}\sum_{j=1}^{4}\sum_{k=1}^{2} y_{ijk} = 250, \quad \sum_{i=1}^{3} y_{i..}^{2} = 21188, \quad \sum_{j=1}^{4} y_{.j.}^{2} = 15694, \quad \sum_{i=1}^{3}\sum_{j=1}^{4} y_{ij.}^{2} = 5374.$$

试在 $\alpha = 0.05$ 显著性水平下检验不同浓度、不同温度以及它们间的交互作用对效益有无显著影响(已知：$F_{0.05}(2,12) = 3.89$)?

12. 在某种金属材料生产过程中,对热处理温度(A)与时间(B)各取 2 个水平,产品的强度测量计算结果为:$S_T = 71.82, S_A = 1.62, S_B = 11.52, S_{A\times B} = 54.08$. 试列出方差分析表,并在 $\alpha = 0.05$ 下检验温度、时间及两者交互作用对产品强度是否有显著影响(已知：$F_{0.05}(1,4) = 7.71$)?

13. 表 6.27 记录了 3 位操作工分别在 4 台不同机器上操作 3 天的日产量.

表 6.27   日产量

机器	操作 工								
	甲			乙			丙		
A_1	15	15	17	17	19	16	16	18	21
A_2	17	17	17	15	15	15	19	22	22
A_3	15	17	16	18	17	16	18	18	18
A_4	18	20	22	15	16	17	17	17	17

试在显著性水平 $\alpha = 0.05$ 下检验:

(1) 操作工之间有无显著性差异?

(2) 机器之间的差异是否显著?

(3) 操作工与机器的交互作用是否显著?

附录 1　标准正态分布表

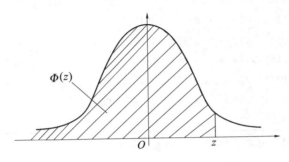

$$\Phi(z) = \int_{-\infty}^{z} \frac{1}{\sqrt{2\pi}} e^{-u^2/2} du = P\{U \leqslant z\}$$

z	0	1	2	3	4	5	6	7	8	9
0.0	0.5000	0.5040	0.5080	0.5120	0.5160	0.5199	0.5239	0.5279	0.5319	0.5359
0.1	0.5398	0.5438	0.5478	0.5517	0.5557	0.5596	0.5636	0.5675	0.5714	0.5753
0.2	0.5793	0.5832	0.5871	0.5910	0.5948	0.5987	0.6026	0.6064	0.6103	0.6141
0.3	0.6179	0.6217	0.6255	0.6293	0.6331	0.6368	0.6406	0.6443	0.6480	0.6517
0.4	0.6554	0.6591	0.6628	0.6664	0.6700	0.6736	0.6772	0.6808	0.6844	0.6879
0.5	0.6915	0.6950	0.6985	0.7019	0.7054	0.7088	0.7123	0.7157	0.7190	0.7224
0.6	0.7257	0.7291	0.7324	0.7357	0.7389	0.7422	0.7454	0.7486	0.7517	0.7549
0.7	0.7580	0.7611	0.7642	0.7673	0.7703	0.7734	0.7764	0.7794	0.7823	0.7852
0.8	0.7881	0.7910	0.7939	0.7967	0.7995	0.8023	0.8051	0.8078	0.8106	0.8133
0.9	0.8159	0.8186	0.8212	0.8238	0.8264	0.8289	0.8315	0.8340	0.8365	0.8389
1.0	0.8413	0.8438	0.8461	0.8485	0.8508	0.8531	0.8554	0.8577	0.8599	0.8621
1.1	0.8643	0.8665	0.8686	0.8708	0.8729	0.8749	0.8770	0.8790	0.8810	0.8830
1.2	0.8849	0.8869	0.8888	0.8907	0.8925	0.8944	0.8962	0.8980	0.8997	0.9015
1.3	0.9032	0.9049	0.9066	0.9082	0.9099	0.9115	0.9131	0.9147	0.9162	0.9177
1.4	0.9192	0.9207	0.9222	0.9236	0.9251	0.9265	0.9278	0.9292	0.9306	0.9319
1.5	0.9332	0.9345	0.9357	0.9370	0.9382	0.9394	0.9406	0.9418	0.9430	0.9441
1.6	0.9452	0.9463	0.9474	0.9484	0.9495	0.9505	0.9515	0.9525	0.9535	0.9545
1.7	0.9554	0.9564	0.9573	0.9582	0.9591	0.9599	0.9608	0.9616	0.9625	0.9633
1.8	0.9641	0.9648	0.9656	0.9664	0.9671	0.9678	0.9686	0.9693	0.9700	0.9706
1.9	0.9713	0.9719	0.9726	0.9732	0.9738	0.9744	0.9750	0.9756	0.9762	0.9767
2.0	0.9772	0.9778	0.9783	0.9788	0.9793	0.9798	0.9803	0.9808	0.9812	0.9817

续表

z	0	1	2	3	4	5	6	7	8	9
2.1	0.9821	0.9826	0.9830	0.9834	0.9838	0.9842	0.9846	0.9850	0.9854	0.9857
2.2	0.9861	0.9864	0.9868	0.9871	0.9874	0.9878	0.9881	0.9884	0.9887	0.9890
2.3	0.9893	0.9896	0.9898	0.9901	0.9904	0.9906	0.9909	0.9911	0.9913	0.9916
2.4	0.9918	0.9920	0.9922	0.9925	0.9927	0.9929	0.9931	0.9932	0.9934	0.9936
2.5	0.9938	0.9940	0.9941	0.9943	0.9945	0.9946	0.9948	0.9949	0.9951	0.9952
2.6	0.9953	0.9955	0.9956	0.9957	0.9959	0.9960	0.9961	0.9962	0.9963	0.9964
2.7	0.9965	0.9966	0.9967	0.9968	0.9969	0.9970	0.9971	0.9972	0.9973	0.9974
2.8	0.9974	0.9975	0.9976	0.9977	0.9977	0.9978	0.9979	0.9979	0.9980	0.9981
2.9	0.9981	0.9982	0.9982	0.9983	0.9984	0.9984	0.9985	0.9985	0.9986	0.9986
3.0	0.9987	0.9990	0.9993	0.9995	0.9997	0.9998	0.9998	0.9999	0.9999	1.0000

注:表中末行系函数值 $\Phi(3.0)$,$\Phi(3.1)$,$\cdots$,$\Phi(3.9)$.

附录 2　χ² 分布表

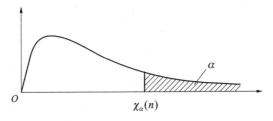

$$P\{\chi^2(n) > \chi_\alpha^2(n)\} = \alpha$$

n	$\alpha = 0.995$	0.99	0.975	0.95	0.90	0.75
1	—	—	0.001	0.004	0.016	0.102
2	0.010	0.020	0.051	0.103	0.211	0.575
3	0.072	0.115	0.216	0.352	0.584	1.213
4	0.207	0.297	0.484	0.711	1.064	1.923
5	0.412	0.554	0.831	1.145	1.610	2.675
6	0.676	0.872	1.237	1.635	2.204	3.455
7	0.989	1.239	1.690	2.167	2.833	4.255
8	1.344	1.646	2.180	2.733	3.490	5.071
9	1.735	2.088	2.700	3.325	4.168	5.899
10	2.156	2.558	3.247	3.940	4.865	6.737
11	2.603	3.053	3.816	4.575	5.578	7.584
12	3.074	3.571	4.404	5.226	6.304	8.438
13	3.565	4.107	5.009	5.892	7.042	9.299
14	4.075	4.660	5.629	6.571	7.790	10.165
15	4.601	5.229	6.262	7.261	8.547	11.037
16	5.142	5.812	6.908	7.962	9.312	11.912
17	5.697	6.408	7.564	8.672	10.085	12.792
18	6.265	7.015	8.231	9.390	10.865	13.675
19	6.844	7.633	8.907	10.117	11.651	14.562
20	7.434	8.260	9.591	10.851	12.443	15.452
21	8.034	8.897	10.283	11.591	13.240	16.344
22	8.643	9.542	10.982	12.338	14.042	17.240
23	9.260	10.196	11.689	13.091	14.848	18.137
24	9.886	10.856	12.401	13.848	15.659	19.037

续表

n	$\alpha = 0.995$	0.99	0.975	0.95	0.90	0.75
25	10.520	11.524	13.120	14.611	16.473	19.939
26	11.160	12.198	13.844	15.379	17.292	20.843
27	11.808	12.879	14.573	16.151	18.114	21.749
28	12.461	13.565	15.308	16.928	18.939	22.657
29	13.121	14.257	16.047	17.708	19.768	23.567
30	13.787	14.954	16.791	18.493	20.599	24.478
31	14.458	15.655	17.539	19.281	21.434	25.390
32	15.134	16.362	18.291	20.072	22.271	26.304
33	15.815	17.074	19.047	20.807	23.110	27.219
34	16.501	17.789	19.806	21.664	23.952	28.136
35	17.192	18.509	20.569	22.465	24.797	29.054
36	17.887	19.233	21.336	23.269	25.613	29.973
37	18.586	19.960	22.106	24.075	26.492	30.893
38	19.289	20.691	22.878	24.884	27.343	31.815
39	19.996	21.426	23.654	25.695	28.196	32.737
40	20.707	22.164	24.433	26.509	29.051	33.660
41	21.421	22.906	25.215	27.326	29.907	34.585
42	22.138	23.650	25.999	28.144	30.765	35.510
43	22.859	24.398	26.785	28.965	31.625	36.430
44	23.584	25.143	27.575	29.787	32.487	37.363
45	24.311	25.901	28.366	30.612	33.350	38.291
n	$\alpha = 0.25$	0.10	0.05	0.025	0.01	0.005
1	1.323	2.706	3.841	5.024	6.635	7.879
2	2.773	4.605	5.991	7.378	9.210	10.597
3	4.108	6.251	7.815	9.348	11.345	12.838
4	5.385	7.779	9.488	11.143	13.277	14.860
5	6.626	9.236	11.071	12.833	15.086	16.750
6	7.841	10.645	12.592	14.449	16.812	18.548
7	9.037	12.017	14.067	16.013	18.475	20.278
8	10.219	13.362	15.507	17.535	20.090	21.955
9	11.389	14.684	16.919	19.023	21.666	23.589
10	12.549	15.987	18.307	20.483	23.209	25.188
11	13.701	17.275	19.675	21.920	24.725	26.757
12	14.845	18.549	21.026	23.337	26.217	28.299

n	$\alpha = 0.25$	0.10	0.05	0.025	0.01	0.005
13	15.984	19.812	22.362	24.736	27.688	29.819
14	17.117	21.064	23.685	26.119	29.141	31.319
15	18.245	22.307	24.996	27.488	30.578	32.801
16	19.369	23.542	26.296	28.845	32.000	34.267
17	20.489	24.769	27.587	30.191	33.409	35.718
18	21.605	25.989	28.869	31.526	34.805	37.156
19	22.718	27.204	30.144	32.852	36.191	38.582
20	23.828	28.412	31.410	34.170	37.566	39.997
21	24.935	29.615	32.671	35.479	38.932	41.401
22	26.039	30.813	33.924	36.781	40.289	42.796
23	27.141	32.007	35.172	38.076	41.638	44.181
24	28.241	33.196	36.415	39.364	42.980	45.559
25	29.339	34.382	37.652	40.646	44.314	46.928
26	30.435	35.563	38.885	41.923	45.642	48.290
27	31.528	36.741	40.113	43.194	46.963	49.645
28	32.620	37.916	41.337	44.461	48.278	50.993
29	33.711	39.087	42.557	45.722	49.588	52.336
30	34.800	40.256	43.773	46.979	50.892	53.672
31	35.887	41.422	44.985	48.232	52.191	55.003
32	36.973	42.585	46.194	49.480	53.486	56.328
33	38.053	43.745	47.400	50.725	54.776	57.648
34	39.141	44.903	48.602	51.966	56.061	58.964
35	40.223	46.059	49.802	53.203	57.342	60.275
36	41.304	47.212	50.998	54.437	58.619	61.581
37	42.383	48.363	52.192	55.668	59.892	62.883
38	43.462	49.513	53.384	56.896	61.162	64.181
39	44.539	50.660	54.572	58.120	62.428	65.476
40	45.616	51.805	55.758	59.342	63.691	66.766
41	46.692	52.949	53.942	60.561	64.950	68.053
42	47.766	54.090	58.124	61.777	66.206	69.336
43	48.840	55.230	59.304	62.990	67.459	70.606
44	49.913	56.369	60.481	64.201	68.710	71.893
45	50.985	57.505	61.656	65.410	69.957	73.166

附录 3　F 分布临界值表

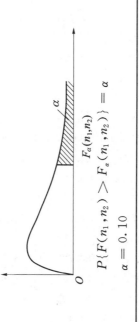

$$F_\alpha(n_1,n_2)$$
$$P\{F(n_1,n_2) > F_\alpha(n_1,n_2)\} = \alpha$$
$$\alpha = 0.10$$

n_1＼n_2	1	2	3	4	5	6	7	8	9	10	12	15	20	24	30	40	60	120	∞
1	39.86	49.50	53.59	55.83	57.24	58.20	58.91	59.44	59.86	60.19	60.71	61.22	61.74	62.00	62.26	62.53	62.79	63.06	63.33
2	8.53	9.00	9.16	9.24	9.29	9.33	9.35	9.37	9.38	9.39	9.41	9.42	9.44	9.45	9.46	9.47	9.47	9.48	9.49
3	5.54	5.46	5.39	5.34	5.31	5.28	5.27	5.25	5.24	5.23	5.22	5.20	5.18	5.18	5.17	5.16	5.15	5.14	5.13
4	4.54	4.32	4.19	4.11	4.05	4.01	3.98	3.95	3.94	3.92	3.90	3.87	3.84	3.83	3.82	3.80	3.79	3.78	3.76
5	4.06	3.78	3.62	3.52	3.45	3.40	3.37	3.34	3.32	3.30	3.27	3.24	3.21	3.19	3.17	3.16	3.14	3.12	3.10
6	3.78	3.46	3.29	3.18	3.11	3.05	3.01	2.98	2.96	2.94	2.90	2.87	2.84	2.82	2.80	2.78	2.76	2.74	2.72
7	3.59	3.26	3.07	2.96	2.88	2.83	2.78	2.75	2.72	2.70	2.67	2.63	2.59	2.58	2.56	2.54	2.51	2.49	2.47
8	3.46	3.11	2.92	2.81	2.73	2.67	2.62	2.59	2.56	2.54	2.50	2.46	2.42	2.40	2.38	2.36	2.34	2.32	2.29
9	3.36	3.01	2.81	2.69	2.61	2.55	2.51	2.47	2.44	2.42	2.38	2.34	2.30	2.28	2.25	2.23	2.21	2.18	2.16
10	3.29	2.92	2.73	2.61	2.52	2.46	2.41	2.38	2.35	2.32	2.28	2.24	2.20	2.18	2.16	2.13	2.11	2.08	2.06
11	3.23	2.86	2.66	2.54	2.45	2.39	2.34	2.30	2.27	2.25	2.21	2.17	2.12	2.10	2.08	2.05	2.03	2.00	1.97
12	3.18	2.81	2.61	2.48	2.39	2.33	2.28	2.24	2.21	2.19	2.15	2.10	2.06	2.04	2.01	1.99	1.96	1.93	1.90

续表

$$\alpha = 0.10$$

n_1 \ n_2	1	2	3	4	5	6	7	8	9	10	12	15	20	24	30	40	60	120	∞
13	3.14	2.76	2.56	2.43	2.35	2.28	2.23	2.20	2.16	2.14	2.10	2.05	2.01	1.98	1.96	1.93	1.90	1.88	1.85
14	3.10	2.73	2.52	2.39	2.31	2.24	2.19	2.15	2.12	2.10	2.05	2.01	1.96	1.94	1.91	1.89	1.86	1.83	1.80
15	3.07	2.70	2.49	2.36	2.27	2.21	2.16	2.12	2.09	2.06	2.02	1.97	1.92	1.90	1.87	1.85	1.82	1.79	1.76
16	3.05	2.67	2.46	2.33	2.24	2.18	2.13	2.09	2.06	2.03	1.99	1.94	1.89	1.87	1.84	1.81	1.78	1.75	1.72
17	3.03	2.64	2.44	2.31	2.22	2.15	2.10	2.06	2.03	2.00	1.96	1.91	1.86	1.84	1.81	1.78	1.75	1.72	1.69
18	3.01	2.62	2.42	2.29	2.20	2.13	2.08	2.04	2.00	1.98	1.93	1.89	1.84	1.81	1.78	1.75	1.72	1.69	1.66
19	2.99	2.61	2.40	2.27	2.18	2.11	2.06	2.02	1.98	1.96	1.91	1.86	1.81	1.79	1.76	1.73	1.70	1.67	1.63
20	2.97	2.59	2.38	2.25	2.16	2.09	2.04	2.00	1.96	1.94	1.89	1.84	1.79	1.77	1.74	1.71	1.68	1.64	1.61
21	2.96	2.57	2.36	2.23	2.14	2.08	2.02	1.98	1.95	1.92	1.87	1.83	1.78	1.75	1.72	1.69	1.66	1.62	1.59
22	2.95	2.56	2.35	2.22	2.13	2.06	2.01	1.97	1.93	1.90	1.86	1.81	1.76	1.73	1.70	1.67	1.64	1.60	1.57
23	2.94	2.55	2.34	2.21	2.11	2.05	1.99	1.95	1.92	1.89	1.84	1.80	1.74	1.72	1.69	1.66	1.62	1.59	1.55
24	2.93	2.54	2.33	2.19	2.10	2.04	1.98	1.94	1.91	1.88	1.83	1.78	1.73	1.70	1.67	1.64	1.61	1.57	1.53
25	2.92	2.53	2.32	2.18	2.09	2.02	1.97	1.93	1.89	1.87	1.82	1.77	1.72	1.69	1.66	1.63	1.59	1.56	1.52
26	2.91	2.52	2.31	2.17	2.08	2.01	1.96	1.92	1.88	1.86	1.81	1.76	1.71	1.68	1.65	1.61	1.58	1.54	1.50
27	2.90	2.51	2.30	2.17	2.07	2.00	1.95	1.91	1.87	1.85	1.80	1.75	1.70	1.67	1.64	1.60	1.57	1.53	1.49
28	2.89	2.50	2.29	2.16	2.06	2.00	1.94	1.90	1.87	1.84	1.79	1.74	1.69	1.66	1.63	1.59	1.56	1.52	1.48
29	2.89	2.50	2.28	2.15	2.06	1.99	1.93	1.89	1.86	1.83	1.78	1.73	1.68	1.65	1.62	1.58	1.55	1.51	1.47
30	2.88	2.49	2.28	2.14	2.05	1.98	1.93	1.88	1.85	1.82	1.77	1.72	1.67	1.64	1.61	1.57	1.54	1.50	1.46
40	2.84	2.44	2.23	2.09	2.00	1.93	1.87	1.83	1.79	1.76	1.71	1.66	1.61	1.57	1.54	1.51	1.47	1.42	1.38
60	2.79	2.39	2.18	2.04	1.95	1.87	1.82	1.77	1.74	1.71	1.66	1.60	1.54	1.51	1.48	1.44	1.40	1.35	1.29
120	2.75	2.35	2.13	1.99	1.90	1.82	1.77	1.72	1.68	1.65	1.60	1.55	1.48	1.45	1.41	1.37	1.32	1.26	1.19
∞	2.71	2.30	2.08	1.94	1.85	1.77	1.72	1.67	1.63	1.60	1.55	1.49	1.42	1.38	1.34	1.30	1.24	1.17	1.00

续表

$\alpha = 0.05$

n_2＼n_1	1	2	3	4	5	6	7	8	9	10	12	15	20	24	30	40	60	120	∞
1	161.4	199.5	215.7	224.6	230.2	234.0	236.8	238.9	240.5	241.9	243.9	245.9	248.0	249.1	250.1	251.1	252.2	253.3	254.3
2	18.51	19.00	19.16	19.25	19.30	19.33	19.35	19.37	19.38	19.40	19.41	19.43	19.45	19.45	19.46	19.47	19.48	19.49	19.50
3	10.13	9.55	9.28	9.12	9.01	8.94	8.89	8.85	8.81	8.79	8.74	8.70	8.66	8.64	8.62	8.59	8.57	8.55	8.53
4	7.71	6.94	6.59	6.39	6.26	6.16	6.09	6.04	6.00	5.96	5.91	5.86	5.80	5.77	5.75	5.72	5.69	5.66	5.63
5	6.61	5.79	5.41	5.19	5.05	4.95	4.88	4.82	4.77	4.74	4.68	4.62	4.56	4.53	4.50	4.46	4.43	4.40	4.36
6	5.99	5.14	4.76	4.53	4.39	4.28	4.21	4.15	4.10	4.06	4.00	3.94	3.87	3.84	3.81	3.77	3.74	3.70	3.67
7	5.59	4.74	4.35	4.12	3.97	3.87	3.79	3.73	3.68	3.64	3.57	3.51	3.44	3.41	3.38	3.34	3.30	3.27	3.23
8	5.32	4.46	4.07	3.84	3.69	3.58	3.50	3.44	3.39	3.35	3.28	3.22	3.15	3.12	3.08	3.04	3.01	2.97	2.93
9	5.12	4.26	3.86	3.63	3.48	3.37	3.29	3.23	3.18	3.14	3.07	3.01	2.94	2.90	2.86	2.83	2.79	2.75	2.71
10	4.96	4.10	3.71	3.48	3.33	3.22	3.14	3.07	3.02	2.98	2.91	2.85	2.77	2.74	2.70	2.66	2.62	2.58	2.54
11	4.84	3.98	3.59	3.36	3.20	3.09	3.01	2.95	2.90	2.85	2.79	2.72	2.65	2.61	2.57	2.53	2.49	2.45	2.40
12	4.75	3.89	3.49	3.26	3.11	3.00	2.91	2.85	2.80	2.75	2.69	2.62	2.54	2.51	2.47	2.43	2.38	2.34	2.30
13	4.67	3.81	3.41	3.18	3.03	2.92	2.83	2.77	2.71	2.67	2.60	2.53	2.46	2.42	2.38	2.34	2.30	2.25	2.21
14	4.60	3.74	3.34	3.11	2.96	2.85	2.76	2.70	2.65	2.60	2.53	2.46	2.39	2.35	2.31	2.27	2.22	2.18	2.13
15	4.54	3.68	3.29	3.06	2.90	2.79	2.71	2.64	2.59	2.54	2.48	2.40	2.33	2.29	2.25	2.20	2.16	2.11	2.07
16	4.49	3.63	3.24	3.01	2.85	2.74	2.66	2.59	2.54	2.49	2.42	2.35	2.28	2.24	2.19	2.15	2.11	2.06	2.01
17	4.45	3.59	3.20	2.96	2.81	2.70	2.61	2.55	2.49	2.45	2.38	2.31	2.23	2.19	2.15	2.10	2.06	2.01	1.96
18	4.41	3.55	3.16	2.93	2.77	2.66	2.58	2.51	2.46	2.41	2.34	2.27	2.19	2.15	2.11	2.06	2.02	1.97	1.92
19	4.38	3.52	3.13	2.90	2.74	2.63	2.54	2.48	2.42	2.38	2.31	2.23	2.16	2.11	2.07	2.03	1.98	1.93	1.88
20	4.35	3.49	3.10	2.87	2.71	2.60	2.51	2.45	2.39	2.35	2.28	2.20	2.12	2.08	2.04	1.99	1.95	1.90	1.84
21	4.32	3.47	3.07	2.84	2.68	2.57	2.49	2.42	2.37	2.32	2.25	2.18	2.10	2.05	2.01	1.96	1.92	1.87	1.81
22	4.30	3.44	3.05	2.82	2.66	2.55	2.46	2.40	2.34	2.30	2.23	2.15	2.07	2.03	1.98	1.94	1.89	1.84	1.78
23	4.28	3.42	3.03	2.80	2.64	2.53	2.44	2.37	2.32	2.27	2.20	2.13	2.05	2.01	1.96	1.91	1.86	1.81	1.76
24	4.26	3.40	3.01	2.78	2.62	2.51	2.42	2.36	2.30	2.25	2.18	2.11	2.03	1.98	1.94	1.89	1.84	1.79	1.73

续表

$\alpha=0.05$

n_1 / n_2	1	2	3	4	5	6	7	8	9	10	12	15	20	24	30	40	60	120	∞
25	4.24	3.39	2.99	2.76	2.60	2.49	2.40	2.34	2.28	2.24	2.16	2.09	2.01	1.96	1.92	1.87	1.82	1.77	1.71
26	4.23	3.37	2.98	2.74	2.59	2.47	2.39	2.32	2.27	2.22	2.15	2.07	1.99	1.95	1.90	1.85	1.80	1.75	1.69
27	4.21	3.35	2.96	2.73	2.57	2.46	2.37	2.31	2.25	2.20	2.13	2.06	1.97	1.93	1.88	1.84	1.79	1.73	1.67
28	4.20	3.34	2.95	2.71	2.56	2.45	2.36	2.29	2.24	2.19	2.12	2.04	1.96	1.91	1.87	1.82	1.77	1.71	1.65
29	4.18	3.33	2.93	2.70	2.55	2.43	2.35	2.28	2.22	2.18	2.10	2.03	1.94	1.90	1.85	1.81	1.75	1.70	1.64
30	4.17	3.32	2.92	2.69	2.53	2.42	2.33	2.27	2.21	2.16	2.09	2.01	1.93	1.89	1.84	1.79	1.74	1.68	1.62
40	4.08	3.23	2.84	2.61	2.45	2.34	2.25	2.18	2.12	2.08	2.00	1.92	1.84	1.79	1.74	1.69	1.64	1.58	1.51
60	4.00	3.15	2.76	2.53	2.37	2.25	2.17	2.10	2.04	1.99	1.92	1.84	1.75	1.70	1.65	1.59	1.53	1.47	1.39
120	3.92	3.07	2.68	2.45	2.29	2.17	2.09	2.02	1.96	1.91	1.83	1.75	1.66	1.61	1.55	1.50	1.43	1.35	1.25
∞	3.84	3.00	2.60	2.37	2.21	2.10	2.01	1.94	1.88	1.83	1.75	1.67	1.57	1.52	1.46	1.39	1.32	1.22	1.00

$\alpha=0.025$

n_1 / n_2	1	2	3	4	5	6	7	8	9	10	12	15	20	24	30	40	60	120	∞
1	647.8	799.5	864.2	899.6	921.8	937.1	948.2	956.7	963.3	968.6	976.7	984.9	993.1	997.2	1001	1006	1010	1014	1018
2	38.51	39.00	39.17	39.25	39.30	39.33	39.36	39.37	39.39	39.40	39.41	39.43	39.45	39.46	39.46	39.47	39.48	39.49	39.50
3	17.44	16.04	15.44	15.10	14.88	14.73	14.62	14.54	14.47	14.42	14.34	14.25	14.17	14.12	14.08	14.04	13.99	13.95	13.90
4	12.22	10.65	9.98	9.60	9.36	9.20	9.07	8.98	8.90	8.84	8.75	8.66	8.56	8.51	8.46	8.41	8.36	8.31	8.26
5	10.01	8.43	7.76	7.39	7.15	6.98	6.85	6.76	6.68	6.62	6.52	6.43	6.33	6.28	6.23	6.18	6.12	6.07	6.02
6	8.81	7.26	6.60	6.23	5.99	5.82	5.70	5.60	5.52	5.46	5.37	5.27	5.17	5.12	5.07	5.01	4.96	4.90	4.85
7	8.07	6.54	5.89	5.52	5.29	5.12	4.99	4.90	4.82	4.76	4.67	4.57	4.47	4.42	4.36	4.31	4.25	4.20	4.14
8	7.57	6.06	5.42	5.05	4.82	4.65	4.53	4.43	4.36	4.30	4.20	4.10	4.00	3.95	3.89	3.84	3.78	3.73	3.67
9	7.21	5.71	5.08	4.72	4.48	4.32	4.20	4.10	4.03	3.96	3.87	3.77	3.67	3.61	3.56	3.51	3.45	3.39	3.33
10	6.94	5.46	4.83	4.47	4.24	4.07	3.95	3.85	3.78	3.72	3.62	3.52	3.42	3.37	3.31	3.26	3.20	3.14	3.08

续表

$\alpha = 0.025$

n_1 n_2	1	2	3	4	5	6	7	8	9	10	12	15	20	24	30	40	60	120	∞
11	6.72	5.26	4.63	4.28	4.04	3.88	3.76	3.66	3.59	3.53	3.43	3.33	3.23	3.17	3.12	3.06	3.00	2.94	2.88
12	6.55	5.10	4.47	4.12	3.89	3.73	3.61	3.51	3.44	3.37	3.28	3.18	3.07	3.02	2.96	2.91	2.85	2.79	2.72
13	6.41	4.97	4.35	4.00	3.77	3.60	3.48	3.39	3.31	3.25	3.15	3.05	2.95	2.89	2.84	2.78	2.72	2.66	2.60
14	6.30	4.86	4.24	3.89	3.66	3.50	3.38	3.29	3.21	3.15	3.05	2.95	2.84	2.79	2.73	2.67	2.61	2.55	2.49
15	6.20	4.77	4.15	3.80	3.58	3.41	3.29	3.20	3.12	3.06	2.96	2.86	2.76	2.70	2.64	2.59	2.52	2.46	2.40
16	6.12	4.69	4.08	3.73	3.50	3.34	3.22	3.12	3.05	2.99	2.89	2.79	2.68	2.63	2.57	2.51	2.45	2.38	2.32
17	6.04	4.62	4.01	3.66	3.44	3.28	3.16	3.06	2.98	2.92	2.82	2.72	2.62	2.56	2.50	2.44	2.38	2.32	2.25
18	5.98	4.56	3.95	3.61	3.38	3.22	3.10	3.01	2.93	2.87	2.77	2.67	2.56	2.50	2.44	2.38	2.32	2.26	2.19
19	5.92	4.51	3.90	3.56	3.33	3.17	3.05	2.96	2.88	2.82	2.72	2.62	2.51	2.45	2.39	2.33	2.27	2.20	2.13
20	5.87	4.46	3.86	3.51	3.29	3.13	3.01	2.91	2.84	2.77	2.68	2.57	2.46	2.41	2.35	2.29	2.22	2.16	2.09
21	5.83	4.42	3.82	3.48	3.25	3.09	2.97	2.87	2.80	2.73	2.64	2.53	2.42	2.37	2.31	2.25	2.18	2.11	2.04
22	5.79	4.38	3.78	3.44	3.22	3.05	2.93	2.84	2.76	2.70	2.60	2.50	2.39	2.33	2.27	2.21	2.14	2.08	2.00
23	5.75	4.35	3.75	3.41	3.18	3.02	2.90	2.81	2.73	2.67	2.57	2.47	2.36	2.30	2.24	2.18	2.11	2.04	1.97
24	5.72	4.32	3.72	3.38	3.15	2.99	2.87	2.78	2.70	2.64	2.54	2.44	2.33	2.27	2.21	2.15	2.08	2.01	1.94
25	5.69	4.29	3.69	3.35	3.13	2.97	2.85	2.75	2.68	2.61	2.51	2.41	2.30	2.24	2.18	2.12	2.05	1.98	1.91
26	5.66	4.27	3.67	3.33	3.10	2.94	2.82	2.73	2.65	2.59	2.49	2.39	2.28	2.22	2.16	2.09	2.03	1.95	1.88
27	5.63	4.24	3.65	3.31	3.08	2.92	2.80	2.71	2.63	2.57	2.47	2.36	2.25	2.19	2.13	2.07	2.00	1.93	1.85
28	5.61	4.22	3.63	3.29	3.06	2.90	2.78	2.69	2.61	2.55	2.45	2.34	2.23	2.17	2.11	2.05	1.98	1.91	1.83
29	5.59	4.20	3.61	3.27	3.04	2.88	2.76	2.67	2.59	2.53	2.43	2.32	2.21	2.15	2.09	2.03	1.96	1.89	1.81
30	5.57	4.18	3.59	3.25	3.03	2.87	2.75	2.65	2.57	2.51	2.41	2.31	2.20	2.14	2.07	2.01	1.94	1.87	1.79
40	5.42	4.05	3.46	3.13	2.90	2.74	2.62	2.53	2.45	2.39	2.29	2.18	2.07	2.01	1.94	1.88	1.80	1.72	1.64
60	5.29	3.93	3.34	3.01	2.79	2.63	2.51	2.41	2.33	2.27	2.17	2.06	1.94	1.88	1.82	1.74	1.67	1.58	1.48
120	5.15	3.80	3.23	2.89	2.67	2.52	2.39	2.30	2.22	2.16	2.05	1.94	1.82	1.76	1.69	1.61	1.53	1.43	1.31
∞	5.02	3.69	3.12	2.79	2.57	2.41	2.29	2.19	2.11	2.05	1.94	1.83	1.71	1.64	1.57	1.48	1.39	1.27	1.00

续表

$\alpha=0.01$

n_2＼n_1	1	2	3	4	5	6	7	8	9	10	12	15	20	24	30	40	60	120	∞
1	4052	4999.5	5403	5625	5764	5859	5928	5982	6022	6056	6106	6157	6209	6235	6261	6287	6313	6339	6366
2	98.50	99.00	99.17	99.25	99.30	99.33	99.36	99.37	99.39	99.40	99.42	99.43	99.45	99.46	99.47	99.47	99.48	99.49	99.50
3	34.12	30.82	29.46	28.71	28.24	27.91	27.67	27.49	27.35	27.23	27.05	26.87	26.69	26.60	26.50	26.41	26.32	26.22	26.13
4	21.20	18.00	16.69	15.98	15.52	15.21	14.98	14.80	14.66	14.55	14.37	14.20	14.02	13.93	13.84	13.75	13.65	13.56	13.46
5	16.26	13.37	12.06	11.39	10.97	10.67	10.46	10.29	10.16	10.05	9.89	9.72	9.55	9.47	9.38	9.29	9.20	9.11	9.02
6	13.75	10.92	9.78	9.15	8.75	8.47	8.26	8.10	7.98	7.87	7.72	7.56	7.40	7.31	7.23	7.14	7.06	6.97	6.88
7	12.25	9.55	8.45	7.85	7.46	7.19	6.99	6.84	6.72	6.62	6.47	6.31	6.16	6.07	5.99	5.91	5.82	5.74	5.65
8	11.26	8.65	7.59	7.01	6.63	6.37	6.18	6.03	5.91	5.81	5.67	5.52	5.36	5.28	5.20	5.12	5.03	4.95	4.86
9	10.56	8.02	6.99	6.42	6.06	5.80	5.61	5.47	5.35	5.26	5.11	4.96	4.81	4.73	4.65	4.57	4.48	4.40	4.31
10	10.04	7.56	6.55	5.99	5.64	5.39	5.20	5.06	4.94	4.85	4.71	4.56	4.41	4.33	4.25	4.17	4.08	4.00	3.91
11	9.65	7.21	6.22	5.67	5.32	5.07	4.89	4.74	4.63	4.54	4.40	4.25	4.10	4.02	3.94	3.86	3.78	3.69	3.60
12	9.33	6.93	5.95	5.41	5.06	4.82	4.64	4.50	4.39	4.30	4.16	4.01	3.86	3.78	3.70	3.62	3.54	3.45	3.36
13	9.07	6.70	5.74	5.21	4.86	4.62	4.44	4.30	4.19	4.10	3.96	3.82	3.66	3.59	3.51	3.43	3.34	3.25	3.17
14	8.86	6.51	5.56	5.04	4.69	4.46	4.28	4.14	4.03	3.94	3.80	3.66	3.51	3.43	3.35	3.27	3.18	3.09	3.00
15	8.68	6.36	5.42	4.89	4.56	4.32	4.14	4.00	3.89	3.80	3.67	3.52	3.37	3.29	3.21	3.13	3.05	2.96	2.87
16	8.53	6.23	5.29	4.77	4.44	4.20	4.03	3.89	3.78	3.69	3.55	3.41	3.26	3.18	3.10	3.02	2.93	2.84	2.75
17	8.40	6.11	5.18	4.67	4.34	4.10	3.93	3.79	3.68	3.59	3.46	3.31	3.16	3.08	3.00	2.92	2.83	2.75	2.65
18	8.29	6.01	5.09	4.58	4.25	4.01	3.84	3.71	3.60	3.51	3.37	3.23	3.08	3.00	2.92	2.84	2.75	2.66	2.57
19	8.18	5.93	5.01	4.50	4.17	3.94	3.77	3.63	3.52	3.43	3.30	3.15	3.00	2.92	2.84	2.76	2.67	2.58	2.49
20	8.10	5.85	4.94	4.43	4.10	3.87	3.70	3.56	3.46	3.37	3.23	3.09	2.94	2.86	2.78	2.69	2.61	2.52	2.42
21	8.02	5.78	4.87	4.37	4.04	3.81	3.64	3.51	3.40	3.31	3.17	3.03	2.88	2.80	2.72	2.64	2.55	2.46	2.36
22	7.95	5.72	4.82	4.31	3.99	3.76	3.59	3.45	3.35	3.26	3.12	2.98	2.83	2.75	2.67	2.58	2.50	2.40	2.31

续表

$\alpha=0.01$

n_1 \ n_2	1	2	3	4	5	6	7	8	9	10	12	15	20	24	30	40	60	120	∞
23	7.88	5.66	4.76	4.26	3.94	3.71	3.54	3.41	3.30	3.21	3.07	2.93	2.78	2.70	2.62	2.54	2.45	2.35	2.26
24	7.82	5.61	4.72	4.22	3.90	3.67	3.50	3.36	3.26	3.17	3.03	2.89	2.74	2.66	2.58	2.49	2.40	2.31	2.21
25	7.77	5.57	4.68	4.18	3.85	3.63	3.46	3.32	3.22	3.13	2.99	2.85	2.70	2.62	2.54	2.45	2.36	2.27	2.17
26	7.72	5.53	4.64	4.14	3.82	3.59	3.42	3.29	3.18	3.09	2.96	2.81	2.66	2.58	2.50	2.42	2.33	2.23	2.13
27	7.68	5.49	4.60	4.11	3.78	3.56	3.39	3.26	3.15	3.06	2.93	2.78	2.63	2.55	2.47	2.38	2.29	2.20	2.10
28	7.64	5.45	4.57	4.07	3.75	3.53	3.36	3.23	3.12	3.03	2.90	2.75	2.60	2.52	2.44	2.35	2.26	2.17	2.06
29	7.60	5.42	4.54	4.04	3.73	3.50	3.33	3.20	3.09	3.00	2.87	2.73	2.57	2.49	2.41	2.33	2.23	2.14	2.03
30	7.56	5.39	4.51	4.02	3.70	3.47	3.30	3.17	3.07	2.98	2.84	2.70	2.55	2.47	2.39	2.30	2.21	2.11	2.01
40	7.31	5.18	4.31	3.83	3.51	3.29	3.12	2.99	2.89	2.80	2.66	2.52	2.37	2.29	2.20	2.11	2.02	1.92	1.80
60	7.08	4.98	4.13	3.65	3.34	3.12	2.95	2.82	2.72	2.63	2.50	2.35	2.20	2.12	2.03	1.94	1.84	1.73	1.60
120	6.85	4.79	3.95	3.48	3.17	2.96	2.79	2.66	2.56	2.47	2.34	2.19	2.03	1.95	1.86	1.76	1.66	1.53	1.38
∞	6.63	4.61	3.78	3.32	3.02	2.80	2.64	2.51	2.41	2.32	2.18	2.04	1.88	1.79	1.70	1.59	1.47	1.32	1.00

$\alpha=0.005$

n_1 \ n_2	1	2	3	4	5	6	7	8	9	10	12	15	20	24	30	40	60	120	∞
1	16211	20000	21615	22500	23056	23437	23715	23925	24091	24224	24426	24630	24836	24940	25044	25148	25253	25359	25465
2	198.5	199.0	199.2	199.2	199.3	199.3	199.4	199.4	199.4	199.4	199.4	199.4	199.4	199.5	199.5	199.5	199.5	199.5	199.5
3	55.55	49.80	47.47	46.19	45.39	44.84	44.43	44.13	43.88	43.69	43.39	43.08	42.78	42.62	42.47	42.31	42.15	41.99	41.83
4	31.33	26.28	24.26	23.15	22.46	21.97	21.62	21.35	21.14	20.97	20.70	20.44	20.17	20.03	19.89	19.75	19.61	19.47	19.32
5	22.78	18.31	16.53	15.56	14.94	14.51	14.20	13.96	13.77	13.62	13.38	13.15	12.90	12.78	12.66	12.53	12.40	12.27	12.14
6	18.63	14.54	12.92	12.03	11.46	11.07	10.79	10.57	10.39	10.25	10.03	9.81	9.59	9.47	9.36	9.24	9.12	9.00	8.88
7	16.24	12.40	10.88	10.05	9.52	9.16	8.89	8.68	8.51	8.38	8.18	7.97	7.75	7.65	7.53	7.42	7.31	7.19	7.08
8	14.69	11.04	9.60	8.81	8.30	7.95	7.69	7.50	7.34	7.21	7.01	6.81	6.61	6.50	6.40	6.29	6.18	6.06	5.95
9	13.61	10.11	8.72	7.96	7.47	7.13	6.88	6.69	6.54	6.42	6.23	6.03	5.83	5.73	5.62	5.52	5.41	5.30	5.19
10	12.83	9.43	8.08	7.34	6.87	6.54	6.30	6.12	5.97	5.85	5.66	5.47	5.27	5.17	5.07	4.97	4.86	4.75	4.64

续表

$\alpha=0.005$

n_1 n_2	1	2	3	4	5	6	7	8	9	10	12	15	20	24	30	40	60	120	∞
11	12.23	8.91	7.60	6.88	6.42	6.10	5.86	5.68	5.54	5.42	5.24	5.05	4.86	4.76	4.65	4.55	4.44	4.34	4.23
12	11.75	8.51	7.23	6.52	6.07	5.76	5.52	5.35	5.20	5.09	4.91	4.72	4.53	4.43	4.33	4.23	4.12	4.01	3.90
13	11.37	8.19	6.93	6.23	5.79	5.48	5.25	5.08	4.94	4.82	4.64	4.46	4.27	4.17	4.07	3.97	3.87	3.76	3.65
14	11.06	7.92	6.68	6.00	5.56	5.26	5.03	4.86	4.72	4.60	4.43	4.25	4.06	3.96	3.86	3.76	3.66	3.55	3.44
15	10.80	7.70	6.48	5.80	5.37	5.07	4.85	4.67	4.54	4.42	4.25	4.07	3.88	3.79	3.69	3.58	3.48	3.37	3.26
16	10.58	7.51	6.30	5.64	5.21	4.91	4.69	4.52	4.38	4.27	4.10	3.92	3.73	3.64	3.54	3.44	3.33	3.22	3.11
17	10.38	7.35	6.16	5.50	5.07	4.78	4.56	4.39	4.25	4.14	3.97	3.79	3.61	3.51	3.41	3.31	3.21	3.10	2.98
18	10.22	7.21	6.03	5.37	4.96	4.66	4.44	4.28	4.14	4.03	3.86	3.68	3.50	3.40	3.30	3.20	3.10	2.99	2.87
19	10.07	7.09	5.92	5.27	4.85	4.56	4.34	4.18	4.04	3.93	3.76	3.59	3.40	3.31	3.21	3.11	3.00	2.89	2.78
20	9.94	6.99	5.82	5.17	4.76	4.47	4.26	4.09	3.96	3.85	3.68	3.50	3.32	3.22	3.12	3.02	2.92	2.81	2.69
21	9.83	6.89	5.73	5.09	4.68	4.39	4.18	4.01	3.88	3.77	3.60	3.43	3.24	3.15	3.05	2.95	2.84	2.73	2.61
22	9.73	6.81	5.65	5.02	4.61	4.32	4.11	3.94	3.81	3.70	3.54	3.36	3.18	3.08	2.98	2.88	2.77	2.66	2.55
23	9.63	6.73	5.58	4.95	4.54	4.26	4.05	3.88	3.75	3.64	3.47	3.30	3.12	3.02	2.92	2.82	2.71	2.60	2.48
24	9.55	6.66	5.52	4.89	4.49	4.20	3.99	3.83	3.69	3.59	3.42	3.25	3.06	2.97	2.87	2.77	2.66	2.55	2.43
25	9.48	6.60	5.46	4.84	4.43	4.15	3.94	3.78	3.64	3.54	3.37	3.20	3.01	2.92	2.82	2.72	2.61	2.50	2.38
26	9.41	6.54	5.41	4.79	4.38	4.10	3.89	3.73	3.60	3.49	3.33	3.15	2.97	2.87	2.77	2.67	2.56	2.45	2.33
27	9.34	6.49	5.36	4.74	4.34	4.06	3.85	3.69	3.56	3.45	3.28	3.11	2.93	2.83	2.73	2.63	2.52	2.41	2.29
28	9.28	6.44	5.32	4.70	4.30	4.02	3.81	3.65	3.52	3.41	3.25	3.07	2.89	2.79	2.69	2.59	2.48	2.37	2.25
29	9.23	6.40	5.28	4.66	4.26	3.98	3.77	3.61	3.48	3.38	3.21	3.04	2.86	2.76	2.66	2.56	2.45	2.33	2.21
30	9.18	6.35	5.24	4.62	4.23	3.95	3.74	3.58	3.45	3.34	3.18	3.01	2.82	2.73	2.63	2.52	2.42	2.30	2.18
40	8.83	6.07	4.98	4.37	3.99	3.71	3.51	3.35	3.22	3.12	2.95	2.78	2.60	2.50	2.40	2.30	2.18	2.06	1.93
60	8.49	5.79	4.73	4.14	3.76	3.49	3.29	3.13	3.01	2.90	2.74	2.57	2.39	2.29	2.19	2.08	1.96	1.83	1.69
120	8.18	5.54	4.50	3.92	3.55	3.28	3.09	2.93	2.81	2.71	2.54	2.37	2.19	2.09	1.98	1.87	1.75	1.61	1.43
∞	7.88	5.30	4.28	3.72	3.35	3.09	2.90	2.74	2.62	2.52	2.36	2.19	2.00	1.90	1.79	1.67	1.53	1.36	1.00

附录 4　t 分布表

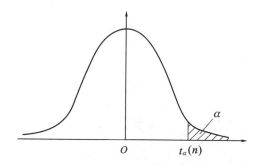

$$P\{t(n) > t_{\alpha}(n)\} = \alpha$$

n	$\alpha = 0.25$	0.10	0.05	0.025	0.01	0.005
1	1.0000	3.0777	6.3138	12.7062	31.8207	63.6574
2	0.8165	1.8856	2.9200	4.3027	6.9646	9.9248
3	0.7649	1.6377	2.3534	3.1824	4.5407	5.8409
4	0.7407	1.5332	2.1318	2.7764	3.7469	4.6041
5	0.7267	1.4759	2.0150	2.5706	3.3649	4.0322
6	0.7176	1.4398	1.9432	2.4469	3.1427	3.7074
7	0.7111	1.4149	1.8946	2.3464	2.9980	3.4995
8	0.7064	1.3968	1.8595	2.3060	2.8965	3.3554
9	0.7027	1.3830	1.8331	2.2622	2.8214	3.2498
10	0.6998	1.3722	1.8125	2.2281	2.7638	3.1693
11	0.6974	1.3634	1.7959	2.2010	2.7181	3.1058
12	0.6955	1.3562	1.7823	2.1788	2.6810	3.0545
13	0.6938	1.3502	1.7709	2.1604	2.6503	3.0123
14	0.6924	1.3450	1.7613	2.1448	2.6245	2.9768
15	0.6912	1.3406	1.7531	2.1315	2.6025	2.9467
16	0.6901	1.3368	1.7459	2.1199	2.5835	2.9208
17	0.6892	1.3334	1.7396	2.1098	2.5669	2.8982
18	0.6884	1.3304	1.7341	2.1009	2.5524	2.8784
19	0.6876	1.3277	1.7291	2.0930	2.5395	2.8609
20	0.6870	1.3253	1.7247	2.0860	2.5280	2.8453
21	0.6864	1.3232	1.7207	2.0796	2.5177	2.8314
22	0.6858	1.3212	1.7171	2.0739	2.5083	2.8188

续表

n	$\alpha = 0.25$	0.10	0.05	0.025	0.01	0.005
23	0.6853	1.3195	1.7139	2.0687	2.4999	2.8073
24	0.6848	1.3178	1.7109	2.0639	2.4922	2.7969
25	0.6844	1.3163	1.7081	2.0595	2.4851	2.7874
26	0.6840	1.3150	1.7058	2.0555	2.4786	2.7787
27	0.6837	1.3137	1.7033	2.0518	2.4727	2.7707
28	0.6834	1.3125	1.7011	2.0484	2.4671	2.7633
29	0.6830	1.3114	1.6991	2.0452	2.4620	2.7564
30	0.6828	1.3104	1.6973	2.0423	2.4573	2.7500
31	0.6825	1.3095	1.6955	2.0395	2.4528	2.7440
32	0.6822	1.3086	1.6939	2.0369	2.4487	2.7385
33	0.6820	1.3077	1.6924	2.0345	2.4448	2.7333
34	0.6818	1.3070	1.6909	2.0322	2.4411	2.7284
35	0.6816	1.3062	1.6896	2.0301	2.4377	2.7238
36	0.6814	1.3055	1.6883	2.0281	2.4345	2.7195
37	0.6812	1.3049	1.6871	2.0262	2.4314	2.7154
38	0.6810	1.3042	1.6860	2.0244	2.4286	2.7116
39	0.6808	1.3036	1.6849	2.0227	2.4258	2.7079
40	0.6807	1.3031	1.6839	2.0211	2.4233	2.7045
41	0.6805	1.3025	1.6829	2.0195	2.4208	2.7012
42	0.6804	1.3020	1.6820	2.0181	2.4185	2.6981
43	0.6802	1.3016	1.6811	2.0167	2.4163	2.6951
44	0.6801	1.3011	1.6802	2.0154	2.4141	2.6923
45	0.6800	1.3006	1.6794	2.0141	2.4121	2.6806